转型发展系列教材

高等数学及其应用

（上）

主　编　胡　成　刘　洋　吴田峰
副主编　殷　勇　冉　菁　李　鑫

西南交通大学出版社
·成　都·

图书在版编目（CIP）数据

高等数学及其应用. 上 / 胡成，刘洋，吴田峰主编
. —成都：西南交通大学出版社，2018.9（2024.9 重印）
转型发展系列教材
ISBN 978-7-5643-6458-8

Ⅰ. ①高… Ⅱ. ①胡… ②刘… ③吴… Ⅲ. ①高等数学－高等学校－教材 Ⅳ. ①O13

中国版本图书馆 CIP 数据核字（2018）第 222588 号

转型发展系列教材
高等数学及其应用
（上）

主编　胡 成　刘 洋　吴田峰

责任编辑　孟秀芝
封面设计　严春艳

出版发行　西南交通大学出版社
（四川省成都市金牛区二环路北一段 111 号
西南交通大学创新大厦 21 楼）
邮政编码　610031
发行部电话　028-87600564　028-87600533
网址　http://www.xnjdcbs.com
印刷　四川森林印务有限责任公司

成品尺寸　185 mm × 260 mm
印张　13.5
字数　334 千
版次　2018 年 9 月第 1 版
印次　2024 年 9 月第 9 次
定价　35.00 元
书号　ISBN 978-7-5643-6458-8

课件咨询电话：028-87600533

转型发展系列教材编委会

总　序

教育部、国家发展改革委、财政部《关于引导部分地方普通本科高校向应用型转变的指导意见》指出：

"当前，我国已经建成了世界上最大规模的高等教育体系，为现代化建设作出了巨大贡献。但随着经济发展进入新常态，人才供给与需求关系深刻变化，面对经济结构深刻调整、产业升级加快步伐、社会文化建设不断推进特别是创新驱动发展战略的实施，高等教育结构性矛盾更加突出，同质化倾向严重，毕业生就业难和就业质量低的问题仍未有效缓解，生产服务一线紧缺的应用型、复合型、创新型人才培养机制尚未完全建立，人才培养结构和质量尚不适应经济结构调整和产业升级的要求。"

"贯彻党中央、国务院重大决策，主动适应我国经济发展新常态，主动融入产业转型升级和创新驱动发展，坚持试点引领、示范推动，转变发展理念，增强改革动力，强化评价引导，推动转型发展高校把办学思路真正转到服务地方经济社会发展上来，转到产教融合校企合作上来，转到培养应用型技术技能型人才上来，转到增强学生就业创业能力上来，全面提高学校服务区域经济社会发展和创新驱动发展的能力。"

高校转型的核心是人才培养模式，因为应用型人才和学术型人才是有所不同的。应用型技术技能型人才培养模式，就是要建立以提高实践能力为引领的人才培养流程，建立产教融合、协同育人的人才培养模式，实现专业链与产业链、课程内容与职业标准、教学过程与生产过程对接。

应用型技术技能型人才培养模式的实施，必然要求进行相应的课程改革，我们编写的"转型发展系列教材"就是为了适应转型发展的课程改革需要而推出的。

希望教育集团下属的院校，都是以培养应用型技术技能型人才为职责使命的，人才培养目标与国家大力推动的转型发展的要求高度契合。在办学过程中，围绕培养应用型技术技能型人才，教师们在不同的课程教学中进行了卓有成效的探索与实践。为此，我们将经过教学实践检验的、较成熟的讲义陆续整理出版。一来与兄弟院校共同分享这些教改成果，二来希望兄弟院校对于其中的不足之处进行指正。

让我们携起手来，努力增强转型发展的历史使命感，大力培养应用型技术技能型人才，使其成为产业转型升级的"助推器"、促进就业的"稳定器"、人才红利的"催化器"！

汪辉武

2016 年 6 月

前　言

高等数学一直是高等院校最重要的公共基础课之一，它作为大多数专业课程所必要的知识基础，在自然科学和社会科学领域中都具有广泛的应用。

本书是根据独立学院学生的特点，为迎合独立学院学生的知识基础和实用性的要求，由西南交通大学希望学院的骨干教师联合编写的。本书在系统阐述高等数学的基本概念、基本思想和基本方法的基础上，进一步结合独立学院学生的数学基础和专业课需求，本着简单实用的原则，删减了一些理论性较强且较复杂的内容，注重对基本概念的引入和讲解，省略了许多定理的证明和推导，增加了很多应用性的例题和习题。

本教材是对高等数学与数学实验、数学建模有机结合的教学方式的尝试，推动传统教学方式与多媒体现代教育技术的融合。在每个章节最后都设置了数学实验与数学建模的有关内容，以加强对学生实践能力的培养。本书以 MATLAB 软件为工具，通过操作，学生可以在计算机上完成大部分微积分学的基本运算，并能解决一些简单的数学建模问题。

本书包括高等数学预备知识、极限与连续、导数与微分、导数的应用、不定积分、定积分、定积分的应用等内容。其中，第 1 章由赵威、卢道燕老师编写，第 2 章由苗成双、赵婷老师编写，第 3 章由程东平老师编写，第 4 章由殷勇老师编写，第 5 章由李鑫老师编写，第 6 章由冉菁老师编写，第 7 章由郭伦众、陈鑫老师编写。西南交通大学的胡成教授负责统稿整理工作，刘洋老师负责校对工作。

由于编者水平有限，书中难免存在不足之处，敬请专家、同行及读者批评指正。

编　者

2018 年 7 月

目 录

第 1 章　高等数学预备知识

函数是现代数学最基本的概念之一. 它不仅是初等数学学习的主要内容，也是高等数学研究的主要对象. 微积分学是研究函数关系的一门数学学科. 极限方法是微积分学的基本方法，微积分学中的许多概念都是在极限概念的基础上建立的. 连续性是函数的重要性态，微积分学是以连续函数作为主要研究对象的.

本章在中学数学学习内容的基础上，进一步增加了函数的有关内容，为学生学习微积分打下基础.

1.1　函　数

在客观世界中，一切事物都在运动变化着. 在某一变化过程中始终保持不变的量称为**常量**，在这一过程中不断变化，可以取不同值的量称为**变量**. 变量的变化并不是孤立的，一些变量之间相互依赖、遵循着一定的规律. 函数就是用来描述这种依赖关系的.

1.1.1　函数及其特性

1. 映射的概念

（1）映射.

定义 1.1　设 A 、B 是两个非空集合，如果存在一个法则 f ，使得对 A 中的每个元素 a ，按法则 f ，在 B 中有唯一确定的元素 b 与之对应，则称 f 为从 A 到 B 的**映射**，记作

$$f:A\to B.$$

其中，b 称为元素 a 在映射 f 下的**象**，记作 $b=f(a)$ ；a 称为 b 关于映射 f 的**原象**. 集合 A 中所有元素的象的集合称为映射 f 的**值域**，记作 $f(A)$.

注：① 对于 A 中不同的元素，在 B 中不一定有不同的象.

② B 中每个元素都有原象（即**满射**），且集合 A 中不同的元素在集合 B 中都有不同的象（即**单射**），则称映射 f 建立了集合 A 和集合 B 之间的一个一一对应关系，也称 f 是 A 到 B 上的**一一映射**.

（2）复合映射.

定义 1.2　设有两个映射 $g:X\to Y_1$ ，$f:Y_2\to Z$ ，其中 $Y_1\subset Y_2$ ，则由映射 g 和 f 可以定出一个从 X 到 Z 的对应法则，它将每个 $x\in X$ 映成 $f[g(x)]\in Z$. 显然，这个对应法则确定了一

个从 X 到 Z 的映射，这个映射称为映射 g 和 f 构成的**复合映射**，记作 $f\circ g$ ，即

$$f\circ g:X\to Z\,,$$

$$f\circ g(x)=f[g(x)],\ x\in X\,.$$

注：由复合映射的定义可知，映射 g 和 f 构成复合映射的条件是：g 的值域必须包含在 f 的定义域内，否则不能构成复合映射．由此可以知道，映射 g 和 f 的复合是有顺序的．$f\circ g$ 有意义并不表示 $g\circ f$ 也有意义；即使 $f\circ g$ 与 $g\circ f$ 都有意义，复合映射 $f\circ g$ 与 $g\circ f$ 也不一定相同.

（3）逆映射.

定义 1.3　设有映射 $f:A\to B$ ，如果存在映射 $g:B\to A$ ，使得

$$g\circ f=I_A,\ f\circ g=I_B\,.$$

其中，I_A，I_B 分别是 A 与 B 上的**恒等映射**，则称 g 为 f 的**逆映射**.

逆映射，用较为通俗但不太严格的语言来表述，就是：

设有映射 $f:A\to B$ ，若存在映射 $g:B\to A$ ，使得：① 先执行 f ，再执行 g ，执行的结果是 $gf:A\to A$ ，即 gf 等于 A 上的恒等映射；② 先执行 g ，再执行 f ，执行的结果是 $fg:B\to B$ ，即 fg 等于 B 上的恒等映射，则 g 叫作 f 的逆映射.

2. 函数的概念

（1）函数的定义.

定义 1.4　设数集 $D\subset\mathbf{R}$ ，则称映射 $f:D\to M$ 为定义在 D 上的**函数**，记作

$$y=f(x),\quad x\in D\,.$$

其中，x 叫作**自变量**，y 叫作**因变量**．x 的取值范围 D 称为**函数的定义域**，而数集

$$f(D)=\{y\,|\,y=f(x),x\in D\}$$

称为函数 $y=f(x)$ 的**值域**．当 $x=x_0$ 时，与 x_0 相对应的 y 值称为**函数值**，记作 $y\big|_{x=x_0}$ 或 $f(x_0)$.

注：① D,M 均为非空数集.

② 映射 f 只能是一对一映射或多对一映射.

③ 定义域 D 、值域 M 、对应法则 f 统称函数的三要素.

（2）函数的表示方式.

函数的表示方式一般有：解析法（也称公式法）、图像法、表格法.

例 1　某食品厂生产果奶和纯净水，每天可生产果奶 2000 瓶或纯净水 3000 瓶．已知生产一瓶果奶的成本为 1.8 元，可获利润 0.3 元；生产一瓶纯净水的成本为 0.4 元，可获利润 0.05 元．该厂每月最多支出成本 6 万元．若每月按 30 天计算，问该食品厂应如何安排生产，才能使利润最大．设食品厂每月有 x（ $0\leqslant x\leqslant 30$ ）天生产果奶，请写出关于利润的解析式.

解　依题意，每月有 $(30-x)$ 天生产纯净水．生产果奶的成本为 $2000x\times1.8$ 元 ，利润为 $2000x\times0.3$ 元；生产纯净水的成本为 $3000\cdot(30-x)\times0.4$ 元，利润为 $3000\cdot(30-x)\times0.05$ 元．从而有

总成本 $C(x)=2000x\times 1.8+3000\cdot(30-x)\times 0.4=2400x+36\ 000$，

总利润 $L(x)=2000x\times 0.3+3000\cdot(30-x)\times 0.05=450x+4500$.

例 2　某气象站用自动温度记录仪记下某日气温的变化，如图 1.1 所示. 这时用图像法表示一昼夜里温度 T (°C)与时间 t(h)之间的对应关系.

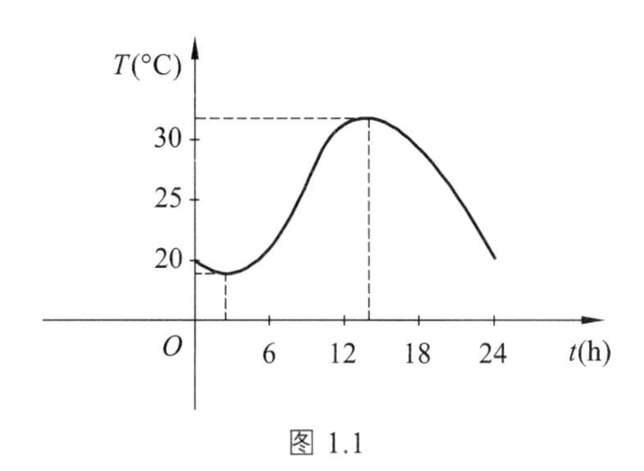

图 1.1

例 3　某商店的运动服销售价格 p（元）与尺码 S（cm）之间的关系，如表 1.1 所示.

表 1.1

尺码 S	85	90	95	100	105	110	115	120
价格 p	120	126	132	138	144	150	156	162

这是用表格法表示的函数关系，其定义域是 $D=\{85,90,95,100,105,110,115,120\}$.

（3）函数相等的概念.

给定两个函数，如果它们的定义域和对应法则相同，那么它们就是相同的函数，这与自变量和因变量用什么字母表示无关.

例如，$y=2\lg x$ 和 $y=\lg x^2$ 不表示同一个函数，因为 $y=2\lg x$ 的定义域为 $(0,+\infty)$，而 $y=\lg x^2$ 的定义域为 $x\neq 0$，两者定义域不同.

3. 复合函数

定义 1.5　给定函数 $y=f(u)$，$u=\varphi(x)$，如果函数 $u=\varphi(x)$ 的值域包含在函数 $y=f(u)$ 的定义域内，则称函数 $y=f[\varphi(x)]$ 是由 $y=f(u)$ 和 $u=\varphi(x)$ 复合而成的函数，简称**复合函数**，其中 u 叫作**中间变量**.

复合函数可以由两个函数复合而成，也可以由多个函数复合而成.

例 4　写出下列函数的复合函数.

（1）$y=\ln u$，$u=x^2+1$；　　（2）$y=\sqrt{u}$，$u=\sin x+1$.

解　（1）$y=\ln u=\ln(x^2+1)$；

（2）$y=\sqrt{u}=\sqrt{\sin x+1}$.

注：不是任意两个函数都可以构成一个复合函数. 例如，$y=\sqrt{u}$ 和 $u=1+2x$ 就不能构成复合函数，因为 $y=\sqrt{u}$ 的定义域 $D=[0,+\infty)$，$u=1+2x$ 的值域 $\mathbf{R}$，$u=1+2x$ 的值域不包含在 $y=\sqrt{u}$ 的定义域内.

为了研究函数的需要，有时我们要将一个复合函数分解成若干个基本初等函数或简单函数，这里的**简单函数**是指由基本初等函数经有限次四则运算所得的函数．其分解方法是“由外到里，逐层分解”.

例 5 指出下列函数是由哪些基本初等函数或简单函数复合而成的：

（1）$y=\cos^2 x$；（2）$y=(x-1)^5$；（3）$y=3\ln(\tan x^2)$.

解 （1）$y=\cos^2 x$ 是由 $y=u^2$，$u=\cos x$ 复合而成的；

（2）$y=(x-1)^5$ 是由 $y=u^5$，$u=x-1$ 复合而成的；

（3）$y=3\ln(\tan x^2)$ 是由 $y=3\ln u$，$u=\tan v$，$v=x^2$ 复合而成的.

4. 反函数

定义 1.6 设函数 $y=f(x)$ 的定义域为 A，值域是 B，且 f 是单射，则对每一个 $y\in B$ 都存在唯一 $x\in A$，使得 $y=f(x)$．定义函数

$$f^{-1}:B\to A, f^{-1}(y)=x,$$

函数 $x=f^{-1}(y)$ 叫作函数 $y=f(x)$ 的**反函数**．相对于反函数 $x=f^{-1}(y)$ 来说，原来的函数 $y=f(x)$ 叫作**直接函数**.

函数 $x=f^{-1}(y)$ 中，自变量是 y，因变量是 x．而习惯上，函数的自变量用 x 表示，因变量用 y 表示，所以反函数通常表示为

$$y=f^{-1}(x).$$

性质：

（1）直接函数与它的反函数的图像关于直线 $y=x$ 对称.

（2）函数存在反函数的重要条件是函数的定义域与值域一一映射.

（3）严格增（减）的函数一定有严格增（减）的反函数（反函数存在定理）.

（4）反函数是相互的，且具有唯一性.

（5）直接函数的定义域、值域分别与它的反函数的值域、定义域对应，且直接函数与它的反函数的对应法则互逆（三反）.

（6）原函数一旦确定，反函数即确定（三定）[在有反函数的情况下，即满足（2）].

（7）$y=x$ 的反函数是它本身.

规定： $y=\sin x$ 的反函数为 $y=\arcsin x$；$y=\cos x$ 的反函数为 $y=\arccos x$；$y=\tan x$ 的反函数为 $y=\arctan x$；$y=\cot x$ 的反函数为 $y=\mathrm{arc}\cot x$；$y=a^x$ 的反函数为 $y=\log_a x$.

例如，$y=2^x$ 的反函数是 $y=\log_2 x$，$y=\mathrm{e}^x$ 的反函数是 $y=\ln x$，$y=x^3$ 的反函数是 $y=\sqrt[3]{x}$.

例 6 求函数 $y=3x-2$ 的反函数.

解 $y=3x-2$ 的定义域为 $\mathbf{R}$，值域为 $\mathbf{R}$.

由 $y=3x-2$，解得

$$x=\frac{y+2}{3}$$

将 x, y 互换，则所求 $y=3x-2$ 的反函数是

$$y=\frac{x+2}{3} \quad (x \in \mathbf{R}).$$

5. 分段函数

有些函数对于定义域内的自变量 x 取不同的值时，不能用一个统一的解析式表示出来，而要用两个或两个以上的解析式来表示，这种在自变量的不同取值范围内用不同的解析式表示的函数，称为**分段函数**.

例 7　我国寄到国内（外埠）信函的邮资标准是：首重 100 克内，每重 20 克（不足 20 克按 20 克计算）1.20 元（续重时情况略）. 设信函的重量为 x 克，邮资为 $f(x)$ 元，则邮资与信函的重量的函数关系可表示为：

$$f(x)=\begin{cases}1.2, & 0<x \leqslant 20 \\ 2.4, & 20<x \leqslant 40 \\ 3.6, & 40<x \leqslant 60 \\ 4.8, & 60<x \leqslant 80 \\ 6.0, & 80<x \leqslant 100\end{cases}$$

例 8　设函数 $f(x)=\begin{cases}3x+1, & x<0 \\ 1, & x=0 \\ 2^x, & x>0\end{cases}$，求函数的定义域和函数值 $f(-1), f(0), f(4)$，并做出此函数的图像.

解　易知，函数的定义域 $D=(-\infty,+\infty)$，则

$$f(-1)=3\times(-1)+1=-2.$$

同理，$f(0)=1$，$f(4)=2^4=16$.

此函数的图像如图 1.2 所示.

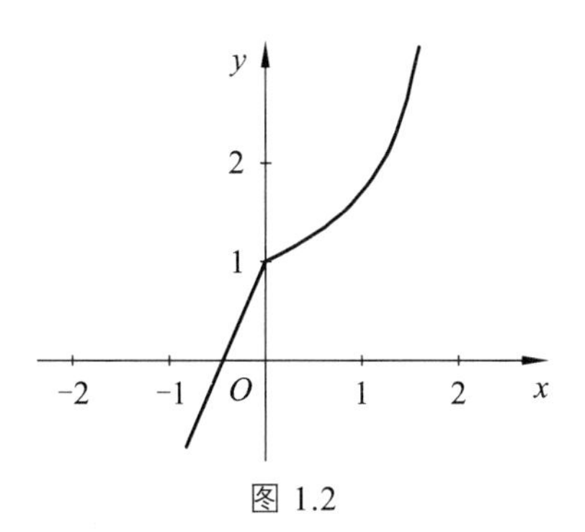

图 1.2

例 9　设符号函数 $y=\operatorname{sgn} x=\begin{cases}1, & x>0 \\ 0, & x=0 \\ -1, & x<0\end{cases}$，其图像如图 1.3 所示.

定义域 $D=(-\infty,+\infty)$，值域为 $\{-1,0,1\}$.

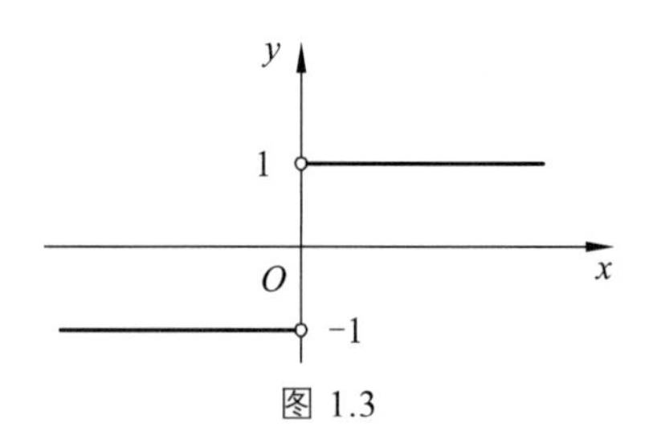

图 1.3

例 10　设取整函数 $y=[x]$，$[x]$表示不超过 x 的最大整数，其图像如图 1.4 所示.

定义域 $D=(-\infty,+\infty)$，值域为 $\mathbf{Z}$.

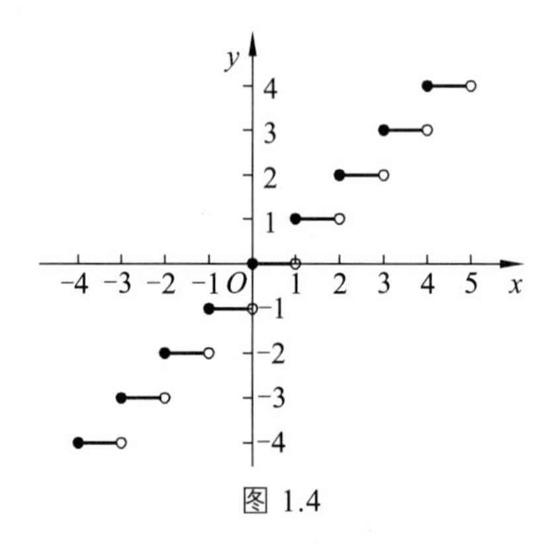

图 1.4

6. 函数的几种特性

（1）函数的单调性.

设函数 $y=f(x)$ 在区间 (a,b) 内有定义，对于任意的 x_1，$x_2\in(a,b)$，当 $x_1<x_2$ 时，有 $f(x_1)<f(x_2)$，则称函数 $y=f(x)$ 在区间 (a,b) 内是**单调增加**的；当 $x_1<x_2$ 时，有 $f(x_1)>f(x_2)$，则称函数 $y=f(x)$ 在区间 (a,b) 内是**单调减少**的.

单调增加和单调减少的函数统称为**单调函数**. 相应地，区间 (a,b) 称为函数的**单调区间**.

单调增加函数的图像是随着自变量 x 的增大而上升的曲线；单调减少函数的图像是随着自变量 x 的增大而下降的曲线.

例如，函数 $y=x^2$，其图像如图 1.5 所示. 由图 1.5 可以看出，它在 $(-\infty,0)$ 内是单调减少的，在 $(0,+\infty)$ 内是单调增加的.

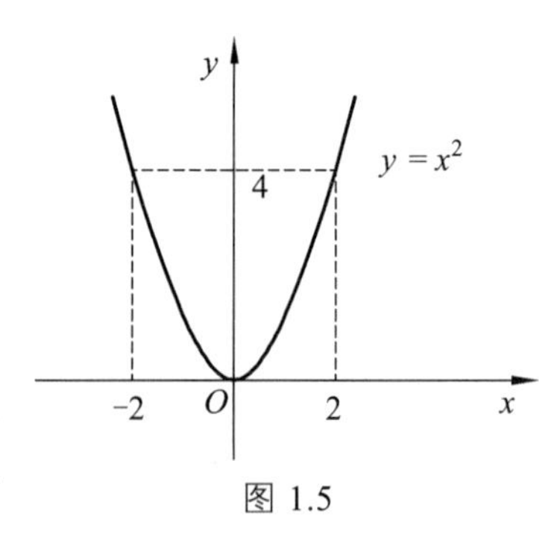

图 1.5

（2）函数的奇偶性.

设函数 $y=f(x)$ 的定义域 D 关于原点对称，若对任意的 $x\in D$，都有 $f(-x)=-f(x)$，则称函数 $y=f(x)$ 为**奇函数**；若对任意的 $x\in D$，都有 $f(-x)=f(x)$，则称函数 $y=f(x)$ 为**偶函数**.

如果函数 $y=f(x)$ 既不是奇函数，也不是偶函数，我们则称它为**非奇非偶函数**.

奇函数的图像关于原点对称，偶函数的图像关于 y 轴对称.

例如，函数 $f(x)=x^3$ 是奇函数，函数 $f(x)=1+x^2$ 是偶函数，函数 $f(x)=0$ 既是奇函数也是偶函数，函数 $f(x)=1-\dfrac{1}{x}$ 是非奇非偶函数.

例 11　符号函数 $y = \operatorname{sgn} x = \begin{cases} 1, & x > 0 \\ 0, & x = 0 \\ -1, & x < 0 \end{cases}$ 的图像关于原点对称，它是奇函数.

例 12　取整函数 $y = [x]$ 是非奇非偶函数.

（3）函数的有界性.

设函数 $y = f(x)$ 在区间 (a,b) 内有定义，若存在一个正数 M，使得对于任意的 $x \in (a,b)$，都有 $|f(x)| \leqslant M$，则称函数 $y = f(x)$ 在 (a,b) 内**有界**；否则，称函数 $y = f(x)$ 在 (a,b) 内**无界**. 若存在一个正数 M，使得对于任意的 $x \in (a,b)$，有 $f(x) \leqslant M(f(x) \geqslant -M)$，则称函数 $y = f(x)$ 在 (a,b) 内**有上界（有下界）**，否则称函数 $y = f(x)$ 在 (a,b) 内**无上界（无下界）**.

函数 $y = f(x)$ 在 (a,b) 内有界，从图形直观地看，其图像**介于两条水平直线之间**.

例如，对于任意的 $x \in \mathbf{R}$，都有 $|\sin x| \leqslant 1$，所以 $y = \sin x$ 在 $(-\infty,+\infty)$ 内有界，其图像如图 1.6 所示. 函数 $y = x^3$ 在 $(-\infty,+\infty)$ 内无界，其图像如图 1.7 所示. 对于任意的 $x \in \mathbf{R}$，都有 $\mathrm{e}^x > 0$，所以 $y = \mathrm{e}^x$ 在 $(-\infty,+\infty)$ 内有下界，其图像如图 1.8 所示. 函数 $y = \dfrac{1}{x}$ 在 $(-\infty,0)$ 内有上界，无下界，如图 1.9 所示.

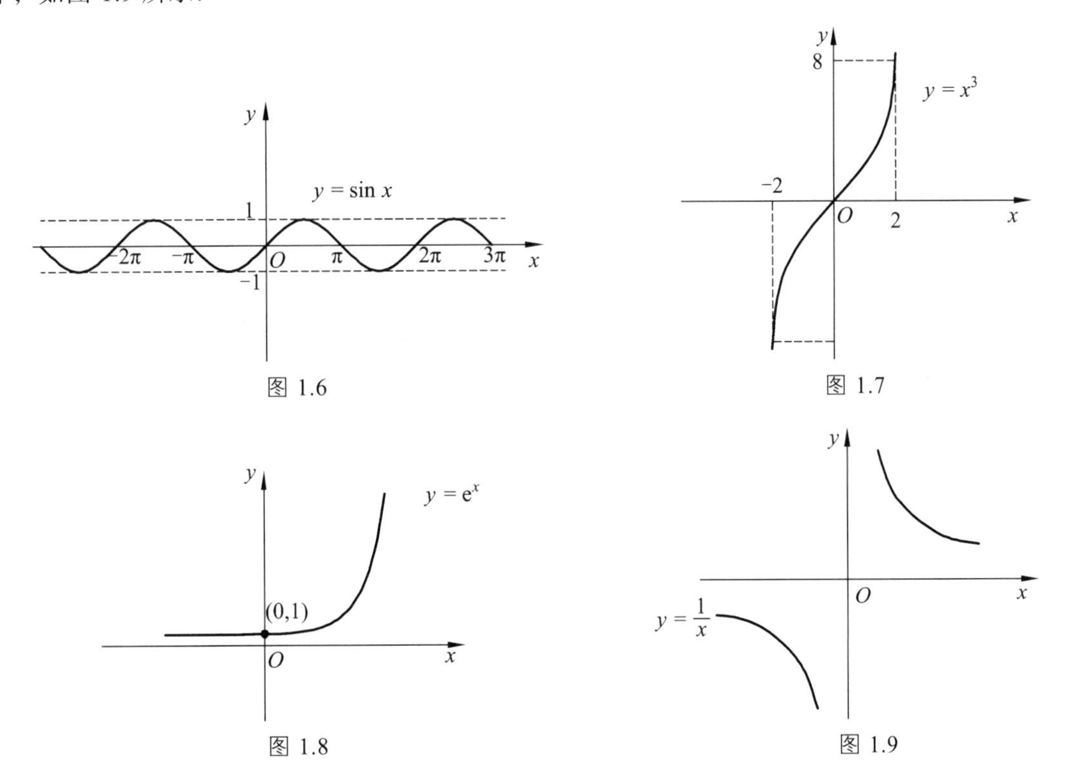

图 1.6　图 1.7　图 1.8　图 1.9

（4）函数的周期性.

设函数 $y = f(x)$ 的定义域为 D，若存在 $T > 0$，使得对于任意的 $x \in D$，有 $x + T \in D$，且 $f(x + T) = f(x)$ 恒成立，则称函数 $y = f(x)$ 为**周期函数**，满足这个式子的最小正数 T 称为**函数的周期**.

例如，$y = \sin x$, $y = \cos x$ 都是以 2π 为周期的函数；$y = \tan x$, $y = \cot x$ 都是以 π 为周期的函

数； $f(x+2)=f(x)$ 是以 2 为周期的函数.

注：周期函数的最小正周期不一定存在. 例如，常量函数以任意非零实数为周期，它没有最小正周期.

1.1.2　初等函数

1. 基本初等函数

在微积分学中，我们将**常量函数**、**幂函数**、**指数函数**、**对数函数**、**三角函数**和**反三角函数**这六类函数统称为**基本初等函数**.

（1）常量函数 $y=c$（c为常数）.

常量函数的定义域是 $(-\infty,+\infty)$，其图像是过点 $(0,c)$ 且平行于 x 轴的一条直线，如图 1.10 所示.

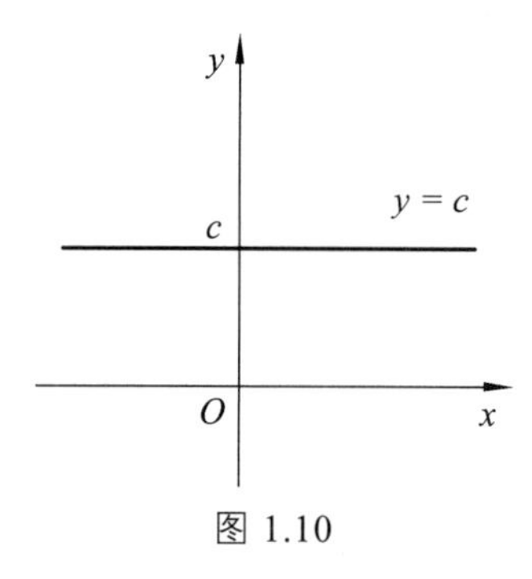

图 1.10

（2）幂函数 $y=x^{\alpha}$（α 为常数）.

$y=x^{-2}$ 的定义域是 $(-\infty,0)\cup(0,+\infty)$，值域为 $(0,+\infty)$；函数有下界，是偶函数；函数在 $(-\infty,0)$ 上单调递增，在 $(0,+\infty)$ 上单调递减. 其图像如图 1.11 所示.

$y=\dfrac{1}{x}$ 的定义域是 $(-\infty,0)\cup(0,+\infty)$，值域为 $(-\infty,0)\cup(0,+\infty)$；函数是奇函数；函数在 $(-\infty,0)$ 上单调递减，在 $(0,+\infty)$ 上也单调递减. 其图像如图 1.12 所示.

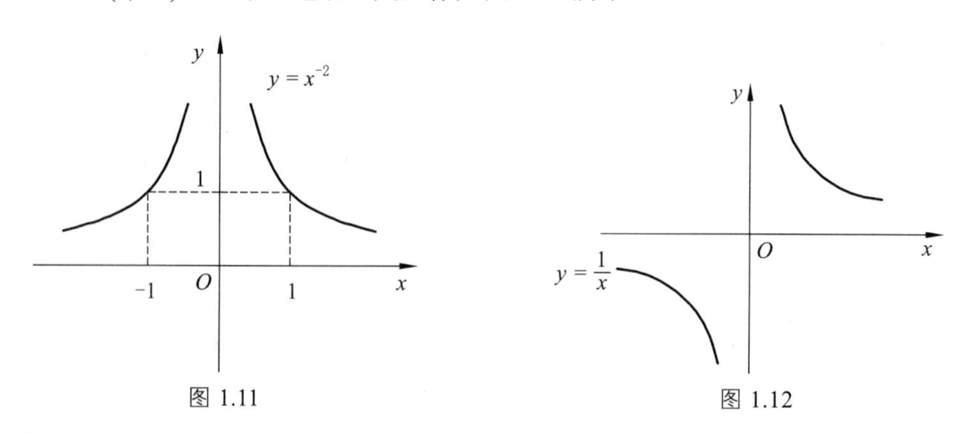

图 1.11　　图 1.12

$y=x^2$ 的定义域是 $(-\infty,+\infty)$，值域是 $[0,+\infty)$；函数有下界，是偶函数；函数在 $[0,+\infty)$ 上单调递增，在 $(-\infty,0]$ 上单调递减. 其图像如图 1.13 所示.

$y=x$ 的定义域是 $(-\infty,+\infty)$，值域是 $(-\infty,+\infty)$；函数无界，是奇函数；函数在 $(-\infty,+\infty)$ 上单调递增．其图像如图 1.13 所示．

$y=\sqrt{x}$ 的定义域是 $[0,+\infty)$，值域为 $[0,+\infty)$；函数有下界，是非奇非偶函数；函数在 $[0,+\infty)$ 上单调递增．其图像如图 1.13 所示．

$y=x^3$ 的定义域是 $(-\infty,+\infty)$，值域是 $(-\infty,+\infty)$；函数无界，是奇函数；函数在 $(-\infty,+\infty)$ 上单调递增．其图像如图 1.14 所示．

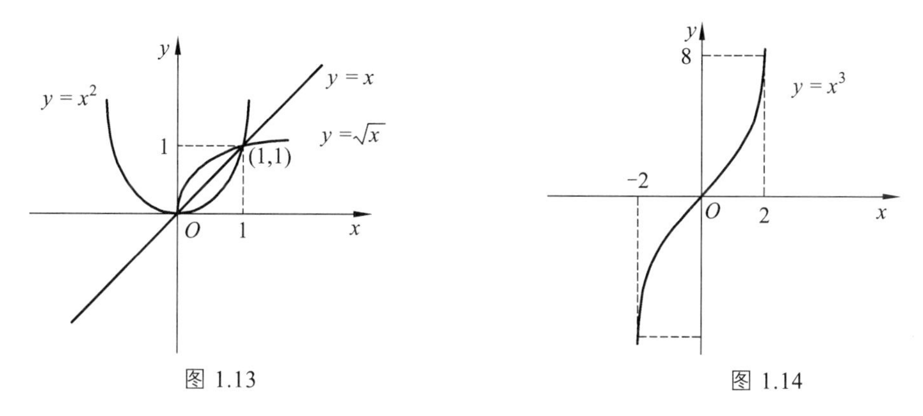

图 1.13　　　　图 1.14

（3）指数函数 $y=a^x$（$a>0$ 且 $a\neq 1$，a 为常数）.

指数函数的定义域是 $(-\infty,+\infty)$，值域是 $(0,+\infty)$．当 $0<a<1$ 时，函数单调减少；当 $a>1$ 时，函数单调增加．其图像如图 1.15 所示．

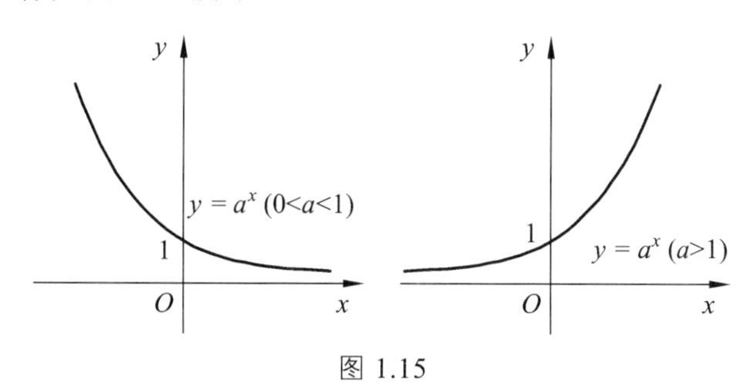

图 1.15

（4）对数函数 $y=\log_a x$（$a>0$ 且 $a\neq 1, a$ 为常数）.

对数函数的定义域是 $(0,+\infty)$，值域是 $(-\infty,+\infty)$．当 $0<a<1$ 时，函数单调减少；当 $a>1$ 时，函数单调增加．其图像如图 1.16 所示．

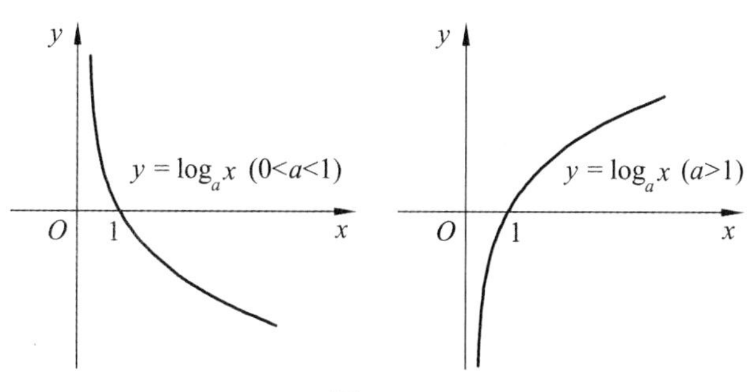

图 1.16

以 10 为底的对数函数称为常用对数，记作 $y=\lg x$；以 e 为底的对数函数称为自然对数，记作 $y=\ln x$，其中 e 是一个无理数，$e=2.71828\cdots$.

（5）三角函数.

三角函数包括**正弦函数**、**余弦函数**、**正切函数**、**余切函数**、**正割函数**和**余割函数**六种函数.

正弦函数 $y=\sin x$，定义域是 $(-\infty,+\infty)$，值域是 $[-1,1]$. 它是奇函数，也是有界函数，周期为 2π. 其图像如图 1.17 所示.

余弦函数 $y=\cos x$，定义域是 $(-\infty,+\infty)$，值域是 $[-1,1]$. 它是偶函数，也是有界函数，周期为 2π. 其图像如图 1.18 所示.

由定义，可得 $\sin^2 x+\cos^2 x=1$.

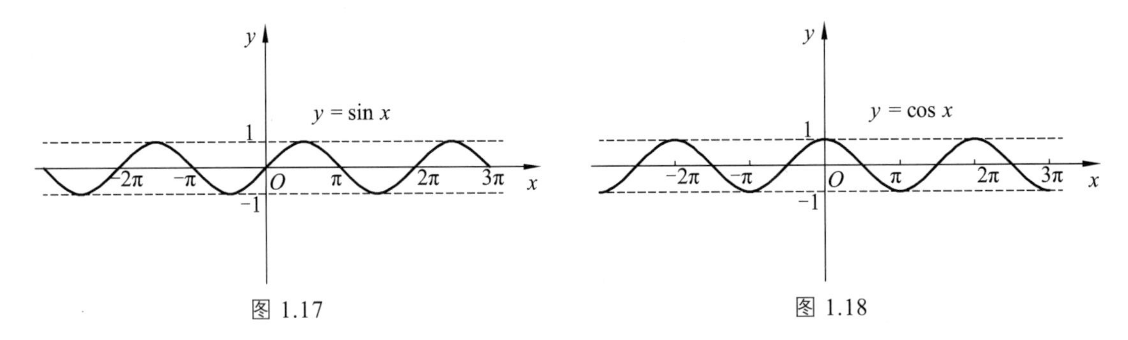

图 1.17　　图 1.18

正切函数 $y=\tan x$，$\tan x=\dfrac{\sin x}{\cos x}$，定义域是 $\left\{x\mid x\neq k\pi+\dfrac{\pi}{2},\ k\in\mathbf{Z}\right\}$，值域是 $(-\infty,+\infty)$. 它是奇函数，也是无界函数，周期为π. 其图像如图 1.19 所示.

余切函数 $y=\cot x$，$\cot x=\dfrac{\cos x}{\sin x}$，定义域是 $\{x\mid x\neq k\pi,k\in\mathbf{Z}\}$，值域是 $(-\infty,+\infty)$. 它是奇函数，也是无界函数，周期为π. 其图像如图 1.20 所示.

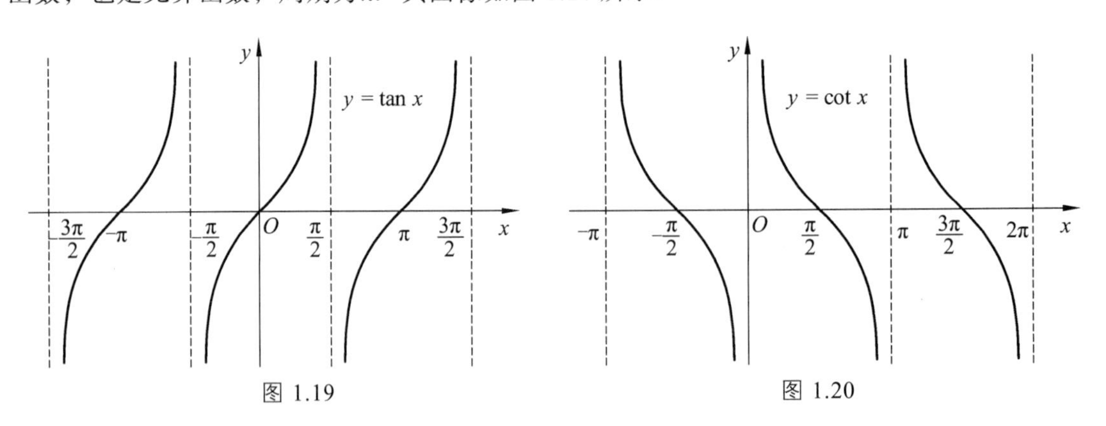

图 1.19　　图 1.20

正割函数 $y=\sec x$. 同角三角函数的关系有：$\sec x=\dfrac{1}{\cos x}$.

余割函数 $y=\csc x$. 同角三角函数的关系有：$\csc x=\dfrac{1}{\sin x}$.

由定义，可得 $1+\tan^2 x=\sec^2 x$，$1+\cot^2 x=\csc^2 x$.

例 13　求下列各式的值.

（1）$\sin\pi$；　　（2）$\cos\frac{3\pi}{2}$；　　（3）$\tan\frac{\pi}{3}$；

（4）$\cot\frac{\pi}{2}$；　　（5）$\sec\frac{\pi}{4}$；　　（6）$\csc\frac{\pi}{6}$.

解　（1）$\sin\pi=0$；　　（2）$\cos\frac{3\pi}{2}=0$；

（3）$\tan\frac{\pi}{3}=\sqrt{3}$；　　（4）$\cot\frac{\pi}{2}=0$；

（5）$\sec\frac{\pi}{4}=\frac{1}{\cos\frac{\pi}{4}}=\frac{1}{\frac{\sqrt{2}}{2}}=\sqrt{2}$；　　（6）$\csc\frac{\pi}{6}=\frac{1}{\sin\frac{\pi}{6}}=\frac{1}{\frac{1}{2}}=2$.

（6）反三角函数.

反三角函数包括**反正弦函数**、**反余弦函数**、**反正切函数**、**反余切函数**等函数.

反正弦函数 $y=\arcsin x$，其定义域是 $[-1,1]$，值域是 $\left[-\frac{\pi}{2},\frac{\pi}{2}\right]$. 函数单调增加且有界，是奇函数. 其图像如图 1.21 所示.

反余弦函数 $y=\arccos x$，其定义域是 $[-1,1]$，值域是 $[0,\pi]$. 函数单调减少且有界. 其图像如图 1.22 所示.

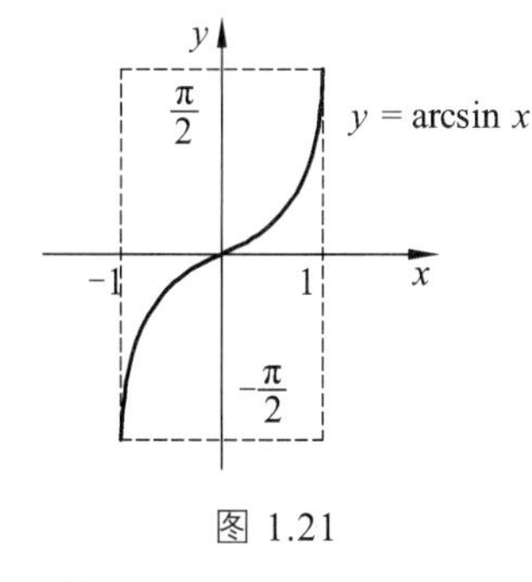

图 1.21

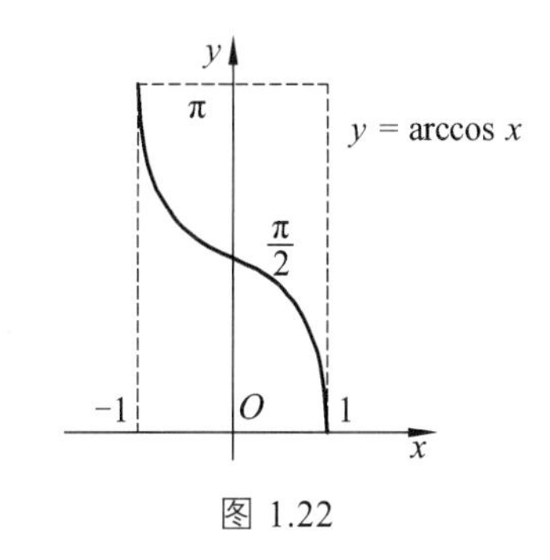

图 1.22

例 14　计算下列各式的值.

（1）$\arcsin\frac{\sqrt{3}}{2}$；　　（2）$\arccos\left(-\frac{\sqrt{2}}{2}\right)$.

解　（1）因为 $\frac{\pi}{3}\in\left[-\frac{\pi}{2},\frac{\pi}{2}\right]$，且 $\sin\frac{\pi}{3}=\frac{\sqrt{3}}{2}$，所以 $\arcsin\frac{\sqrt{3}}{2}=\frac{\pi}{3}$.

（2）因为 $\frac{3\pi}{4}\in[0,\pi]$，且 $\cos\frac{3\pi}{4}=-\frac{\sqrt{2}}{2}$，所以 $\arccos\left(-\frac{\sqrt{2}}{2}\right)=\frac{3\pi}{4}$.

反正切函数 $y=\arctan x$，其定义域是 $(-\infty,+\infty)$，值域是 $\left(-\frac{\pi}{2},\frac{\pi}{2}\right)$. 函数单调增加且有界，是奇函数. 其图像如图 1.23 所示.

反余切函数 $y=\operatorname{arccot} x$，其定义域是 $(-\infty,+\infty)$，值域是 $(0,\pi)$. 函数单调减少且有界. 其图像如图 1.24 所示.

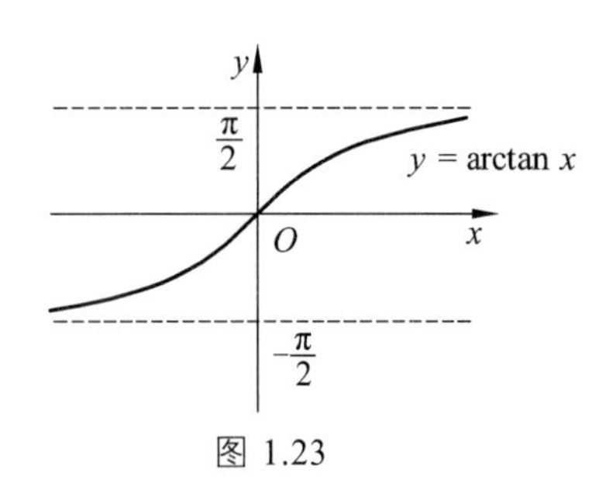

图 1.23

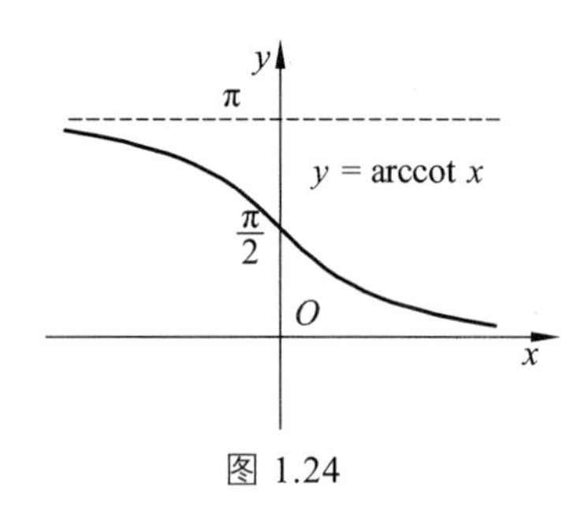

图 1.24

例 15 求下列格式的值.

（1）$\arctan\dfrac{\sqrt{3}}{3}$；（2）$\text{arccot}(-\sqrt{3})$.

解 （1）$\arctan\dfrac{\sqrt{3}}{3}=\dfrac{\pi}{6}$；（2）$\text{arccot}(-\sqrt{3})=\dfrac{5\pi}{6}$.

2. 初等函数

定义 1.7 由基本初等函数经过有限次四则运算及（或）有限次复合所构成，并且能用一个解析式表示的函数，称为**初等函数**．否则称为**非初等函数**.

例如，$y=3x^2+2x-5$，$y=\dfrac{1}{\sqrt{2\pi}}e^{-\frac{x^2}{2}}$，$y=\ln(x+\sqrt{1+x^2})$ 等都是初等函数.

注：一般情况下，分段函数不是初等函数（不能由一个式子表示出来）．例如符号函数、取整函数是非初等函数；而 $y=|x|$ 是初等函数，因为它可以由 $y=\sqrt{u}$，$u=x^2$ 复合得到.

本教材研究的函数主要为初等函数.

习题 1.1

1. 求下列函数的定义域.

（1）$y=\sqrt{3x+2}$；（2）$y=\dfrac{1}{x}-\sqrt{1-x^2}$；

（3）$y=\arcsin(1-x)$；（4）$y=e^{\frac{1}{x}}$；

（5）$y=\arccos(2x+3)+\ln(x^2+1)$；（6）$y=\dfrac{1}{\ln(2x+3)}+\sqrt{x+2}$.

2. 设函数 $f(x)$ 的定义域为 $[2,4]$，求函数 $f(1+x^2)$ 的定义域.

3. 判断下列各对函数是否相同.

（1）$f(x)=\ln x^4$ 和 $g(x)=4\ln x$；

（2）$f(x)=x-1$ 和 $g(x)=\sqrt{(x-1)^2}$；

（3）$f(x)=\sqrt[5]{x^6-x^5}$ 和 $g(x)=x\cdot\sqrt[5]{x-1}$；

（4）$f(x)=\dfrac{x^2-1}{x+1}$ 和 $g(x)=x-1$.

4. 判断函数 $y = x + \ln x$ 在 $(0, +\infty)$ 上的单调性.

5. 判断下列函数的奇偶性.

（1）$f(x) = x\sin x$；　（2）$f(x) = \sin 2x - \cos 2x$；

（3）$f(x) = 3x^2 - 2x^3$；　（4）$f(x) = \dfrac{1-x^2}{1+x^2}$；

（5）$f(x) = \ln(x + \sqrt{x^2+1})$；　（6）$f(x) = x^2 + \ln\dfrac{1-x}{2+x}$.

6. 分析下列复合函数的复合过程.

（1）$y = \sqrt{\ln(\sin^2 x)}$；　（2）$y = \mathrm{e}^{\arctan(x^2)}$；

（3）$y = \cos^2[\ln(2+x)]$；　（4）$y = \ln\tan(\mathrm{e}^{x^2+2\sin x})$.

7. 设 $f\left(\dfrac{1}{x}\right) = x + \sqrt{1+x^2}\ (x>0)$，求 $f(x)$.

8. 设 $f(x) = \dfrac{1}{1-x}$，求 $f[f(x)]$，$f\{f[f(x)]\}$.

9. 设 $f(x) = \begin{cases} \mathrm{e}^x, & x<1 \\ x, & x \geqslant 1 \end{cases}$，$g(x) = \begin{cases} x+2, & x<0 \\ x^2-1, & x \geqslant 0 \end{cases}$，求 $f[g(x)]$.

1.2　数学建模及其应用

1.2.1　数学建模简介

数学建模就是用数学方法解决实际问题. 而要解决实际问题，首先要构建该问题的数学模型，即找出该实际问题的函数关系.

其实早在学习初等代数的时候我们就已经碰到过数学模型了. 当然其中许多问题是老师为了教会学生知识而人为设置的. 譬如你一定解过这样的所谓“航行问题”：

甲、乙两地相距 750 km，船从甲到乙顺水航行需 30 h，从乙到甲逆水航行需 50 h. 问船速、水速各是多少？

用 x, y 分别代表船速和水速，可以列出方程

$$30(x+y) = 750, \quad 50(x-y) = 750.$$

实际上，这组方程就是上述航行问题的数学模型. 列出方程，原问题就转化为纯粹的数学问题. 方程的解为 $x = 20\,\text{km/h}$，$y = 5\,\text{km/h}$，最终给出了航行问题的答案.

当然，实际问题的数学模型通常要复杂得多，但是建立数学模型的基本内容已经包含在解这个代数应用题的过程中了. 那就是：根据建立数学模型的目的和问题的背景做出必要的简化假设（航行中设船速和水速为常数）；用字母表示待求的未知量（x, y 代表船速和水速）；利用相应的物理或其他规律（匀速运动的距离等于速度乘以时间），列出数学式子（二元一次方程）；求出数学上的解（$x = 20$，$y = 5$）；用这个答案解释原问题（船速和水速分别为 20 km/h

和 5 km/h）；最后还要用实际现象来验证上述结果.

一般来说，**数学模型**可以描述为，对于现实世界的一个特定对象，为了一个特定目的，根据特有的内在规律，做出一些必要的简化假设，运用适当的数学工具，得到的一个数学结构. 本书要专门讨论的数学模型则是由数字、字母或其他数学符号组成的，描述现实对象数量规律的数学公式、图形或算法.

需要指出，本书的重点不在于介绍现实对象的数学模型是什么样子，而是要讨论建立数学模型的全过程. 建立数学模型简称为**数学建模**或**建模**.

今天，在国民经济和社会活动的以下诸多方面，数学建模都有着非常具体的应用.

分析与设计：例如描述药物浓度在人体内的变化规律以分析药物的疗效；建立跨音速流和激波的数学模型，用数值模拟设计新的飞机翼型.

预报与决策：生产过程中产品质量指标的预报、气象预报、人口预报、经济增长预报等，都要有预报模型；使经济效益最大的价格策略、使费用最少的设备维修方案，都是决策模型的例子.

控制与优化：电力、化工生产过程的最优控制、零件设计中的参数优化，要以数学模型为前提，建立大系统控制与优化的数学模型，是迫切需要和十分棘手的课题.

规划与管理：生产计划、资源配置、运输网络规划、水库优化调度，以及排队策略、物资管理等，都可以用数学规划模型解决.

1.2.2 数学建模在经济学中的应用

1. 需求函数与供给函数

需求量是指在某一特定时期内，在一定条件下消费者愿意购买某种商品的数量. 需求量受多种因素的影响，如商品的价格、消费者的偏好与收入、相关商品的价格、消费者对该商品未来价格的预期、季节等，其中商品的价格是影响需求量的最重要因素.

为使研究的问题简化，我们假定除商品的价格外其他因素都保持不变，则需求量 Q 可看作价格 p 的函数，我们称之为**需求函数**，记作 $Q=f(p)$. 需求函数的图像称为**需求曲线**.

一般地，需求量随价格的上涨而减少. 因此，需求函数 $Q=f(p)$ 是单调减少的函数.

需求函数的反函数 $p=f^{-1}(Q)$ 在经济学中也称为需求函数，有时称为**价格函数**.

市场统计资料表明，常见的需求函数有以下几种类型：

（1）线性需求函数（图 1.25）：$Q=a-bp$；

（2）二次需求函数（图 1.26）：$Q=a-bp-cp^2$；

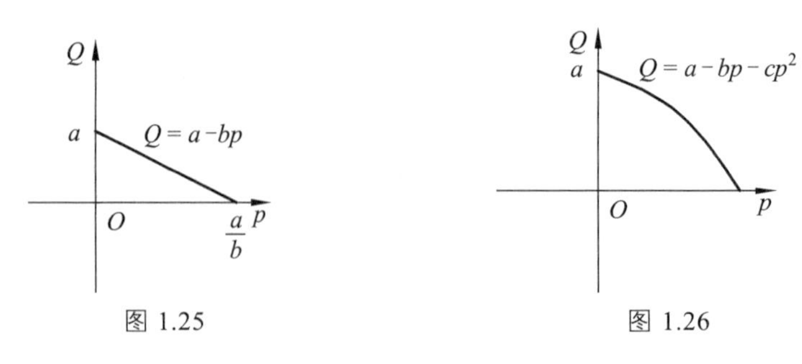

图 1.25　　图 1.26

（3）指数需求函数（图 1.27）：$Q = a\mathrm{e}^{-bp}$.

其中 a ，b ，c 均为大于零的常数.

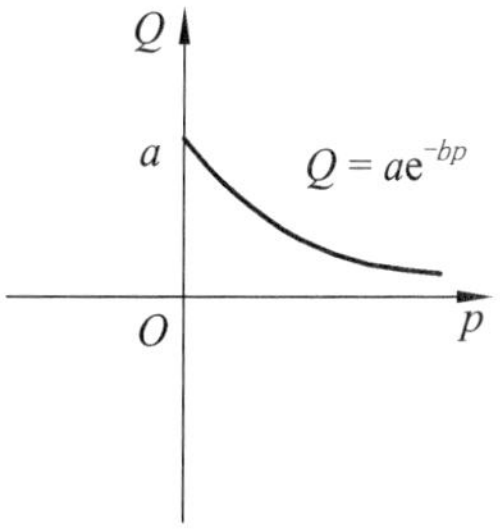

图 1.27

例 1　商场某种计算器的销售量 Q 是价格 p 的线性函数. 当单价为 100 元时, 可售出 1500 个; 当单价为 120 元时, 可售出 1200 个. 试求该种计算器的需求函数和价格函数.

解　设该种计算器的需求函数为 $Q = a - bp$ ，根据题意得

$$\begin{cases} 1500 = a - 100b \\ 1200 = a - 120b \end{cases}.$$

解之，得 $a = 3000$ ，$b = 15$. 于是所求的需求函数为

$$Q = 3000 - 15p .$$

需求函数的反函数 $p = 200 - \dfrac{Q}{15}$ ，即所求的价格函数.

供给量是指生产者在某一价格水平上愿意出售且可供出售的商品的数量. 供给量受多种因素的影响，如商品的价格、生产者的生产技术与管理水平、相关商品的价格、生产者对该商品未来价格的预期、政府的税收与补贴政策等, 其中商品的价格是影响供给量的最重要因素.

我们假定除商品的价格外其他因素都保持不变，供给量 Q 可看作价格 p 的函数，我们称之为供给函数，记作 $Q = g(p)$. 供给函数的图像称为供给曲线.

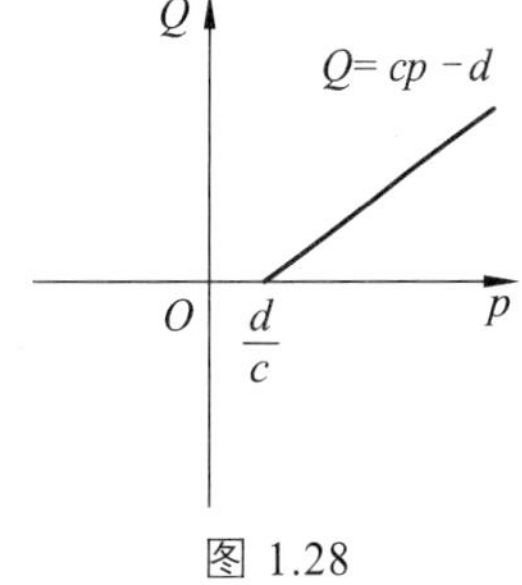

图 1.28

一般地，供给量随价格的上涨而增加. 因此，供给函数 $Q = g(p)$ 是单调增加的函数.

常见的供给函数有线性函数、二次函数、指数函数等. 线性供给函数为 $Q = cp - d$ ，其中 c ，d 均为大于零的常数，如图 1.28 所示.

当市场上某种商品的需求量与供给量相等，该商品市场处于**均衡状态**. 这时的商品价格 p_0 称为**市场均衡价格**. 如图 1.29 所示，线性需求函数 $Q_d = a - bp$ 与线性供给函数 $Q_s = cp - d$ 的图像交点的横坐标就是市场均衡价格. 当市场价格 $p > p_0$ 时，供给量将增加而需求量将减少，这时会出现“供大于求”的现象；当市场价格 $p < p_0$ 时，供给量将减少而需求量将增加，这时会出现“供不应求”的现象. 当商品市场处于均衡状态时，有 $Q_d = Q_s = Q_0$ ，Q_0 称为**市场均衡数量**.

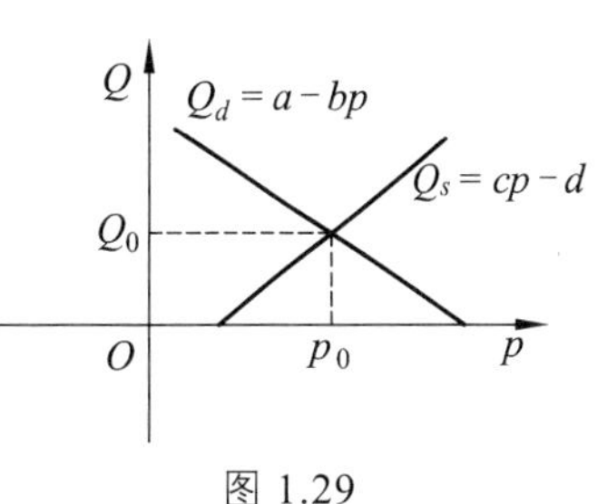

图 1.29

例 2　商场某种计算器的单价为 100 元时，代理商可提供 1150 个，售价每提高 10 元，代理商可多提供 200 个. 试求该计算器的供给函数.

解　设该计算器的供给函数为 $Q = cp - d$ ，依题意有

$$\begin{cases} 1150 = 100c - d \\ 1350 = 110c - d \end{cases}.$$

解得

$$c = 20, d = 850 .$$

于是所求供给函数为

$$Q = 20p - 850 .$$

例 3　求例 1、例 2 中该种计算器的市场均衡价格和市场均衡数量.

解　由需求函数和供给函数组成的方程组为

$$\begin{cases} Q = 3000 - 15p \\ Q = 20p - 850 \end{cases} .$$

解之得 $p_0 = 110$ 元，$Q_0 = 1350$ 个.

2. 成本函数、收入函数和利润函数

产品总成本是以货币形式表现的企业生产和销售产品的全部费用支出，它分为固定成本和变动成本两部分. 固定成本是指不随产品产量变动的那部分成本，如企业管理人员的薪金和保险费、固定资产的折旧和维护费、办公费等. 变动成本是指因产品产量变动而变动的那部分成本，如原材料费、包装费、计件工人的工资等.

若用 Q 表示产量，C 表示成本，则产品总成本与产量之间的函数关系可表示为

$$C = C(Q) = C_0 + C_1(Q) .$$

我们称之为**总成本函数**. 其中，C_0 为**固定成本**，$C_1(Q)$ 为**变动成本**.

当 $Q = 0$ 时，$C_1(0) = 0, C(0) = C_0$，这表明当产量为 0 时，变动成本为 0，此时的成本函数值就是**固定成本**.

成本函数是单调增加函数，其图像称为**成本曲线**.

评价企业的成本管理总体水平时，还需要计算产品的**平均成本**：

$$\overline{C}(Q) = \frac{C(Q)}{Q} = \frac{C_0}{Q} + \frac{C_1(Q)}{Q} .$$

其中，$\frac{C_1(Q)}{Q}$ 称为**平均变动成本**.

销售某产品的收入 R 等于产品销售价格 p 乘以销售量 Q，即 $R = pQ$. 我们称之为**收入函数**，即 $R = R(Q) = pQ$.

收入扣除成本就是利润. 用 L 表示利润，则利润函数为

$$L = L(Q) = R(Q) - C(Q) .$$

一般地，

（1）当 $L(Q) > 0$ 时，生产处于盈利状态；

（2）当 $L(Q) < 0$ 时，生产处于亏损状态；

（3）当 $L(Q) = 0$ 时，生产处于保本状态，使 $L(Q) = 0$ 的点 Q_0 称为**盈亏平衡点**.

例 4　某企业生产一种新产品，在对新产品定价时该企业做了市场调查．根据调查得出需求函数为 $Q=900-18p$．已知该产品的固定成本是 2700 元，单位产品的变动成本为 10 元．为获得最大利润，新产品的价格应定为多少元？

解　以 Q 表示产量，C 表示成本，p 表示价格，则总成本函数为

$$C(Q)=2700+10Q.$$

将需求函数 $Q=900-18p$ 代入 $C(Q)$ 中，总成本函数变为

$$C(p)=11\ 700-180p,$$

收入函数为

$$R(p)=p\cdot(900-18p)=900p-18p^2,$$

利润函数为

$$\begin{aligned}L(p)&=R(p)-C(p)\\&=-18p^2+1080p-11\ 700\\&=-18(p-30)^2+4500.\end{aligned}$$

容易看出，当价格定为 $p=30$ 元时，利润 $L=4500$ 元为最大利润．在此价格下，该新产品的销售量为

$$Q=900-18\times30=360.$$

1.2.3　数学建模在工程中的应用

数学建模除了在经济学领域有广泛应用，还在物理学、工程学等领域有广泛应用．

下面我们来看一些例子．

例 5（空投应急救援物资）　一架红十字会的飞机正在向某受灾地区空投应急救援食品和药物，如果飞机在一长为 700 英尺的开放区域的边上立即投下货物，又如果货物沿

$$x=120t,y=-16t^2+500,t\geqslant0$$

运动，货物能在该区域着陆吗？坐标 x 和 y 按照英尺度量，而参数 t（从投下算起的时间）以秒计，求下落货物路径的直角坐标方程（图 1.30）．

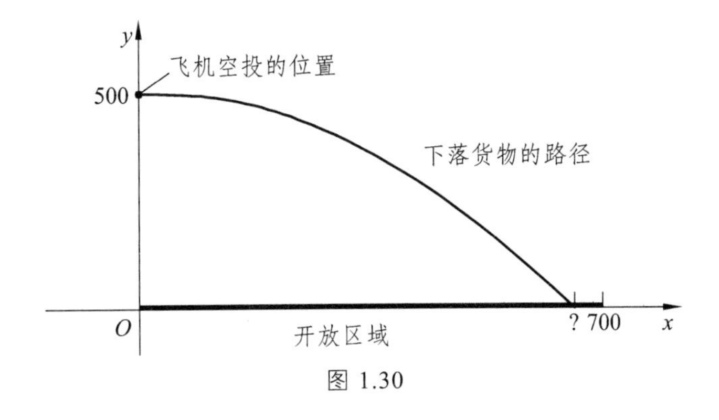

图 1.30

解 易知，当 $y=0$ 时货物着陆，它在 t 时刻发生，这时有

$$-16t^2+500=0.$$

解之得 $t=\dfrac{5\sqrt{5}}{2}$.

而投下时刻的横坐标为 $x=0$，货物着陆时刻发生，这时

$$x=120t=120\left(\frac{5\sqrt{5}}{2}\right)=300\sqrt{5}\text{（英尺）}.$$

因为 $300\sqrt{5}\approx 670.8<700$，所以货物确实落在该开放区域内.

我们通过消去参数方程中的 t 来求货物坐标的笛卡儿方程：

$$y=-16t^2+500=-16\left(\frac{x}{120}\right)^2+500=-\frac{1}{900}x^2+500,$$

因此，货物沿抛物线 $y=-\dfrac{1}{900}x^2+500$ 运动.

例 6（放射性衰减） 实验室的实验表明，某些原子以辐射的方式发射其部分质量. 该原子用其剩余物质重新组成某种新元素的原子. 例如，放射性碳-14 衰变成氮，镭最终衰变成铅. 若 y_0 是初始时刻 $t=0$ 时放射性物质的数量，在随后任何时刻 t，放射性物质的数量为

$$y=y_0\mathrm{e}^{-rt},r>0.$$

其中，数 r 称为**放射性物质的衰减率**. 对碳-14 而言，当 t 用年份来度量时，由实验确定的衰减率约为 $r=-1.2\times10^{-4}$. 试预测 866 年后的碳-14 所占的百分比.

解 从碳-14 原子核数量 y_0 开始，预测 866 年后的剩余量为

$$y(866)=y_0\mathrm{e}^{-1.2\times10^{-4}\times866}\approx 0.901y_0,$$

即 866 年后原有的碳-14 中有 90%存留，也就是约有 10%衰减掉了.

例 7（地震强度） 地震强度 R 经常用对数里氏尺度来报告. 其公式为

$$R=\lg\left(\frac{a}{T}\right)+B$$

其中，a 是监听站以微米计的地面运动的幅度，T 是地震波以秒计的周期，而 B 是由经验得到的地震强度随离震中距离的增大而衰减的一个因子. 对离监听站 10 000 千米处的地震而言，$B=6.8$.

如果记录的垂直方向地面运动幅度为 $a=10$ 微米，周期为 $T=1$ 秒. 那么地震强度为

$$R=\lg\left(\frac{10}{1}\right)+6.8=7.8.$$

这种强度的地震确实会对震中造成极大的破坏，例如 2008 年汶川特大地震的强度为 8.0 级，当时造成了大量人员伤亡和财产损失.

1.3　MATLAB 基础与函数绘图

1.3.1　MATLAB 概述

数学软件 MATLAB 以矩阵为基础进行各种运算，具有图像处理的强大功能，也有大批量数据处理的能力，它是当今最好的科学计算工具之一. MATLAB 具有丰富的运算符、函数库和简洁的语言，有优秀的图形功能和强大的涉及领域宽、应用广泛的工具箱. MATLAB 的主要功能有：

（1）数值计算. MATLAB 以矩阵作为数据操作的基本单位，提供了十分丰富的数值计算函数.

（2）绘图功能. MATLAB 可以绘制二维、三维图形，还可以绘制特殊图形（如与统计有关的图，例如区域图、直方图、饼图、柱状图等）.

（3）编程语言. MATLAB 具有程序结构控制、函数调用、数据结构、输入输出、面向对象等程序语言特征，而且简单易学、编程效率高.

（4）MATLAB 工具箱. MATLAB 包含两部分内容：基本部分和各种可选的工具箱.

MATLAB 工具箱分为两大类：功能性工具箱和学科性工具箱.

1.3.2　MATLAB 常用操作

1. 功能键

功能键	快捷键	说明
方向上键	Ctrl+P	返回前一行输入
方向下键	Ctrl+N	返回下一行输入
方向左键	Ctrl+B	光标向后移一个字符
方向右键	Ctrl+F	光标向前移一个字符
Ctrl+方向右键	Ctrl+R	光标向右移一个字符
Ctrl+方向左键	Ctrl+L	光标向左移一个字符
home	Ctrl+A	光标移到行首
End	Ctrl+E	光标移到行尾
Esc	Ctrl+U	清除一行
Del	Ctrl+D	清除光标所在的字符
Backspace	Ctrl+H	删除光标前一个字符
	Ctrl+K	删除到行尾
	Ctrl+C	中断正在执行的命令

2 函数及运算

（1）运算符.

+：加	-：减	*：乘	/：除
\：左除	^：幂	‘：复数的共轭转置	( )：制定运算顺序

（2）常用函数表.

sin( )	正弦（变量为弧度）
cot( )	余切（变量为弧度）
sind( )	正弦（变量为度数）
cotd( )	余切（变量为度数）
asin( )	反正弦（返回弧度）
acot( )	反余切（返回弧度）
asind( )	反正弦（返回度数）
acotd( )	反余切（返回度数）
cos( )	余弦（变量为弧度）
exp( )	指数
cosd( )	余弦（变量为度数）
log( )	对数
acos( )	余正弦（返回弧度）
log10( )	以 10 为底的对数
acosd( )	余正弦（返回度数）
sqrt( )	开方
tan( )	正切（变量为弧度）
realsqrt( )	返回非负根
tand( )	正切（变量为度数）
abs( )	取绝对值
atan( )	反正切（返回弧度）
angle( )	返回复数的相位角
atand( )	反正切（返回度数）
mod(x,y)	返回 x/y 的余数
sum( )	向量元素求和

（3）其余函数可以用 help elfun 和 help specfun 命令获得.

（4）常用常数的值：

pi	3.1415926…….
realmin	最小浮点数，2^-1022
i	虚数单位

realmax	最大浮点数，（2-eps）2^1022
j	虚数单位
Inf	无限值
eps	浮点相对经度 = 2^-52
NaN	空值

3. 图像绘制

（1）基本绘图函数.

plot	绘制二维线性图形和两个坐标轴
plot3	绘制三维线性图形和两个坐标轴
fplot	在制定区间绘制某函数的图像，fplot（‘f’，区域，线型，颜色）
loglog	绘制对数图形及两个坐标轴（两个坐标都为对数坐标）
semilogx	绘制半对数坐标图形
semilogy	绘制半对数坐标图形

（2）线型.

y	黄色	.	圆点线	v	向下箭头
g	绿色	-.	组合	>	向右箭头
b	蓝色	+	点为加号形	<	向左箭头
m	红紫色	o	空心圆形	p	五角星形
c	蓝紫色	*	星号	h	六角星形
w	白色	.	实心小点	hold on	添加图形
r	红色	x	叉号形状	grid on	添加网格
k	黑色	s	方形	-	实线
d	菱形	--	虚线	^	向上箭头

（3）可以用 subplot（3，3，1）表示将绘图区域分为三行三列，目前使用第一区域. 此时如要画不同的图形在一个窗口里，需要点击“hold on”.

（4）平面曲线绘图举例.

① 首先定义自变量 X 的取值向量；② 再定义函数 Y 的取值向量；③ 用 plot(x,y)命令给出平面曲线图.

在绘图参数中可以给出绘制图形的线型和颜色的参数.

例：plot(x,y,’r*’) 就是用红色的****线型绘图.

例 1　画出以下平面曲线图.

（1）y=x2，x∈[-2,2].（蓝色实线型绘图　　默认）

（2）y=sin(x)，x∈[-2π, 2π].（红色*线型绘图）

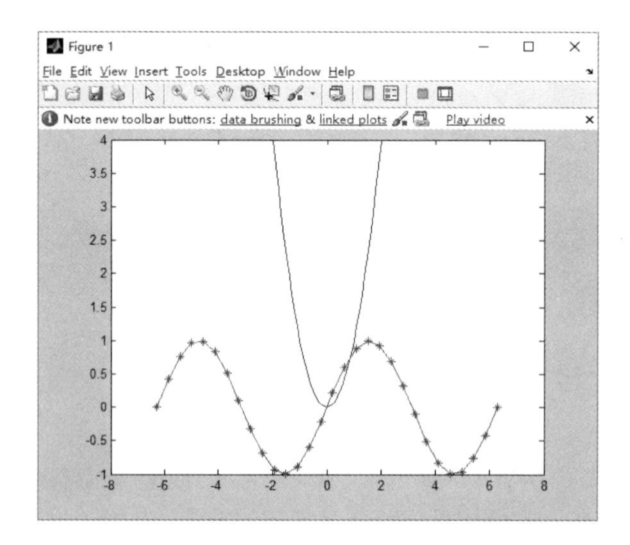

程序如下：

```
x=-2:0.1:2;
y=x.^2;
plot(x,y)
hold    on
x= linspace(-2*pi,2*pi,30);
y= sin(x);
plot(x,y,’ r*-’ )
hold off
```

例 2 分块画出如下函数图形，并在各图形中标出函数.

（1）y1=ln(5x)，$x \in [0,2]$.（蓝色实线型绘图）

（2）y2=2x4，$x \in [0,2]$.（红色*线型绘图）

（3）y3=4*cos(x)，$x \in [0,2]$.（紫色+线型绘图）

（4）y4=sin(x)，$x \in [0,2]$.（(绿色 o 线型绘图)

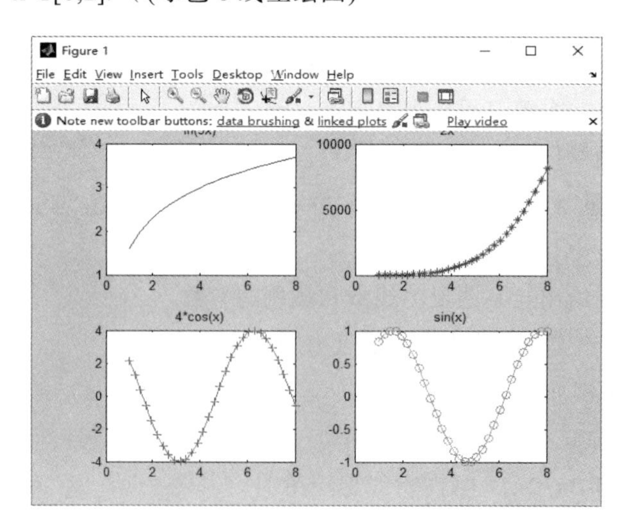

程序如下：

```
x=linspace(1,8,30);
y1=log(5*x);
y2=2*x.^4;
y3=4*cos(x);
y4=sin(x);
subplot(2,2,1)
plot(x,y1)
title('ln(5x)')
subplot(2,2,2)
plot(x,y2,'r*-')
title('2x^4')
subplot(2,2,3)
plot(x,y3,'m+-')
title('4*cos(x)')
subplot(2,2,4)
plot(x,y4,'go-')
title('sin(x)')
```

第 2 章　极限与连续

极限思想是近代数学的一种重要思想，是微积分学的基本思想. 高等数学中的一系列重要概念，如函数的连续性、导数以及定积分等都是借助于极限来定义的. 如果要问：“高等数学是一门什么学科？”那么可以概括地说：“高等数学就是用极限思想来研究函数的一门学科.”

2.1　数列的极限

与所有科学的思想方法一样，极限思想也是社会实践的产物. 极限思想可以追溯到古代，刘徽的割圆术就是建立在直观基础上的极限思想的几何应用，另外《庄子・天下篇》中所提及的“一尺之棰，日取其半，万世不竭”也隐含了深刻的极限思想. 本节首先给出数列以及数列极限的定义.

2.1.1　数列及数列极限的定义

定义 2.1　**数列**是定义在正整数集上的函数，记为 $x_n = f(n), n = 1,2,3,\cdots$. 将 n 从小到大排成一列，数列的对应值也可以排成一列：$x_1, x_2, \cdots, x_n, \cdots$，有时也简记为 $\{x_n\}$ 或数列 x_n. 数列中的每一个数称为**数列的项**，第 n 项 x_n 称为**一般项**或**通项**.

例 1　古人常使用圆内接正多边形的面积来近似代替圆的面积. 在这个近似过程中，我们可得到数列 $A_1, A_2, \cdots, A_n, \cdots$，这是由一个多边形的面积所构成的数列.

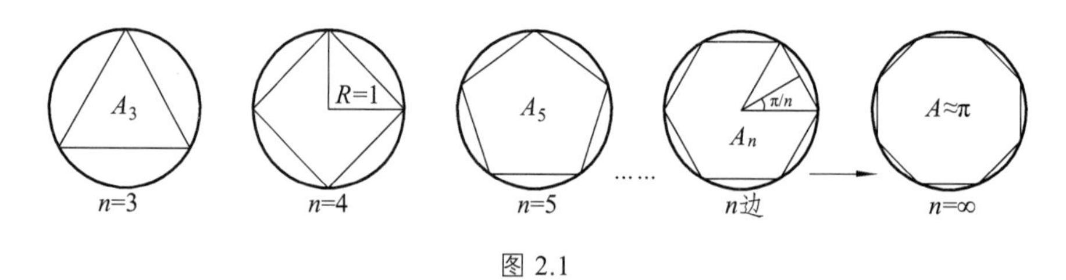

图 2.1

例 2　现将一根长 1 尺的木棒，每天截去一半，无限制地进行下去，那么剩下部分的长构成一个数列 $\{x_n\}$：$\frac{1}{2}, \frac{1}{2^2}, \frac{1}{2^3}, \cdots, \frac{1}{2^n}, \cdots$，其通项为 $x_n = \frac{1}{2^n}$.

例 3　观察以下数列的变化趋势，并写出下列数列所对应的通项公式.

（1）$1,\frac{1}{2},\frac{1}{3},\frac{1}{4},\cdots$；　　（2）$1,-1,1,-1,\cdots$；

（3）$2,4,6,8,\cdots$；　　（4）$2,\frac{3}{2},\frac{4}{3},\frac{5}{4},\cdots$；

（5）$\frac{1}{2},\frac{1}{4},\frac{1}{8},\cdots$；　　（6）$\frac{1}{2},-\frac{1}{6},\frac{1}{12},-\frac{1}{20},\cdots$.

解　通过观察数列的变化规律可知，上述数列的通项公式分别为

（1）$x_n=\frac{1}{n}$；　（2）$x_n=(-1)^{n-1}$；　（3）$x_n=2n$；　（4）$x_n=\frac{n+1}{n}$；

（5）$x_n=\frac{1}{2^n}$；　（6）$x_n=\frac{(-1)^{n-1}}{n(n+1)}$.

对于数列来说，我们所关心的重点不是它的前几项或每一项如何，而是研究当$n\to\infty$时$\{x_n\}$的变化趋势，观察其能否无限接近某一常数的渐趋稳定的状态，即**数列的极限问题**.

定义 2.2　如果当$n\to\infty$时，数列$\{x_n\}$无限接近于一个确定的常数a，则称该常数a是数列$\{x_n\}$的**极限**，或称数列$\{x_n\}$**收敛于**a，记作

$$\lim_{n\to\infty}x_n=a \quad 或 \quad x_n\to a \quad (n\to\infty).$$

如果数列没有极限，就说数列是**发散的**.

我们所说的"无限增大""无限趋近"仅是对变量变化状态的定性描述，但严谨科学的数学表述需要定量描述. 为了能够对极限过程进行定量描述，我们来观察下面的实例.

考察数列$\left\{\frac{n+1}{n}\right\}$的情况. 如图 2.2 所示，我们不难发现数列的通项$x_n=\frac{n+1}{n}$随着n的增大无限地接近 1，也就是说当n充分大时，$\frac{n+1}{n}$与 1 可以任意地接近，即$\left|\frac{n+1}{n}-1\right|$可以任意地小；换言之，当$n$充分大时，$\left|\frac{n+1}{n}-1\right|$可以小于预先给定的无论多么小的正数$\varepsilon$. 例如，取$\varepsilon=\frac{1}{100}$，由$\left|\frac{n+1}{n}-1\right|=\frac{1}{n}<\frac{1}{100}\Rightarrow n>100$，即$\left\{\frac{n+1}{n}\right\}$从第 101 项开始，以后的项$x_{101}=\frac{102}{101},x_{102}=\frac{103}{102},\cdots$都满足不等式$|x_n-1|<\frac{1}{100}$，或者说，当$n>100$时，有$\left|\frac{n+1}{n}-1\right|<\frac{1}{100}$.

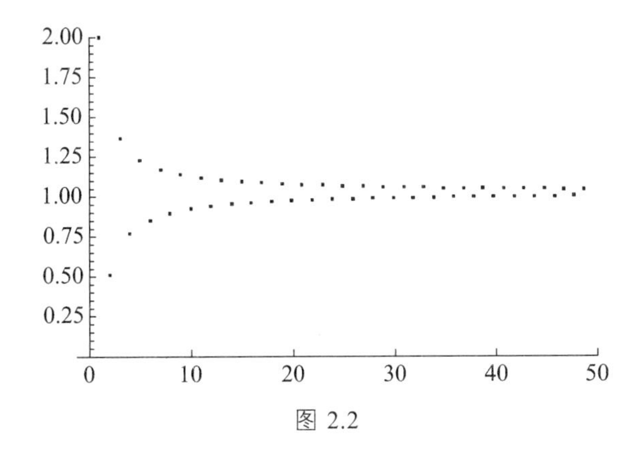

图 2.2

同理，取 $\varepsilon=\dfrac{1}{10\ 000}$，由 $\left|\dfrac{n+1}{n}-1\right|=\dfrac{1}{n}<\dfrac{1}{10\ 000}\Rightarrow n>10\ 000$，即数列 $\left\{\dfrac{n+1}{n}\right\}$ 从第 10 001 项开始，以后的项 $x_{10\ 001}=\dfrac{10\ 002}{10\ 001},\cdots$ 都满足不等式 $|x_n-1|<\dfrac{1}{10\ 000}$，或者说，当 $n>10\ 000$ 时，有 $\left|\dfrac{n+1}{n}-1\right|<\dfrac{1}{10\ 000}$.

一般地，不论给定的正数 ε 多么小，总存在一个正整数 N，使得当 $n>N$ 时，有 $\left|\dfrac{n+1}{n}-1\right|<\varepsilon$. 这就充分体现了"当 n 越来越大时，$\dfrac{n+1}{n}$ 无限接近 1"这一事实. 这个数"1"称为当 $n\to\infty$ 时数列 $\left\{\dfrac{n+1}{n}\right\}$ 的极限.

定义 2.3　若对于 $\forall\varepsilon>0$（不论 ε 多么小），总存在正整数 N，使得当 $n>N$ 时，都有 $|x_n-a|<\varepsilon$ 成立，这时就称常数 a 为数列 $\{x_n\}$ 的**极限**，或称数列 $\{x_n\}$ 收敛于 a，记为

$$\lim_{n\to\infty}x_n=a \quad 或 \quad x_n\to a\ (n\to\infty).$$

如果数列没有极限，就说数列是**发散的**.

例 4　证明：数列 $2,\dfrac{3}{2},\dfrac{4}{3},\cdots,\dfrac{n+1}{n},\cdots$ 收敛于 1.

证　易知，数列的通项为 $x_n=\dfrac{n+1}{n}$.

对于 $\forall\varepsilon>0$，若要使得 $|x_n-1|=\left|\dfrac{n+1}{n}-1\right|=\dfrac{1}{n}<\varepsilon$ 成立，只需要解不等式 $\dfrac{1}{n}<\varepsilon$，由此可得 $n>\dfrac{1}{\varepsilon}$.

故取 $N=\left[\dfrac{1}{\varepsilon}\right]$，则当 $n>N$ 时，必然有 $\left|\dfrac{n+1}{n}-1\right|=\dfrac{1}{n}<\varepsilon$，所以 $\lim\limits_{n\to\infty}\dfrac{n+1}{n}=1$.

注：（1）ε 是衡量数列 $\{x_n\}$ 与 a 的接近程度的，除要求 ε 必须为正数之外，无任何限制. 然而，尽管 ε 具有任意性，但一经给出，就应视为不变.（ε 具有任意性，那么 $\dfrac{\varepsilon}{2},2\varepsilon,\varepsilon^2$ 等也具有任意性，它们也可代替 ε）.

（2）自然数 N 是随 ε 的变小而变大的，它是 ε 的函数，即 N 是依赖于 ε 的. 在解题时应由 $|x_n-a|<\varepsilon$ 开始分析倒推，推出 $n>\varphi(\varepsilon)$，再取 $N=[\varphi(\varepsilon)]$.

（3）N 等于多少关系不大，重要的是它的存在性，只要存在一个 N，使得当 $n>N$ 时，有 $|x_n-a|<\varepsilon$ 就行了，而不必求最小的 N.

例 5　证明：$\lim\limits_{n\to\infty}\dfrac{\sqrt{n^2+1}}{n}=1$.

证　对 $\forall\varepsilon>0$，欲使 $\left|\dfrac{\sqrt{n^2+1}}{n}-1\right|<\varepsilon$，则只需满足

$$\left|\frac{\sqrt{n^2+1}}{n}-1\right|=\frac{\sqrt{n^2+1}-n}{n}=\frac{1}{n(\sqrt{n^2+1}+n)}<\frac{1}{n}<\varepsilon.$$

解上面的不等式有 $n > \frac{1}{\varepsilon}$.

故取 $N = \left[\frac{1}{\varepsilon}\right]$，则当 $n > N$ 时，必然有 $\left|\frac{\sqrt{n^2+1}}{n} - 1\right| < \varepsilon$，因此有 $\lim\limits_{n\to\infty}\frac{\sqrt{n^2+1}}{n} = 1$.

注：证明 $\lim\limits_{n\to\infty} x_n = a$ 时，若寻找合适的 N 比较困难，我们可把 $|x_n - a|$ 适当地变形、放大（千万不可缩小），若放大后小于 ε，那么必有 $|x_n - a| < \varepsilon$.

例 6　设 $a > 1$，证明数列 $\{\sqrt[n]{a}\}$ 的极限为 1，即 $\lim\limits_{n\to\infty}\sqrt[n]{a} = 1$.

证　记 $\sqrt[n]{a} = 1 + \alpha_n (\alpha_n > 0)$，则由不等式 $(1+x)^n > 1 + nx$，可知

$$a = (1+\alpha_n)^n > 1 + n\alpha_n.$$

对任意的 $\varepsilon > 0$，欲使 $\left|\sqrt[n]{a} - 1\right| < \varepsilon$，只需要满足 $\alpha_n < \varepsilon$. 由上式可知，此时只需满足

$$\alpha_n < \frac{a-1}{n} < \varepsilon.$$

解此不等式可得 $n > \frac{a-1}{\varepsilon}$.

故取 $N = \left[\frac{a-1}{\varepsilon}\right]$，则当 $n > N$ 时，必有 $\left|\sqrt[n]{a} - 1\right| = \alpha_n < \varepsilon$，因此有 $\lim\limits_{n\to\infty}\sqrt[n]{a} = 1$.

2.1.2　收敛数列的性质

定理 2.1（唯一性）　收敛数列 $\{x_n\}$ 的极限是唯一的.

证　设 a 和 b 均是数列 $\{x_n\}$ 的极限值，下面证明 $a = b$.

由极限的定义，由于 $\lim\limits_{n\to\infty} x_n = a$ 且 $\lim\limits_{n\to\infty} x_n = b$，故对 $\forall \varepsilon > 0$，必存在自然数 N_1, N_2，使得当 $n > N_1$ 时，有 $|x_n - a| < \varepsilon$ 成立，且当 $n > N_2$ 时，有 $|x_n - b| < \varepsilon$ 成立.

令 $N = \max\{N_1, N_2\}$，则当 $n > N$ 时，上面两式同时成立. 故应有

$$|a-b| = |(x_n - b) - (x_n - a)| \leqslant |x_n - b| + |x_n - a| < \varepsilon + \varepsilon = 2\varepsilon.$$

由于 a,b 均为常数，此时必有 $a = b$，所以收敛数列 $\{x_n\}$ 的极限只能有一个.

例 7　证明：数列 $\{x_n\} = \{(-1)^{n+1}\}$ 是发散的.

证　（反证法）假设 $\{x_n\}$ 收敛，由收敛数列极限的唯一性，令 $\lim\limits_{n\to\infty} x_n = a$.

故对 $\varepsilon = \frac{1}{2}$，存在自然数 N，当 $n > N$ 时，有

$$|x_n - a| < \varepsilon = \frac{1}{2}.$$

由上式易知

$$|x_{n+1} - x_n| \leqslant |x_{n+1} - a| + |x_n - a| < \frac{1}{2} + \frac{1}{2} = 1 \text{（当 } n > N \text{ 时）},$$

而 x_n，x_{n+1} 总是一个为“1”，一个为“-1”，故对于 $\forall n\in N$，都有 $|x_{n+1}-x_n|=2$，这与上式相矛盾.

所以，原数列是发散的.

定理 2.2（有界性） 收敛数列必有界. 即：对于收敛数列 $\{x_n\}$，存在正数 M，对于 $\forall n\in N$，都有 $|x_n|\leqslant M$.

证 设 $\lim\limits_{n\to\infty}x_n=a$，由数列极限的定义可知，对于正常数 $\varepsilon=1$，存在正整数 N，当 $n>N$ 时，必有

$$|x_n-a|<\varepsilon=1.$$

故当 $n>N$ 时，有 $|x_n|\leqslant|x_n-a|+|a|<1+|a|$ 成立.

令 $M=\max\{|x_1|,|x_2|,\cdots,|x_N|,1+|a|\}$，显然对 $\forall n\in N$，都有 $|x_n|\leqslant M$.

注：（1）本定理的逆定理不成立，即**有界数列未必收敛**. 例如数列 $\{x_n\}=\{(-1)^{n+1}\}$ 是有界的，但该数列发散.

（2）**无界数列必定发散**.

定理 2.3（保号性） 若 $\lim\limits_{n\to\infty}x_n=a$，且 $a>0$（或 $a<0$），则存在正整数 N，使得当 $n>N$ 时，恒有

$$x_n>0\ （或\ x_n<0）.$$

证 先证明 $a>0$ 的情况.

由数列极限的定义，对 $\varepsilon=\dfrac{a}{2}$，存在正整数 N，当 $n>N$ 时，有

$$|x_n-a|<\frac{a}{2},$$

即
$$x_n>a-\frac{a}{2}=\frac{a}{2}>0.$$

同理可证 $a<0$ 的情形.

推论 如果收敛数列 $\{x_n\}$ 从某项开始有 $x_n\geqslant 0$（或 $x_n\leqslant 0$），且 $\lim\limits_{n\to\infty}x_n=a$，那么必然有 $a\geqslant 0$（或 $a\leqslant 0$）.

习题 2.1

1. 设 $x_n=\dfrac{n}{3n-1}$. 根据数列极限的定义，证明 $\lim\limits_{n\to\infty}x_n=\dfrac{1}{3}$，并填写于表 2.1 中.

表 2.1

$\left\|x_n-\frac{1}{3}\right\|<$	0.1	0.02	0.003	$\varepsilon(>0)$
$n>$				

2. 观察数列一般项 x_n 的变化趋势，写出数列 $\{x_n\}$ 的极限.

（1）$x_n = \frac{1}{2^n}$；　　（2）$x_n = (-1)^n \frac{1}{n}$；

（3）$x_n = 2 + \frac{1}{n^2}$；　　（4）$x_n = \frac{n-1}{n+1}$；

（5）$x_n = (-1)^n n$；　　（6）$x_n = n^{(-1)^n}$.

3. 根据数列极限的定义，证明下列极限.

（1）$\lim\limits_{n\to\infty}\frac{3n+1}{2n+1} = \frac{3}{2}$；　　（2）$\lim\limits_{n\to\infty}\left(\frac{1}{n^2} + \frac{2}{n^2} + \cdots + \frac{n}{n^2}\right) = \frac{1}{2}$；

（3）$\lim\limits_{n\to\infty}\frac{n^2-n+5}{n^2+n-1} = 1$；　　（4）$\lim\limits_{n\to\infty} n^{\frac{1}{n}} = 1$.

4. 判断下列各数列的收敛性，并加以证明.

（1）$\left\{(-1)^n \frac{n}{n+1}\right\}$；　　（2）$\left\{\sin\frac{n\pi}{2}\right\}$；

（3）$\{3^n\}$；　　（4）$\left\{\frac{\sin n}{n}\right\}$.

5. 若 $\lim\limits_{n\to\infty} x_n = a$，证明 $\lim\limits_{n\to\infty}|x_n| = |a|$. 并举反例说明，该命题的逆命题不成立.

2.2　函数的极限

由上一小节可知，数列是自变量取自然数时的函数，即 $x_n = f(n)$. 因此，数列是函数的一种特殊情况. 现在我们研究一般函数的极限. 在数列的极限中，自变量 n 只有趋近 $+\infty$ 这一种变化方式；而一般函数的自变量通常取实数，其变化过程有两种基本情况：

（1）当自变量 x 的绝对值 $|x|$ 无限增大，或趋向无穷大（记 $x\to\infty$）时，相应的函数值 $f(x)$ 的变化情况.

（2）自变量 x 任意接近有限值 x_0，或趋向 x_0（记 $x\to x_0$）时，相应的函数值 $f(x)$ 的变化情况.

2.2.1　自变量趋向无穷大时函数的极限

变化过程"$x\to\infty$"表示**自变量 x 的绝对值无限增大**，它包含 x **取正值时的无限增大**和 x **取负值时的绝对值无限增大**.

（1）x 取正值无限增大，记作 $x\to+\infty$；

（2）x 取负值而绝对值无限增大，记作 $x\to-\infty$.

定义 2.4　设函数 $f(x)$ 在距离原点充分远的点 x 处都有定义，A 是常数. 如果 $\forall\varepsilon>0$，$\exists X>0$，当 $|x|>X$ 时，有 $|f(x)-A|<\varepsilon$，则称函数 $f(x)$ 在 $x\to\infty$ 时的极限为 A，记为

$$\lim_{x\to\infty} f(x) = A \quad 或 \quad f(x)\to A \ (x\to\infty).$$

定义 2.5 设函数 $f(x)$ 在离原点充分远的点 x（正半轴）处都有定义，A 是常数. 如果 $\forall\varepsilon>0$，$\exists X>0$，当 $x>X$ 时，有 $|f(x)-A|<\varepsilon$，则称函数 $f(x)$ 在 $x\to+\infty$ 时的极限为 A，记为

$$\lim_{x\to+\infty}f(x)=A \quad 或 \quad f(x)\to A \ (x\to+\infty).$$

定义 2.6 设函数 $f(x)$ 在离原点充分远的点 x（负半轴）处都有定义，A 是常数. 如果 $\forall\varepsilon>0$，$\exists X>0$，当 $x<-X$ 时，有 $|f(x)-A|<\varepsilon$，则称函数 $f(x)$ 在 $x\to-\infty$ 时的极限为 A，记为

$$\lim_{x\to-\infty}f(x)=A \quad 或 \quad f(x)\to A \ (x\to-\infty).$$

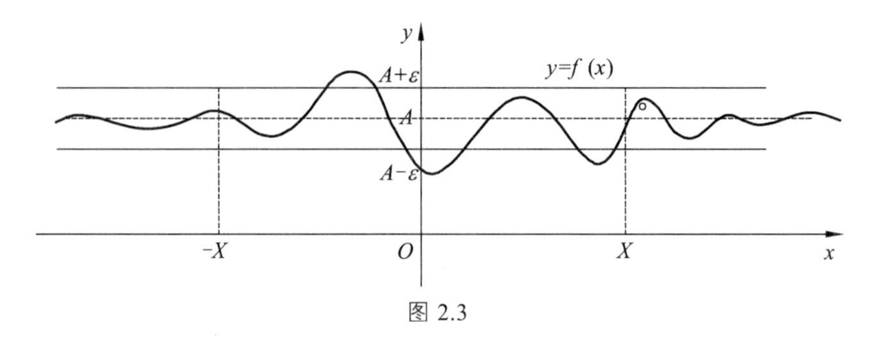

图 2.3

定理 2.4 $\lim\limits_{x\to\infty}f(x)=A$ 的充要条件是 $\lim\limits_{x\to-\infty}f(x)=\lim\limits_{x\to+\infty}f(x)=A$.

例 1 证明：$\lim\limits_{x\to\infty}\dfrac{\sin x}{x}=0$.

证 对 $\forall\varepsilon>0$，要使得 $\left|\dfrac{\sin x}{x}-0\right|<\varepsilon$ 成立，只需要满足：

$$\left|\frac{\sin x}{x}-0\right|=\left|\frac{\sin x}{x}\right|\leqslant\frac{1}{|x|}<\varepsilon.$$

解上述不等式，可知 $|x|>\dfrac{1}{\varepsilon}$，取 $X=\dfrac{1}{\varepsilon}$，则当 $|x|>X$ 时，必有 $\left|\dfrac{\sin x}{x}-0\right|<\varepsilon$.

故有 $\lim\limits_{x\to\infty}\dfrac{\sin x}{x}=0$.

2.2.2 自变量趋向于有限值 x_0 时函数的极限

变化过程“$x\to x_0$”表示自变量 x 无限趋近于 x_0（x 不等于 x_0），它包含两种趋近方式：

（1）x 从 x_0 的右侧无限趋近于 x_0，记作 $x\to x_0^+$，此时有 $x>x_0$；

（2）x 从 x_0 的左侧无限趋近于 x_0，记作 $x\to x_0^-$，此时有 $x<x_0$.

观察函数 $y=x+1$ 在 x 无限趋近于 1 时的函数值的变化趋势（图 2.4），由图像可以看出，无论自变量 x 以怎样的方式无限趋近于 1，函数 $y=x+1$ 的值都无限接近于确定的常数 2，则称函数 $y=x+1$ 在 $x\to1$ 时的时极限为 2，记为 $\lim\limits_{x\to1}(x+1)=2$.

一般地，我们可以得到如下定义.

定义 2.7 设 $f(x)$ 在 x_0 的某个去心邻域 $\mathring{U}(x_0,\delta)$ 内有定义，A 是常数. 如果 $\forall\varepsilon>0$，

$\exists\delta>0$，当 $0<|x-x_0|<\delta$ 时，有 $|f(x)-A|<\varepsilon$，则称函数 $f(x)$ 在 $x\to x_0$ 时的极限为 A，记为

$$\lim_{x\to x_0} f(x)=A \quad 或 \quad f(x)\to A \ (x\to x_0).$$

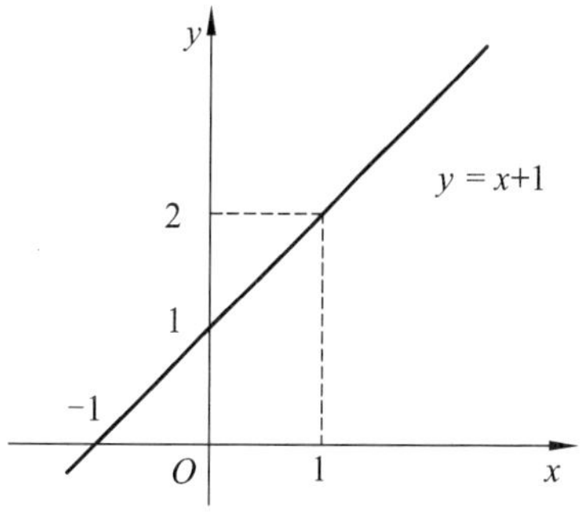

定义 2.8　设 $f(x)$ 在 x_0 的某个左邻域 $(x_0-\delta,x_0)$ 内有定义，A 是常数. 如果 $\forall\varepsilon>0$，$\exists\delta>0$，当 $0<x_0-x<\delta$ 时，有 $|f(x)-A|<\varepsilon$，则称函数 $f(x)$ 在点 x_0 时的**左极限**为 A，记为

$$\lim_{x\to x_0^-} f(x)=A \quad 或 \quad f(x)\to A \ (x\to x_0^-).$$

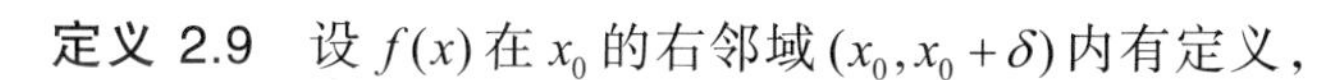

图 2.4

定义 2.9　设 $f(x)$ 在 x_0 的右邻域 $(x_0,x_0+\delta)$ 内有定义，A 是常数. 如果 $\forall\varepsilon>0$，$\exists\delta>0$，当 $0<x-x_0<\delta$ 时，有 $|f(x)-A|<\varepsilon$，则称函数 $f(x)$ 在点 x_0 时的**右极限**为 A，记为

$$\lim_{x\to x_0^+} f(x)=A \quad 或 \quad f(x)\to A \ (x\to x_0^+).$$

函数的左极限和右极限一般称为**单侧极限**. 根据函数极限与单侧极限的定义，容易得到下列关系：

定理 2.5　$\lim\limits_{x\to x_0} f(x)=A$ 的充要条件是 $\lim\limits_{x\to x_0^-} f(x)=\lim\limits_{x\to x_0^+} f(x)=A$.

例 2　证明：$\lim\limits_{x\to x_0}(ax+b)=ax_0+b$.

证　对 $\forall\varepsilon>0$，要使得 $|(ax+b)-(ax_0+b)|<\varepsilon$ 成立，只需要满足

$$|(ax+b)-(ax_0+b)|=|a||x-x_0|<\varepsilon$$

解上述不等式，可知 $|x-x_0|<\dfrac{\varepsilon}{|a|}$，取 $\delta=\dfrac{\varepsilon}{|a|}$，则当 $0<|x-x_0|<\delta$ 时，必有

$$|(ax+b)-(ax_0+b)|<\varepsilon.$$

故有 $\lim\limits_{x\to x_0}(ax+b)=ax_0+b$.

容易知道，对于多项式函数 $P(x)=a_0+a_1x+\cdots+a_nx^n$ 和任意定点 x_0，都有

$$\lim_{x\to x_0} P(x)=P(x_0).$$

例 3　证明：$\lim\limits_{x\to 3}\sqrt{x}=\sqrt{3}$.

证　对 $\forall\varepsilon>0$，要使得 $|\sqrt{x}-\sqrt{3}|<\varepsilon$ 成立，只需要满足

$$|\sqrt{x}-\sqrt{3}|=\frac{|x-3|}{\sqrt{x}+\sqrt{3}}<\frac{|x-3|}{\sqrt{3}}<|x-3|<\varepsilon.$$

解上述不等式，即有 $|x-3|<\varepsilon$，取 $\delta=\varepsilon$，则当 $0<|x-3|<\delta$ 时，必有

$$|\sqrt{x}-\sqrt{3}|<\varepsilon.$$

故有 $\lim\limits_{x\to 3}\sqrt{x}=\sqrt{3}$.

对于初等函数，容易验证，它们在定义区间内每一点 x_0 处的**极限值和函数值都相等**. 这个结论将在后面的小节中详细讲述.

例 4 设 $f(x)=\begin{cases}\dfrac{x-2}{x^2-4}, & x\neq 2\\ 1, & x=2\end{cases}$，求 $\lim\limits_{x\to 2}f(x)$.

解 由题意知，

$$\lim_{x\to 2}f(x)=\lim_{x\to 2}\frac{x-2}{x^2-4}=\lim_{x\to 2}\frac{1}{x+2}=\frac{1}{4}.$$

注:（1）函数 $f(x)$ 在 x_0 处的极限是否存在与 $f(x)$ 在 x_0 处是否有定义无关.

（2）函数在某一点的极限与函数在该点处的函数值无关.

例 5 设 $f(x)=\begin{cases}x^2+1, & x\geqslant 1\\ x, & x<1\end{cases}$，求 $\lim\limits_{x\to 1}f(x)$.

解 由题可知，$f(x)$ 在 $x=1$ 左、右两侧有不同的变化趋势，故考虑左、右极限满足

$$\lim_{x\to 1^-}f(x)=\lim_{x\to 1^-}x=1 \text{ 且 } \lim_{x\to 1^+}f(x)=\lim_{x\to 1^+}(x^2+1)=2$$

由于 $\lim\limits_{x\to 1^-}f(x)\neq\lim\limits_{x\to 1^+}f(x)$，所以 $\lim\limits_{x\to 1}f(x)$ 不存在.

例 6 求 $\lim\limits_{x\to 0^+}\sin\dfrac{1}{x}$.

解 从函数图像（图 2.5）来看，当 $x\to 0^+$ 时，函数值在 -1 到 1 之间无限次震荡，也就是说函数值在该变化过程中不可能趋近于某一个确定的常数，即 $\lim\limits_{x\to 0^+}\sin\dfrac{1}{x}$ 不存在.

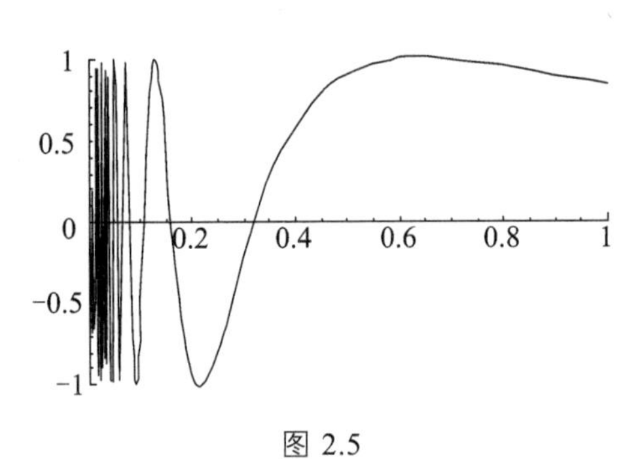

图 2.5

2.2.3 函数极限的性质

定理 2.6（函数极限唯一性） 若 $\lim\limits_{x\to x_0}f(x)$ 存在，则其极限是唯一的.

定理 2.7（函数极限局部有界性） 如果 $f(x)\to A$（当 $x\to x_0$ 时），那么 $\exists\delta,M>0$，使得当 $0<|x-x_0|<\delta$ 时，有 $|f(x)|\leqslant M$.

定理 2.8（函数极限局部保号性） 设 $\lim\limits_{x\to x_0}f(x)=A$，且 $A>0$（或 $A<0$），那么 $\exists\delta>0$，使得当 $x\in U(x_0,\delta)$ 时，有 $f(x)>0$（或 $f(x)<0$）.

习题 2.2

1. 当 $x \to \infty$ 时，$y = \dfrac{x^2 - 1}{x^2 + 3} \to 1$，则 X 等于多少，可使得 $|x| \geqslant X$ 时，有 $|y - 1| < 0.01$？

2. 观察函数的变化趋势，并求下列函数的极限，并证明.

（1）$\lim\limits_{x\to\infty}\dfrac{1+x^3}{2x^3}$；　　（2）$\lim\limits_{x\to\infty}\dfrac{1-x}{x+1}$.

3. 观察函数的变化趋势，并求下列函数的极限，并证明.

（1）$\lim\limits_{x\to 3}(3x-1)$；　　（2）$\lim\limits_{x\to 2}(5x+2)$；

（3）$\lim\limits_{x\to 2}\dfrac{x^2-4}{x-2}$；　　（4）$\lim\limits_{x\to 2}(x^2+2x-3)$.

4. 求当 $x \to 0$ 时，函数 $f(x) = \dfrac{x}{x}$ 和 $g(x) = \dfrac{|x|}{x}$ 的左、右极限值，并判断极限 $\lim\limits_{x\to 0} f(x)$，$\lim\limits_{x\to 0} g(x)$ 是否存在.

5. 设 $f(x) = \begin{cases} 1-x, & x < 0 \\ x^2+1, & x \geqslant 0 \end{cases}$，求 $\lim\limits_{x\to 0} f(x)$.

6. 设 $f(x) = \begin{cases} \mathrm{e}^x, & x < 0 \\ x, & 0 \leqslant x < 1 \\ 1, & x \geqslant 1 \end{cases}$，讨论 $f(x)$ 在 $x \to 0$，$x \to 1$ 以及 $x \to \infty$ 时的极限.

2.3　无穷小量与无穷大量

2.3.1　无穷小量

定义 2.10　若 $f(x)$ 当 $x \to x_0$ 或 $x \to \infty$ 时的极限为零，就称 $f(x)$ 为当 $x \to x_0$ 或 $x \to \infty$ 时的**无穷小**，记为 $\lim\limits_{x\to x_0} f(x) = 0$（或 $\lim\limits_{x\to\infty} f(x) = 0$）.

注：（1）除上面两种变化过程之外，还有 $x \to -\infty, x \to +\infty, x \to x_0^+, x \to x_0^-$ 的情形.

（2）无穷小不是一个很小的数，而是一个特殊的函数（极限为 0），不要将其与非常小的数混淆，因为任一常数不可能任意地小，除非是零函数，由此可得：0 是唯一可作为无穷小的常数.

例如，由于 $\lim\limits_{x\to 2}(2x-4) = 2\times 2 - 4 = 0$，所以 $2x-4$ 是 $x \to 2$ 时的无穷小.

又如，因为 $\lim\limits_{x\to\infty}\dfrac{\sin x}{x} = 0$，所以 $\dfrac{\sin x}{x}$ 是 $x \to \infty$ 时的无穷小，

而 $\lim\limits_{x\to 0}(2x-4) = -4 \neq 0$，所以 $2x-4$ 不是 $x \to 0$ 时的无穷小.

定理 2.9 当自变量在同一变化过程 $x \to x_0$（或 $x \to \infty$）中，函数 $f(x)$ 具有极限 A 的**充分必要条件**是 $f(x) = A + \alpha$，其中 α 为该变化过程中的无穷小.

证（必要性） 由于 $\lim\limits_{x \to x_0} f(x) = A$，故对 $\forall \varepsilon > 0, \exists \delta > 0$，当 $0 < |x - x_0| < \delta$ 时，有

$$|f(x) - A| < \varepsilon.$$

令 $\alpha = f(x) - A$，则 $\lim\limits_{x \to x_0} \alpha = 0$ 且有 $f(x) = A + \alpha$，由此证明了当 $x \to x_0$ 时，$f(x)$ 等于其极限 A 与一个无穷小 α 的和.

（充分性） 设 $f(x) = A + \alpha$，其中 A 是常数，$\lim\limits_{x \to x_0} \alpha = 0$.

因为 $\lim\limits_{x \to x_0} \alpha = 0$，所以对 $\forall \varepsilon > 0, \exists \delta > 0$，当 $0 < |x - x_0| < \delta$ 时，有 $|\alpha| < \varepsilon$.

又由于 $f(x) = A + \alpha$，可得 $|f(x) - A| = |\alpha|$，即有 $|f(x) - A| = |\alpha| < \varepsilon$.

这就证明了 $\lim\limits_{x \to x_0} f(x) = A$.

同理可证 $x \to \infty$ 时的情形.

定理 2.10 有限个无穷小的代数和仍为无穷小. 即设 $\lim \alpha = 0, \lim \beta = 0$，即有

$$\lim(\alpha \pm \beta) = 0.$$

定理 2.11 有界函数与无穷小的乘积仍为无穷小. 即在同一变化过程中，若函数 $f(x)$ 有界，且 α 是无穷小，则有

$$\lim \alpha f(x) = 0.$$

推论 1 常数与无穷小的乘积仍为无穷小，即若 k 为常数，$\lim \alpha = 0 \Rightarrow \lim k\alpha = 0$.

推论 2 有限个无穷小的乘积仍为无穷小，设

$$\lim \alpha_1 = \lim \alpha_2 = \cdots\cdots = \lim \alpha_n = 0 \Rightarrow \lim(\alpha_1 \alpha_2 \cdots \alpha_n) = 0.$$

2.3.2 无穷大量

定义 2.11 若当 $x \to x_0$ 或 $x \to \infty$ 时，函数 $f(x)$ 的绝对值无限增大，就称 $f(x)$ 是 $x \to x_0$ 或 $x \to \infty$ 时的**无穷大**，记作

$$\lim_{x \to x_0} f(x) = \infty \text{（或} \lim_{x \to \infty} f(x) = \infty\text{）}.$$

注 （1）无穷大量也不是一个数，不要将其与非常大的数混淆.

（2）若 $\lim\limits_{x \to x_0} f(x) = \infty$ 或 $\lim\limits_{x \to \infty} f(x) = \infty$，按通常意义，$f(x)$ 的极限不存在.

例如函数 $\dfrac{1}{x^2}$，当 $x \to 0$ 时，函数 $\dfrac{1}{x^2}$ 的绝对值无限增大，故 $\lim\limits_{x \to 0} \dfrac{1}{x^2} = \infty$，所以当 $x \to 0$ 时 $\dfrac{1}{x^2}$ 为无穷大.

定理 2.12 当自变量在同一变化过程中，

（1）若 $f(x)$ 为无穷大，则 $\dfrac{1}{f(x)}$ 为无穷小；

（2）若 $f(x)$ 为无穷小，且 $f(x)\neq 0$，则 $\dfrac{1}{f(x)}$ 为无穷大.

习题 2.3

1. 证明：当 $x\to+\infty$ 时，3^x-1 是无穷大量.

2. 指出下列变量中哪些是无穷小量，哪些是无穷大量.

（1）$\dfrac{1+2x}{x^2}$，当 $x\to 0$ 时；　　（2）$\dfrac{x+1}{x^2-9}$，当 $x\to 3$ 时；

（3）$2^{-x}-1$，当 $x\to 0$ 时；　　（4）$\ln x$，当 $x\to 0^+$ 时.

3. 求下列极限并说明理由.

（1）$\lim\limits_{x\to 0}x^2\sin\dfrac{1}{x}$；　　（2）$\lim\limits_{x\to\infty}\dfrac{\arctan x}{x}$；

（3）$\lim\limits_{x\to+\infty}\dfrac{\cos 2x}{\sqrt{x}}$；　　（4）$\lim\limits_{x\to 0}\dfrac{\tan x}{2+\mathrm{e}^{\frac{1}{x}}}$.

2.4　极限四则运算

本节讨论极限的四则运算法则. 利用有极限的变量和无穷小量的关系，以及无穷小的运算法则，我们便可以得到极限的四则运算法则.

定理 2.13（极限四则运算）　若 $\lim f(x)=A,\lim g(x)=B$，则

（1）$\lim[f(x)\pm g(x)]=A\pm B$；

（2）$\lim f(x)g(x)=AB$；

（3）$\lim\dfrac{f(x)}{g(x)}=\dfrac{A}{B}$（$B\neq 0$）.

证　若 $\lim f(x)=A,\lim g(x)=B$，则由定理 2.9 得

$$f(x)=A+\alpha, g(x)=B+\beta.$$

其中，α,β 均为无穷小.

（1）由于

$$f(x)\pm g(x)=(A\pm B)+(\alpha\pm\beta),$$

而 $\alpha\pm\beta$ 是无穷小，故由定理 2.9 得

$$\lim(f(x)\pm g(x))=A\pm B.$$

（2）由于 $f(x)g(x)=(A+\alpha)(B+\beta)=AB+(A\beta+B\alpha+\alpha\beta)$，由无穷小的性质可知 $A\beta+B\alpha+\alpha\beta$ 仍为无穷小，再由定理 2.9 知

$$\lim f(x)g(x)=AB.$$

（3）由已知得

$$\frac{f(x)}{g(x)}-\frac{A}{B}=\frac{A+\alpha}{B+\beta}-\frac{A}{B}=\frac{B\alpha-A\beta}{B(B+\beta)}.$$

其中分子 $B\alpha-A\beta$ 为无穷小，分母 $B(B+\beta)\to B^2\neq 0$.

容易证明 $\dfrac{1}{B(B+\beta)}$ 有界，由无穷小的性质可知，$\dfrac{B\alpha-A\beta}{B(B+\beta)}$ 为无穷小，记为 γ，所以 $\dfrac{f(x)}{g(x)}=\dfrac{A}{B}+\gamma$，则由定理 2.9 得

$$\lim\frac{f(x)}{g(x)}=\frac{A}{B}.$$

推论 1　$\lim[cf(x)]=c\lim f(x)$（c 为常数）.

推论 2　$\lim[f(x)]^n=[\lim f(x)]^n$（$n$ 为正整数）.

注　（1）本定理可推广到有限个函数的情形.

（2）以上定理对数列亦成立.

例 1　求 $\lim\limits_{x\to 1}(3x^2+2x-4)$.

解　原式 $=\lim\limits_{x\to 1}3x^2+\lim\limits_{x\to 1}2x-\lim\limits_{x\to 1}4=3(\lim\limits_{x\to 1}x)^2+2\lim\limits_{x\to 1}x-4=1$.

例 2　求 $\lim\limits_{x\to 3}\dfrac{x^2+5}{x-1}$.

解　原式 $=\dfrac{\lim\limits_{x\to 3}(x^2+5)}{\lim\limits_{x\to 3}(x-1)}=\dfrac{14}{2}=7$.

推论 3　设 $P(x)=a_0+a_1x+\cdots+a_nx^n$ 是一个多项式，则有

$$\lim_{x\to x_0}P(x)=a_0+a_1x_0+\cdots+a_nx_0^n=P(x_0).$$

推论 4　设 $P(x),Q(x)$ 均为多项式，且 $Q(x_0)\neq 0$，则有

$$\lim_{x\to x_0}\frac{P(x)}{Q(x)}=\frac{P(x_0)}{Q(x_0)}.$$

例 3　求 $\lim\limits_{x\to 1}\dfrac{x^2-2}{2x^2+x-3}$.

分析　由于 $\lim\limits_{x\to 1}(2x^2+x-3)=0$，所以不能直接使用商的极限运算法则.

解　因为

$$\lim_{x\to 1}\frac{2x^2+x-3}{x^2-2}=\frac{0}{-1}=0,$$

则由无穷小量的性质可知

$$\lim_{x\to 1}\frac{x^2-2}{2x^2+x-3}=\infty .$$

例 4　求 $\lim\limits_{x\to 1}\dfrac{x^2+x-2}{2x^2+x-3}$.

分析　对于求分式的极限，当分子和分母的极限均为 0 时（即 $\dfrac{0}{0}$ 型），需先对函数做恒等变形（分解因式、有理化、约无穷小因式等），再利用极限运算法则求出极限.

解　原式 $=\lim\limits_{x\to 1}\dfrac{(x+2)(x-1)}{(2x+3)(x-1)}=\lim\limits_{x\to 1}\dfrac{x+2}{2x+3}=\dfrac{3}{5}$.

例 5　求 $\lim\limits_{x\to\infty}\dfrac{2x^3-x^2+5}{7x^3-2x-1}$.

分析　对于求分式的极限，当分子和分母的极限均为 ∞ 时（即 $\dfrac{\infty}{\infty}$ 型），也需先对函数做恒等变形（用同一式子除分子、分母等），再利用极限运算法则求出极限.

解　原式 $=\lim\limits_{x\to\infty}\dfrac{2x^3-x^2+5}{7x^3-2x-1}=\lim\limits_{x\to\infty}\dfrac{2-\dfrac{1}{x}+\dfrac{5}{x^3}}{7-\dfrac{2}{x^2}-\dfrac{1}{x^3}}=\dfrac{2}{7}$.

一般地，若 $a_0\neq 0,b_0\neq 0$，且 m,n 为自然数，则有

$$\lim_{x\to\infty}\frac{a_0x^n+a_1x^{n-1}+\cdots+a_n}{b_0x^m+b_1x^{m-1}+\cdots+b_m}=\begin{cases}\dfrac{a_0}{b_0}, & m=n\\ 0, & m>n\\ \infty, & m<n\end{cases}.$$

例 6　求 $\lim\limits_{x\to -1}\left(\dfrac{1}{x+1}-\dfrac{3}{x^3+1}\right)$.

分析　对于求差的极限，当两项的极限均为同号 ∞ 时（即 $\infty-\infty$ 型），也需先对函数做恒等变形（通分、提取公因式等），再利用极限运算法则求出极限.

解　原式 $=\lim\limits_{x\to -1}\dfrac{x^2-x-2}{(x+1)(x^2-x+1)}=\lim\limits_{x\to -1}\dfrac{(x+1)(x-2)}{(x+1)(x^2-x+1)}=\lim\limits_{x\to -1}\dfrac{x-2}{x^2-x+1}=-1$.

例 7　求 $\lim\limits_{n\to\infty}\left(\dfrac{1}{n^2}+\dfrac{2}{n^2}+\cdots+\dfrac{n}{n^2}\right)$.

解　本题考查，当 $n\to\infty$ 时无穷多个无穷小相加，需先求出和的表达式，再求极限.

原式 $=\lim\limits_{n\to\infty}\dfrac{1}{n^2}(1+2+\cdots+n)=\lim\limits_{n\to\infty}\dfrac{1}{n^2}\cdot\dfrac{n(n+1)}{2}=\lim\limits_{n\to\infty}\dfrac{n+1}{2n}=\dfrac{1}{2}$.

习题 2.4

1. 计算下列极限.

（1）$\lim\limits_{x\to 2}\dfrac{x^2+5}{x-3}$；

（2）$\lim\limits_{x\to\sqrt{3}}\dfrac{x^2-3}{x+1}$；

（3）$\lim\limits_{x\to 0}\dfrac{4x^3-2x^2+x}{3x^2+2x}$；

（4）$\lim\limits_{x\to 1}\dfrac{x^2-1}{2x^2-x-1}$；

（5）$\lim\limits_{h\to 0}\dfrac{(x+h)^2-x^2}{h}$；

（6）$\lim\limits_{x\to 2}\dfrac{x^2-3x+2}{x^2+4x-12}$；

（7）$\lim\limits_{x\to 4}\dfrac{x^2-6x+8}{x^2-5x+4}$；

（8）$\lim\limits_{x\to 1}\left(\dfrac{1}{1-x}-\dfrac{3}{1-x^3}\right)$；

（9）$\lim\limits_{x\to 2}\dfrac{x^3+2x^2}{(x-2)^2}$；

（10）$\lim\limits_{x\to 4}\dfrac{\sqrt{2x+1}-3}{\sqrt{x-2}-\sqrt{2}}$.

2. 计算下列极限.

（1）$\lim\limits_{x\to\infty}\left(2-\dfrac{1}{x}+\dfrac{1}{x^2}\right)$；

（2）$\lim\limits_{x\to\infty}\dfrac{x^2-1}{2x^2-x-1}$；

（3）$\lim\limits_{x\to\infty}\dfrac{x^2+x}{x^4-3x^2-1}$；

（4）$\lim\limits_{x\to\infty}\left(1+\dfrac{1}{x}\right)\left(2-\dfrac{1}{x^2}\right)$；

（5）$\lim\limits_{x\to\infty}\dfrac{x^2}{2x+1}$；

（6）$\lim\limits_{x\to\infty}\dfrac{\sqrt[3]{8x^3+6x^2+5x}}{5x-1}$；

（7）$\lim\limits_{x\to+\infty}\sqrt{2}x\left(\dfrac{1}{\sqrt{x}+1}-\dfrac{1}{\sqrt{x}-1}\right)$；

（8）$\lim\limits_{n\to\infty}\left(1+\dfrac{1}{2}+\dfrac{1}{4}+\cdots+\dfrac{1}{2^n}\right)$；

（9）$\lim\limits_{n\to\infty}\dfrac{1+2+\cdots+(n-1)}{n^2}$；

（10）$\lim\limits_{x\to\infty}\dfrac{(3x-1)^{20}(2x-3)^{30}}{(2x+5)^{50}}$.

3. 已知 $\lim\limits_{x\to 2}\dfrac{x^2+ax+b}{x^2-x-2}=2$，求常数 a 和 b 的值.

4. 已知 $\lim\limits_{x\to+\infty}(x-\sqrt{ax^2+bx+1})=1$，求常数 a 和 b 的值.

5. 已知 $\lim\limits_{x\to+\infty}\left(\dfrac{x^3+1}{x^2+1}-ax-b\right)=0$，求常数 a 和 b 的值.

2.5 极限存在准则、两个重要极限

本节研究极限存在的两个准则，并根据这两个准则得出两个重要极限.

2.5.1 夹逼准则

定理 2.14（数列极限的夹逼准则） 如果数列 x_n, y_n, z_n 满足下列条件：

（1）$\exists N$，当 $n>N$ 时，$y_n \leqslant x_n \leqslant z_n$；

（2）$\lim\limits_{n\to\infty} y_n = \lim\limits_{n\to\infty} z_n = a$，

那么，数列 $\{x_n\}$ 的极限存在，且 $\lim\limits_{n\to\infty} x_n = a$.

定理 2.15（函数极限的夹逼准则）　如果函数 $f(x), g(x), h(x)$ 满足下列条件：

（1）当 $x \in \mathring{U}(x_0, \delta)$ 或 $(|x|>M)$ 时，有 $g(x) \leqslant f(x) \leqslant h(x)$；

（2）当 $x \to x_0 (x\to\infty)$ 时，有 $g(x)\to A, h(x)\to A$，

那么当 $x\to x_0 (x\to\infty)$ 时，$f(x)$ 的极限存在且等于 A.

例 1　设 $x_n = \dfrac{n}{n^2+1} + \dfrac{n}{n^2+2} + \cdots + \dfrac{n}{n^2+n}$，求 $\lim\limits_{n\to\infty} x_n$.

解　因为

$$\frac{n^2}{n^2+n} \leqslant \frac{n}{n^2+1} + \frac{n}{n^2+2} + \cdots + \frac{n}{n^2+n} \leqslant \frac{n^2}{n^2+1},$$

又由于 $\lim\limits_{n\to\infty} \dfrac{n^2}{n^2+n} = 1$，且 $\lim\limits_{n\to\infty} \dfrac{n^2}{n^2+1} = 1$，因此 $\lim\limits_{n\to\infty} x_n$ 存在且 $\lim\limits_{n\to\infty} x_n = 1$.

2.5.2　重要极限 $\lim\limits_{x\to 0} \dfrac{\sin x}{x} = 1$

作为定理 2.15 的应用，下面将证明第一个重要极限：$\lim\limits_{x\to 0} \dfrac{\sin x}{x} = 1$.

证　作单位圆，如图 2.6 所示.

设 x 为圆心角 $\angle AOB$，并设 $0<x<\dfrac{\pi}{2}$，由图可知

$$S_{\triangle AOB} < S_{\text{扇形}AOB} < S_{\triangle AOD},$$

即 $\dfrac{1}{2}\sin x < \dfrac{1}{2}x < \dfrac{1}{2}\tan x$，得 $\sin x < x < \tan x$，

得
$$1 < \frac{x}{\sin x} < \frac{1}{\cos x},$$

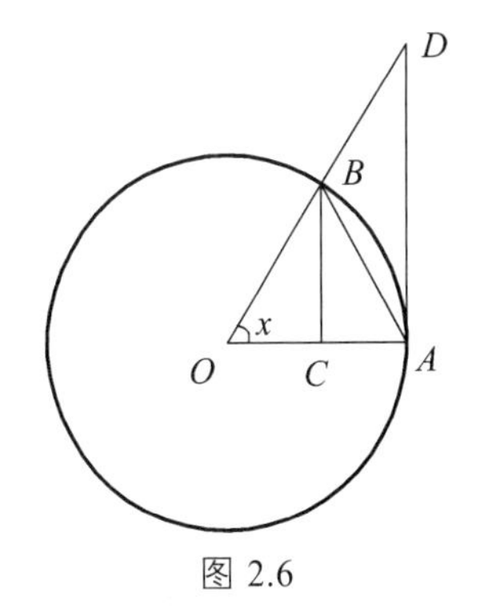

图 2.6

进而有 $\cos x < \dfrac{\sin x}{x} < 1$.（因 $0<x<\dfrac{\pi}{2}$，所以不等式不改变方向）

当 x 改变符号时，$\cos x, \dfrac{\sin x}{x}$ 及 1 的值均不变，故对满足 $0<|x|<\dfrac{\pi}{2}$ 的一切 x，有

$$\cos x < \frac{\sin x}{x} < 1.$$

又因为 $\cos x = 1 - 2\sin^2\left(\dfrac{x}{2}\right) > 1 - 2\cdot\dfrac{x^2}{4} = 1 - \dfrac{x^2}{2}$，即 $1-\dfrac{x^2}{2} < \cos x < 1$，由夹逼准则得

$$\lim_{x\to 0}\cos x = 1.$$

而 $\lim\limits_{x\to0}\cos x=\lim\limits_{x\to0}1=1$，则有 $\lim\limits_{x\to0}\dfrac{\sin x}{x}=1$，证毕.

例 2 求 $\lim\limits_{x\to0}\dfrac{\tan x}{x}$.

解 $\lim\limits_{x\to0}\dfrac{\tan x}{x}=\lim\limits_{x\to0}\left(\dfrac{\sin x}{x}\cdot\dfrac{1}{\cos x}\right)=\lim\limits_{x\to0}\dfrac{\sin x}{x}\cdot\lim\limits_{x\to0}\dfrac{1}{\cos x}=1$.

例 3 求 $\lim\limits_{x\to0}\dfrac{\sin 3x}{2x}$.

解 $\lim\limits_{x\to0}\dfrac{\sin 3x}{2x}=\dfrac{1}{2}\lim\limits_{x\to0}3\cdot\dfrac{\sin 3x}{3x}=\dfrac{3}{2}\lim\limits_{x\to0}\dfrac{\sin 3x}{3x}=\dfrac{3}{2}$.

例 4 求 $\lim\limits_{x\to0}\dfrac{1-\cos x}{x^2}$.

解 $\lim\limits_{x\to0}\dfrac{1-\cos x}{x^2}=\lim\limits_{x\to0}\dfrac{2\sin^2\left(\dfrac{x}{2}\right)}{x^2}=\dfrac{1}{2}\cdot\lim\limits_{x\to0}\left(\dfrac{\sin\dfrac{x}{2}}{\dfrac{x}{2}}\right)^2=\dfrac{1}{2}$.

2.5.3 单调有界原理

如果数列 $\{x_n\}$ 满足 $x_1\leqslant x_2\leqslant\cdots\leqslant x_n\leqslant\cdots$，就称之为**单调增加数列**；若 $\{x_n\}$ 满足 $x_1\geqslant x_2\geqslant\cdots\geqslant x_n\geqslant\cdots$，就称之为**单调减少数列**.

若 $\exists M$，使得 $x_n\leqslant M(n=1,2,\cdots)$，称 $\{x_n\}$ **有上界**；

若 $\exists M$，使得 $x_n\geqslant M(n=1,2,\cdots)$，称 $\{x_n\}$ **有下界**.

定理 2.16（单调有界原理） 单调有界数列必有极限.

一般地，单调有界原理包含以下两种情况：

（1）单调增加且有上界数列必有极限；

（2）单调减少且有下界数列必有极限.

例 5 设 $x_1=10$，$x_n=\sqrt{6+x_{n-1}}\ (n=2,3,\cdots)$，证明数列 $\{x_n\}$ 的极限存在，并求出这个极限.

证 先证明数列 $\{x_n\}$ 的极限存在.

由于 $x_1=10>3$，故 $x_2=\sqrt{6+x_1}>\sqrt{6+3}=3$，即有

$$x_2>3\,,x_3=\sqrt{6+x_2}>\sqrt{6+3}=3\,,\cdots,x_n=\sqrt{6+x_{n-1}}>\sqrt{6+3}=3\,,\cdots$$

由归纳法可知，对 $\forall n\in\mathbf{N}^+$，都有 $x_n>3$，即数列 $\{x_n\}$ 有下界 3.

因为

$$x_{n+1}-x_n=\sqrt{6+x_n}-x_n=\frac{6+x_n-x_n^2}{\sqrt{6+x_n}+x_n}=\frac{(2+x_n)(3-x_n)}{\sqrt{6+x_n}+x_n}\,,$$

且 $\sqrt{6+x_n}+x_n>0$，$2+x_n>0$，$3-x_n<0$，故有 $x_{n+1}<x_n$.

所以数列 $\{x_n\}$ 单调减少.

由单调有界原理可知，$\lim\limits_{n\to\infty}x_n$ 必定存在，令 $\lim\limits_{n\to\infty}x_n=a$.

在 $x_n=\sqrt{6+x_{n-1}}$ 两边同时取极限，有

$$a^2-a-6=0\text{，解得 } a=-2\text{（舍去）和 } a=3.$$

所以 $\lim\limits_{n\to\infty}x_n=3$.

2.5.4　重要极限 $\lim\limits_{x\to\infty}\left(1+\frac{1}{x}\right)^x=\mathrm{e}$

1. 数列的情况

令 $x_n=\left(1+\frac{1}{n}\right)^n$，$\{x_n\}$ 的部分取值列于表 2.1 中.

表 2.1

n	1	10	100	1000	10 000	…
x_n	2	2.593 742	2.704 818	2.716 924	2.718 146	…

从表 2.1 中可以看出，数列 $\{x_n\}$ 是单调递增的，且有一个上界 3，由数列极限的单调有界原理可知，数列 $\{x_n\}$ 的极限是存在的，我们将这个极限值记为 e，即有

$$\lim_{n\to\infty}\left(1+\frac{1}{n}\right)^n=\mathrm{e}.$$

其中，e 是无理数，它是常用的自然对数的底数，经过科学计算，知

$$\mathrm{e}=2.718\,281\,828\,459\,045\cdots$$

2. 函数极限 $\lim\limits_{x\to\infty}\left(1+\frac{1}{x}\right)^x=\mathrm{e}$

类比上面的数列极限，我们可以得到函数极限形式的重要极限

$$\lim_{x\to\infty}\left(1+\frac{1}{x}\right)^x=\mathrm{e}.$$

若令 $z=\frac{1}{x}$，则当 $x\to\infty$ 时，有 $z\to 0$，于是我们得到这个重要极限的另一种常用形式：

$$\lim_{z\to 0}(1+z)^{\frac{1}{z}}=\mathrm{e}.$$

例 6　求 $\lim\limits_{x\to\infty}\left(1-\frac{1}{x}\right)^x$.

解　原式 $=\lim\limits_{x\to\infty}\left(1+\frac{1}{-x}\right)^x=\left[\lim\limits_{x\to\infty}\left(1+\frac{1}{-x}\right)^{-x}\right]^{-1}=\mathrm{e}^{-1}=\frac{1}{\mathrm{e}}$.

例 7 求 $\lim\limits_{x\to 0}(1+3x)^{\frac{2}{x}}$.

解 原式 $=\lim\limits_{x\to 0}[(1+3x)^{\frac{1}{3x}}]^{3x\cdot\frac{2}{x}}=\lim\limits_{x\to 0}[(1+3x)^{\frac{1}{3x}}]^{6}=\mathrm{e}^{6}$.

例 8 求 $\lim\limits_{x\to\infty}\left(\dfrac{2x-1}{2x+1}\right)^{x}$.

解 原式 $=\lim\limits_{x\to\infty}\left(\dfrac{2x+1-2}{2x+1}\right)^{x}=\lim\limits_{x\to\infty}\left(1-\dfrac{2}{2x+1}\right)^{x}$

$$=\lim_{x\to\infty}\left[\left(1-\frac{2}{2x+1}\right)^{-\frac{2x+1}{2}}\right]^{-\frac{2x}{2x+1}}=\mathrm{e}^{-\lim\limits_{x\to\infty}\frac{2x}{2x+1}}=\mathrm{e}^{-1}.$$

习题 2.5

1. 计算下列极限.

（1）$\lim\limits_{x\to 0}\dfrac{\sin 2x}{x}$；

（2）$\lim\limits_{x\to 0}\dfrac{\tan 3x}{2x}$；

（3）$\lim\limits_{x\to 0}\dfrac{\sin 5x}{\sin 2x}$；

（4）$\lim\limits_{x\to 0}x\cot x$；

（5）$\lim\limits_{x\to 0}\dfrac{1-\cos 2x}{x\sin x}$；

（6）$\lim\limits_{x\to 0}\dfrac{\cos x-\cos 3x}{x^{2}}$；

（7）$\lim\limits_{x\to 0}\dfrac{\sqrt{1+x}-\sqrt{1-x}}{\sin x}$；

（8）$\lim\limits_{x\to 0}\dfrac{\tan x-\sin x}{x^{3}}$；

（9）$\lim\limits_{x\to \pi}\dfrac{2+2\cos x}{3(x-\pi)^{2}}$；

（10）$\lim\limits_{x\to 1}(1-x)\tan\left(\dfrac{\pi}{2}x\right)$.

2. 计算下列极限.

（1）$\lim\limits_{x\to 0}(1-x)^{\frac{1}{x}}$；

（2）$\lim\limits_{x\to\infty}\left(\dfrac{1+x}{x}\right)^{2x}$；

（3）$\lim\limits_{x\to\infty}\left(1-\dfrac{2}{x}\right)^{3x}$；

（4）$\lim\limits_{x\to\frac{\pi}{2}}(1+\cos x)^{2\sec x}$；

（5）$\lim\limits_{x\to 0}\left(\dfrac{2}{x+2}\right)^{\frac{2}{x}}$；

（6）$\lim\limits_{x\to\infty}\left(\dfrac{x}{x+2}\right)^{x+3}$；

（7）$\lim\limits_{x\to\infty}\left(\dfrac{x^{2}}{x^{2}-1}\right)^{2x^{2}}$；

（8）$\lim\limits_{x\to 1}x^{\frac{1}{1-x}}$；

（9）$\lim\limits_{x\to 0}(\cos x)^{\frac{1}{x^{2}}}$；

（10）$\lim\limits_{x\to 0}\left[\tan\left(\dfrac{\pi}{4}-x\right)\right]^{\cot x}$.

3. 利用夹逼准则证明下列数列的极限.

（1）$\lim\limits_{n\to\infty} n\left(\dfrac{1}{n^2+\pi}+\dfrac{1}{n^2+2\pi}+\cdots+\dfrac{1}{n^2+n\pi}\right)=1$；

（2）$\lim\limits_{n\to\infty}\left(\dfrac{1}{n^2+n+1}+\dfrac{2}{n^2+n+2}+\cdots+\dfrac{n}{n^2+n+n}\right)=\dfrac{1}{2}$；

（3）$\lim\limits_{n\to\infty}\dfrac{2^n}{n!}=0$.

4. 利用单调有界原理证明数列 $\sqrt{2},\sqrt{2+\sqrt{2}},\sqrt{2+\sqrt{2+\sqrt{2}}},\cdots$ 的极限存在.

2.6　无穷小的比较

无穷小量是极限为零的变量，但它们趋于零的速度是不同的. 例如，当 $x\to 0$ 时，x^3 要比 x^2 小很多，所以我们可以这样认为，当 $x\to 0$ 时，x^3 比 x^2 趋于零的速度更快. 很明显，运用两个无穷小量的比值极限即可比较它们趋于零的速度.

2.6.1　无穷小量阶的概念

定义 2.12　设 $\alpha(x)$ 与 $\beta(x)$ 为 x 在同一变化过程中的两个无穷小，且 $\alpha(x)\neq 0$，

（1）若 $\lim\dfrac{\beta(x)}{\alpha(x)}=0$，称 $\beta(x)$ 是 $\alpha(x)$ 的**高阶**无穷小，记为 $\beta=o(\alpha)$；

（2）若 $\lim\dfrac{\beta(x)}{\alpha(x)}=\infty$，称 $\beta(x)$ 是 $\alpha(x)$ 的**低阶**无穷小；

（3）若 $\lim\dfrac{\beta(x)}{\alpha(x)}=C\neq 0$，称 $\beta(x)$ 是 $\alpha(x)$ 的**同阶**无穷小；

（4）若 $\lim\dfrac{\beta(x)}{\alpha(x)}=1$，称 $\beta(x)$ 与 $\alpha(x)$ 是**等价无穷小**，记为 $\alpha(x)\sim\beta(x)$.

例如，当 $x\to 0$ 时，x^2 是 x 的高阶无穷小，即 $x^2=o(x)$；反之，x 是 x^2 的低阶无穷小；x^2 与 $1-\cos x$ 是同阶无穷小；x 与 $\sin x$ 是等价无穷小，即 $x\sim\sin x$.

注：（1）等价无穷小具有传递性，即 $\alpha\sim\beta,\beta\sim\gamma\Rightarrow\alpha\sim\gamma$；

（2）未必任意两个无穷小量都可进行比较. 例如当 $x\to 0$ 时，$x\sin\dfrac{1}{x}$ 与 x^2 既非同阶无穷小，又无高低阶可比较，因为 $\lim\limits_{x\to 0}\dfrac{x\sin\frac{1}{x}}{x^2}$ 不存在.

2.6.2　利用等价无穷小计算极限

在计算极限的过程中，将一个无穷小因式替换为简单形式的等价无穷小量，是一个十分有效的求极限的方法. 我们用下面的定理来阐述这个原理.

定理 2.17 若$\alpha,\beta,\alpha',\beta'$均为$x$在同一变化过程中的无穷小量，$\alpha\sim\alpha',\beta\sim\beta'$，且极限$\lim\dfrac{\beta'}{\alpha'}$存在，那么$\lim\dfrac{\beta}{\alpha}=\lim\dfrac{\beta'}{\alpha'}$.

证 由于$\alpha\sim\alpha',\beta\sim\beta'$，所以

$$\lim\frac{\alpha'}{\alpha}=\lim\frac{\beta}{\beta'}=1.$$

又因为极限$\lim\dfrac{\beta'}{\alpha'}$存在，故有

$$\lim\frac{\beta}{\alpha}=\lim\left(\frac{\alpha'}{\alpha}\cdot\frac{\beta'}{\alpha'}\cdot\frac{\beta}{\beta'}\right)=\lim\frac{\alpha'}{\alpha}\cdot\lim\frac{\beta'}{\alpha'}\cdot\lim\frac{\beta}{\beta'}=\lim\frac{\beta'}{\alpha'}$$

命题得证.

例 1 求$\lim\limits_{x\to0}\dfrac{\ln(1+x)}{x}$.

解 原式$=\lim\limits_{x\to0}\ln(1+x)^{\frac{1}{x}}=\ln[\lim\limits_{x\to0}(1+x)^{\frac{1}{x}}]=\ln\mathrm{e}=1$.

例 2 求$\lim\limits_{x\to0}\dfrac{\mathrm{e}^x-1}{x}$.

解 令$u=\mathrm{e}^x-1$，于是$x=\ln(1+u)$，且当$x\to0$时，有$u\to0$，故有

$$原式=\lim_{u\to0}\frac{u}{\ln(1+u)}=\lim_{u\to0}\frac{u}{u}=1.$$

例 3 求$\lim\limits_{x\to0}\dfrac{(1+x)^\alpha-1}{\alpha x}(\alpha\neq0)$.

解 当$x\to0$时，有$\ln(1+x)\sim x$．令$u=(1+x)^\alpha-1$，于是$\alpha\ln(1+x)=\ln(1+u)$，且当$x\to0$时，有$u\to0$，故有

$$原式=\lim_{x\to0}\frac{(1+x)^\alpha-1}{\alpha\ln(1+x)}=\lim_{u\to0}\frac{u}{\ln(1+u)}=1.$$

从前面小节和上面的例子，我们可以得到当$x\to0$时常见的等价无穷小量：$\sin x\sim x$；$\tan x\sim x$；$\arcsin x\sim x$；$\arctan x\sim x$；$1-\cos x\sim\dfrac{1}{2}x^2$；$\ln(1+x)\sim x$；$\mathrm{e}^x-1\sim x$；$(1+x)^\alpha-1\sim\alpha x$.

例 4 求$\lim\limits_{x\to0}\dfrac{\tan2x-\sin2x}{\sin^3(3x)}$.

解 当$x\to0$时，有

$$\sin3x\sim3x,\quad \tan2x\sim2x,\quad 1-\cos2x\sim\frac{1}{2}(2x)^2=2x^2,$$

故

$$原式=\lim_{x\to0}\frac{\tan2x(1-\cos2x)}{(3x)^3}=\lim_{x\to0}\frac{2x\cdot2x^2}{27x^3}=\frac{4}{27}.$$

例 5　求 $\lim\limits_{x\to0}\dfrac{e^x-e^{x\cos x}}{x\ln(1+x^2)}$.

解　当 $x\to0$ 时，有 $\ln(1+x^2)\sim x^2$，$1-e^{x\cos x-x}\sim-(x\cos x-x)=x-x\cos x$，故有

$$\begin{aligned}原式&=\lim_{x\to0}\frac{e^x(1-e^{x\cos x-x})}{x\cdot x^2}=\lim_{x\to0}e^x\cdot\lim_{x\to0}\frac{1-e^{x\cos x-x}}{x^3}\\&=\lim_{x\to0}\frac{x-x\cos x}{x^3}=\lim_{x\to0}\frac{1-\cos x}{x^2}=\frac{1}{2}.\end{aligned}$$

习题 2.6

1. 当 $x\to0$ 时，$2x-x^2$ 与 x^2-x^3 相比，哪一个是高阶无穷小？

2. 当 $x\to1$ 时，将下列各变量与无穷小量 $x-1$ 相比较.

（1）x^3-3x+2；　（2）$\ln x$；

（3）$(x-1)\sin\dfrac{1}{x-1}$；　（4）$\sqrt{x}-1$.

3. 计算下列极限.

（1）$\lim\limits_{x\to0}\dfrac{\tan3x}{2x}$；　（2）$\lim\limits_{x\to0}\dfrac{\arcsin3x}{\tan5x}$；

（3）$\lim\limits_{x\to0}\dfrac{\sin(x^3)\cdot\tan x}{1-\cos(x^2)}$；　（4）$\lim\limits_{x\to0}\dfrac{\ln(1+3x\sin x)}{\tan(x^2)}$；

（5）$\lim\limits_{x\to0}\dfrac{e^{5x}-1}{\ln(1+2x)}$；　（6）$\lim\limits_{x\to0}\dfrac{\tan5x-\cos x+1}{\sin3x}$；

（7）$\lim\limits_{x\to0}\dfrac{\sqrt{2}-\sqrt{1+\cos x}}{\sin^2x}$；　（8）$\lim\limits_{x\to0}\dfrac{\sqrt{1+\tan x}-\sqrt{1-\tan x}}{\sqrt{1+2x}-1}$；

（9）$\lim\limits_{x\to0}\dfrac{\ln(1+x+x^2)+\ln(1-x+x^2)}{\sec x-\cos x}$.

4. 若 $x\to0$ 时，$\arctan3x$ 与 $\dfrac{ax}{\cos x}$ 是等价无穷小，求常数 a.

5. 若 $x\to0$ 时，$e^{\tan x}-e^{\sin x}$ 与 x^n 是同阶无穷小，求常数 n.

2.7　函数的连续性与间断点

2.7.1　连续函数的概念

1. 函数在一点处的连续性

连续函数是高等数学中最常见也是最重要的一类函数. 连续性是一个动态的概念，意为

连绵不断. 比如物理学中常见的自由落体运动，质点所走过的路程就是连绵不断的，这里的连绵不断是指在某一时刻物体落下的路程，与其邻近时刻物体落下的路程十分接近，即当时间的变化很小时，路程的变化也很小.

一般情况下，函数 $y=f(x)$ 的图形是一条连绵不断的曲线（图 2.7），在曲线上取定一点 $(x_0,f(x_0))$，在它附近再任意取一点 $(x,f(x))$，我们称 $x-x_0$ 为**自变量的改变量**（也称为**自变量的增量**），记为 Δx；称 $f(x)-f(x_0)$ 为**函数的改变量**（也称为**函数的增量**），记为 Δy，即有

$$\Delta y=f(x)-f(x_0)=f(x_0+\Delta x)-f(x_0).$$

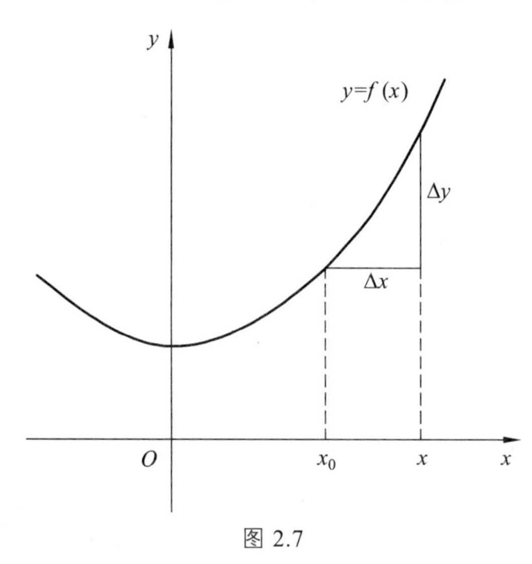

图 2.7

所谓曲线连绵不断，就是指自变量增量 Δx 很小时，其相应的函数增量 Δy 也是很小的，即当 $\Delta x\to 0$ 时，有 $\Delta y\to 0$，这就是连续的本质特征.

定义 2.13（函数在一点处的连续性） 设函数 $y=f(x)$ 在 x_0 的某邻域内有定义，给定自变量增量 Δx，那么相应函数的增量为 $\Delta y=f(x_0+\Delta x)-f(x_0)$. 如果 $\lim\limits_{\Delta x\to 0}\Delta y=0$，就称函数 $f(x)$ 在点 x_0 处连续.

应注意的是，函数在点 x_0 处连续的充要条件是 $\lim\limits_{\Delta x\to 0}\Delta y=0$，而我们可以利用函数极限的运算性质将该条件改写为

$$\lim_{\Delta x\to 0}f(x_0+\Delta x)=f(x_0) \quad \text{或} \quad \lim_{x\to x_0}f(x)=f(x_0).$$

从上式我们可以知道，函数 $f(x)$ 在点 x_0 处连续，意味着函数 $f(x)$ 在点 x_0 处的极限存在，且极限值等于函数值 $f(x_0)$. 即函数在一点处的连续性是以函数在该点处的极限存在为前提的，进一步要求函数在该点有定义，且在该点的极限值等于函数值.

函数在一点处的连续性，我们一般称之为函数的**局部连续性**.

例 1 证明：函数 $y=f(x)=2x^2$ 在点 $x=1$ 处连续.

证 在点 $x=1$ 处，取自变量增量 Δx，那么相应的函数增量为

$$\Delta y=f(1+\Delta x)-f(1)=2(1+\Delta x)^2-2=4\Delta x+2(\Delta x)^2,$$

又由于 $\lim\limits_{\Delta x\to 0}\Delta y=\lim\limits_{\Delta x\to 0}[4\Delta x+2(\Delta x)^2]=0$，所以函数 $y=f(x)=2x^2$ 在点 $x=1$ 处连续.

由于函数在一点处的极限分左、右极限，所以函数在一点处的连续性也分左、右连续性. 关于函数的左、右连续性，我们给出下面的定义.

定义 2.14（函数在一点处的单侧连续性） 如果 $\lim\limits_{x\to x_0^-}f(x)=f(x_0)$ 成立，就称函数 $f(x)$ 在点 x_0 处**左连续**；如果 $\lim\limits_{x\to x_0^+}f(x)=f(x_0)$ 成立，就称函数 $f(x)$ 在点 x_0 处**右连续**.

由极限和单侧极限之间的关系，我们很容易得到连续性和单侧连续性之间的关系. 即函数 $f(x)$ 在点 x_0 处连续的充要条件是：函数 $f(x)$ 在点 x_0 处既左连续又右连续.

2. 函数在区间上的连续性

定义 2.15（函数在区间 I 上的连续性） 设函数 $f(x)$ 在区间 I 上有定义，若在 I 上的每一点处，函数都是连续的（在闭区间的区间端点处仅要求单侧连续），则称函数 $f(x)$ **在区间 I 上连续**.

易知，函数在区间上的连续性是以它的局部连续性为基础的.

例 2 证明：指数函数 $y=f(x)=\mathrm{e}^x$ 在 $(-\infty,+\infty)$ 上连续.

证 任意取 $x\in(-\infty,+\infty)$，在点 x 处取自变量增量 Δx，那么相应的函数增量为

$$\Delta y=f(x+\Delta x)-f(x)=\mathrm{e}^{x+\Delta x}-\mathrm{e}^x=\mathrm{e}^x(\mathrm{e}^{\Delta x}-1),$$

由于

$$\lim_{\Delta x\to 0}\Delta y=\lim_{\Delta x\to 0}[\mathrm{e}^x(\mathrm{e}^{\Delta x}-1)]=\mathrm{e}^x\lim_{\Delta x\to 0}\Delta x=0,$$

所以函数 $y=f(x)=\mathrm{e}^x$ 在点 x 处连续. 由于点 x 具有任意性，故指数函数 $y=f(x)=\mathrm{e}^x$ 在 $(-\infty,+\infty)$ 上连续.

例 3 证明：正弦函数 $y=f(x)=\sin x$ 在 $(-\infty,+\infty)$ 上连续.

证 任意取 $x\in(-\infty,+\infty)$，在点 x 处取自变量增量 Δx，那么相应的函数增量为

$$\Delta y=f(x+\Delta x)-f(x)=\sin(x+\Delta x)-\sin x=2\sin\frac{\Delta x}{2}\cos\left(x+\frac{\Delta x}{2}\right),$$

由于

$$\left|\cos\left(x+\frac{\Delta x}{2}\right)\right|\leqslant 1,\quad \left|\sin\frac{\Delta x}{2}\right|\leqslant\frac{1}{2}|\Delta x|,$$

所以

$$|\Delta y|\leqslant|\Delta x|，\text{即} -|\Delta x|\leqslant\Delta y\leqslant|\Delta x|.$$

由夹逼准则容易得到 $\lim\limits_{\Delta x\to 0}\Delta y=0$，所以函数 $y=\sin x$ 在点 x 处连续. 由于点 x 具有任意性，故正弦函数 $y=f(x)=\sin x$ 在 $(-\infty,+\infty)$ 上连续.

同理可证，余弦函数 $y=f(x)=\cos x$ 在 $(-\infty,+\infty)$ 上也连续.

例 4 设 $f(x)=\begin{cases}\mathrm{e}^x, & x\geqslant 0\\ x+a, & x<0\end{cases}$，试确定 a 的值，使函数 $f(x)$ 在 $x=0$ 处连续.

解 由于 $f(x)$ 在 $x=0$ 处连续，所以

$$f(0)=\lim_{x\to 0^-}f(x)=\lim_{x\to 0^+}f(x)\,.$$

又因为
$$\lim_{x\to 0^-}f(x)=\lim_{x\to 0^-}(x+a)=a\,,\quad \lim_{x\to 0^+}f(x)=\lim_{x\to 0^+}\mathrm{e}^x=1\text{ 且 }f(0)=1\,,$$
所以 $a=1$.

2.7.2 函数的间断点及其分类

函数 $f(x)$ 在点 x_0 处连续必须满足三个条件：

（1）$f(x)$ 在点 x_0 处有定义；

（2）$f(x)$ 在点 x_0 处有极限（即 $\lim\limits_{x\to x_0}f(x)$ 存在）；

（3）$\lim\limits_{x\to x_0}f(x)=f(x_0)$.

这三个条件中任何一个不成立，都会导致函数 $f(x)$ 在点 x_0 处不连续，此时，x_0 称为函数 $f(x)$ 的**间断点**. 下面我们对间断点进行分类.

1. 第一类间断点

（1）若 $f(x)$ 在点 x_0 处的两个单侧极限存在且相等，即

$$\lim_{x\to x_0^-}f(x)=\lim_{x\to x_0^+}f(x)\,,$$

也就是 $\lim\limits_{x\to x_0}f(x)=A$ 存在，但 $f(x)$ 在 x_0 处无定义或者 $f(x)$ 在 x_0 处有定义，而 $f(x_0)\neq A$，此时称 x_0 是函数 $f(x)$ 的**可去间断点**（图 2.8）. 所谓“可去”，是指若补充或改变定义 $f(x_0)=A$，则函数 $f(x)$ 就在点 x_0 处连续.

（2）若 $f(x)$ 在点 x_0 处的两个单侧极限存在，但它们不相等，即

$$\lim_{x\to x_0^-}f(x)\neq\lim_{x\to x_0^+}f(x)\,,$$

此时称 x_0 是函数 $f(x)$ 的**跳跃间断点**（图 2.9）. 所谓“跳跃”，是指函数 $f(x)$ 在 x_0 的左、右突然升降了一段有限距离.

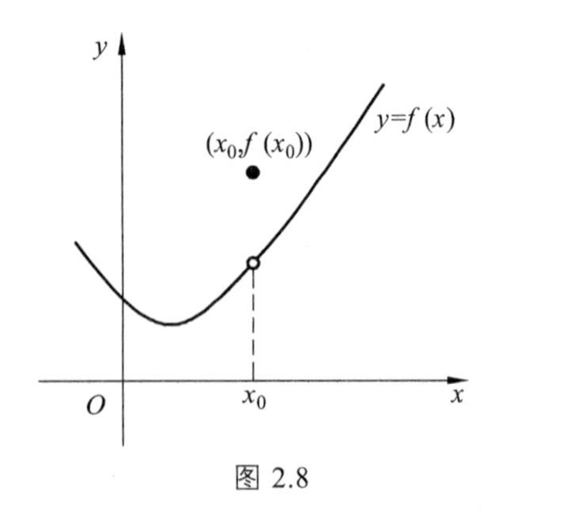

图 2.8

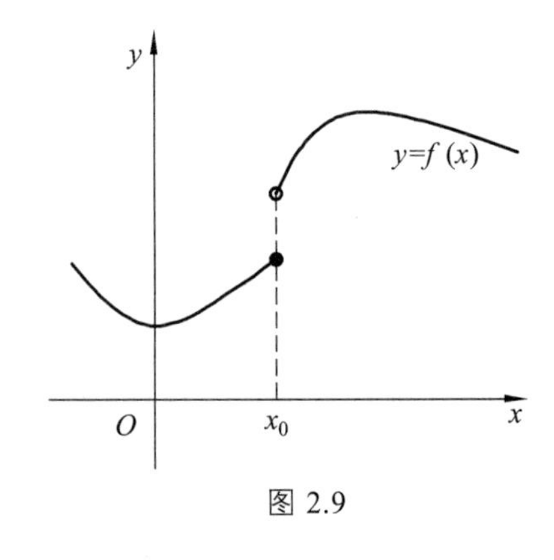

图 2.9

可去间断点和跳跃间断点统称为**第一类间断点**.

2. 第二类间断点

若 $f(x)$ 在点 x_0 处的两个单侧极限 $\lim\limits_{x\to x_0^-}f(x)$，$\lim\limits_{x\to x_0^+}f(x)$ 至少有一个不存在，则称 x_0 是函数 $f(x)$ 的**第二类间断点**.

例如，$x=0$ 是函数 $f(x)=\dfrac{1}{x}$ 和 $g(x)=\sin\dfrac{1}{x}$ 的第二类间断点. 由于 $\lim\limits_{x\to 0}f(x)=\infty$，所以 $x=0$ 也称为 $f(x)$ 的**无穷间断点**；当 $x\to 0$ 时，$g(x)$ 在 -1 与 1 之间不停地来回振动，所以 $\lim\limits_{x\to x_0^-}g(x)$，$\lim\limits_{x\to x_0^+}g(x)$ 都不存在.

例 5　设 $f(x)=\dfrac{x^2-4}{x^2-5x+6}$，指出 $f(x)$ 的间断点，并说明间断点的类型.

解　由于 $f(x)$ 在 $x=2$ 和 $x=3$ 处没有定义，所以函数的间断点为 $x=2$ 与 $x=3$.

当 $x=2$ 时，由于

$$\lim_{x\to 2^-}f(x)=\lim_{x\to 2^-}\frac{(x-2)(x+2)}{(x-2)(x-3)}=\lim_{x\to 2^-}\frac{x+2}{x-3}=-4\,,$$

$$\lim_{x\to 2^+}f(x)=\lim_{x\to 2^+}\frac{(x-2)(x+2)}{(x-2)(x-3)}=\lim_{x\to 2^+}\frac{x+2}{x-3}=-4\,,$$

所以在点 $x=2$ 处，函数左、右极限存在且相等，故 $x=2$ 是函数的可去间断点.

当 $x=3$ 时，由于

$$\lim_{x\to 3^-}f(x)=\lim_{x\to 3^-}\frac{x+2}{x-3}=\infty\,,$$

$$\lim_{x\to 3^+}f(x)=\lim_{x\to 3^+}\frac{x+2}{x-3}=\infty\,,$$

所以在点 $x=3$ 处，函数左、右极限均不存在且为无穷大，故 $x=3$ 是函数的无穷间断点.

习题 2.7

1. 研究下列函数在 $x=1$ 处的连续性.

（1）$f(x)=\begin{cases}x^2, & x\leqslant 1\\ 2-x, & x>1\end{cases}$.

（2）$f(x)=\begin{cases}x, & x<1\\ 1, & x\geqslant 1\end{cases}$.

（3）$f(x)=\begin{cases}2+(x-1)\cos\dfrac{1}{x-1}, & x<1\\ 2x^2+\ln x, & x\geqslant 1\end{cases}$.

2. 设 $f(x)=\sin x$，$g(x)=\begin{cases}x-\pi, & x\leqslant 0\\ x+\pi, & x>0\end{cases}$，证明函数 $f[g(x)]$ 在 $x=0$ 处连续.

3. 设 $f(x)=\begin{cases}\dfrac{\sin 2x}{x}, & x<0\\ x^2+a, & x\geqslant 0\end{cases}$，试确定 a 的值，使函数 $f(x)$ 在 $x=0$ 处连续.

4. 若 $f(x)=\begin{cases}\dfrac{\ln(1+3x)}{\sin ax}, & x>0\\ bx+1, & x\leqslant 0\end{cases}$ 在 $x=0$ 处连续，求 a 和 b.

5. 讨论下列函数的间断点，并指出间断点的类型.

（1）$f(x)=x\sin\dfrac{1}{x}$；

（2）$f(x)=\dfrac{1}{1+\mathrm{e}^{\frac{1}{x}}}$；

（3）$f(x)=\begin{cases}x+1, & x\geqslant 3\\ 4-x, & x<3\end{cases}$；

（4）$f(x)=\dfrac{x^2-1}{x^2-3x+2}$；

（5）$f(x)=\dfrac{x^2-x}{|x|(x^2-1)}$.

2.8 连续函数的运算与初等函数的连续性

连续的基础是极限. 本小节在极限运算的基础上，讨论连续函数的运算和初等函数的连续性，并且通过函数的连续性来计算极限.

2.8.1 连续函数的四则运算

连续函数的四则运算法则，容易由极限的四则运算法则直接导出.

定理 2.18（连续函数的四则运算法则） 若 $f(x)$ 与 $g(x)$ 均在点 x_0 处连续，则

（1）$f(x)\pm g(x)$ 在点 x_0 处连续；

（2）$f(x)g(x)$ 在点 x_0 处连续；

（3）若 $g(x_0)\neq 0$，$\dfrac{f(x)}{g(x)}$ 在点 x_0 处连续.

如果将函数定义域中的区间称之为**定义区间**，那么由定理 2.18 和正、余弦函数的连续性，我们可以得到，三角函数 $\tan x$，$\cot x$，$\sec x$，$\csc x$ 在其定义区间上是连续的.

2.8.2 反函数的连续性

因为一个函数和它的反函数的图像具有对称性，所以我们能得到下面的结论.

定理 2.19（反函数的连续性） 设函数 $f(x)$ 满足条件：

（1）$y=f(x)$ 在 $[a,b]$ 上单调递增（单调递减）且连续；

（2）$f(\alpha)=a$，$f(\beta)=b$，

则反函数 $x=f^{-1}(y)$ 在 $[\alpha,\beta]$（或 $[\beta,\alpha]$）上存在、单调递增（单调递减）且连续.

由定理 2.19，我们可以得到以下常用结论：

由于指数函数 $y=\mathrm{e}^x$ 在 $(-\infty,+\infty)$ 内是连续的，所以其反函数即对数函数在其相应的定义区间上也是连续的，即 $y=\ln x$ 在 $(0,+\infty)$ 内是连续的．更一般地，$y=\log_a x$ 在 $(0,+\infty)$ 内也是连续的．

又由于三角函数在它们各自的定义区间内是连续的，因此，反三角函数在它们的定义区间内也是连续的，即：$\arcsin x$，$\arccos x$ 在 $[-1,1]$ 上连续；$\arctan x$，$\operatorname{arccot} x$ 在 $(-\infty,+\infty)$ 上连续．

2.8.3　复合函数的连续性

定理 2.20（复合函数的连续性）　设函数 $y=f(u)$，$u=g(x)$ 满足条件：

（1）$u=g(x)$ 在点 x_0 处连续，且 $u_0=g(x_0)$；

（2）$y=f(u)$ 在点 u_0 处连续，

则复合函数 $y=f[g(x)]$ 在点 x_0 处连续．

应用复合函数的连续性，我们可以得到以下结论：

（1）一般的指数函数 $y=a^x=\mathrm{e}^{x\ln a}$ 在 $(-\infty,+\infty)$ 上是连续的；

（2）幂函数 $y=x^\mu$ 在其定义区间上是连续的．

2.8.4　初等函数的连续性

由前面的内容得知，基本初等函数在其定义区间上都是连续的．我们以前总是将基本初等函数的图形画成连绵不断的曲线，这恰好就是它们具有连续性特征的反映．

由于初等函数是由基本初等函数经过有限次的四则运算和有限次的复合运算之后得到的函数，所以我们可以得到结论：**一切初等函数在其定义区间上连续**．

例如，函数 $f(x)=\ln(3-x)+\dfrac{\arctan\sqrt{x}}{x-2}$ 的定义域是 $[0,2)\cup(2,3)$，所以该函数在区间 $[0,2)$ 上和 $(2,3)$ 内是连续的．

利用本节所学内容，我们便可以通过初等函数的连续性直接计算函数在连续点处的极限值．即若 $f(x)$ 在点 x_0 处连续，则必有 $\lim\limits_{x\to x_0}f(x)=f(x_0)$．

例如，$f(x)=\ln(3-x)+\dfrac{\arctan\sqrt{x}}{x-2}$ 在点 $x=1$ 处是连续的，且 $f(1)=\ln 2-\dfrac{\pi}{4}$，所以

$$\lim_{x\to 1}\left[\ln(3-x)+\frac{\arctan\sqrt{x}}{x-2}\right]=\ln 2-\frac{\pi}{4}.$$

而利用复合函数的连续性，我们可以得到

$$\lim_{u\to u_0}f(u)=\lim_{x\to x_0}f[g(x)]=f[g(x_0)]=f[\lim_{x\to x_0}g(x)].$$

上式意味着，只要函数 f 连续，我们就可以使用连续变量替换的方法来计算极限，而且极限符号 $\lim\limits_{x\to x_0}$ 与函数符号 f 可以交换次序．

例 1 求 $\lim\limits_{x\to 0}\dfrac{\ln(x^2+2)}{\sin(x+1)}$.

解 由题意可知，函数 $\dfrac{\ln(x^2+2)}{\sin(x+1)}$ 在 $x=0$ 处连续，故有

$$原式=\lim_{x\to 0}\frac{\ln(x^2+2)}{\sin(x+1)}=\frac{\ln 2}{\sin 1}.$$

例 2 求 $\lim\limits_{x\to 3}\sqrt{\dfrac{x^2-9}{x^2-4x+3}}$.

解 由复合函数的连续性，可知

$$原式=\sqrt{\lim_{x\to 3}\frac{x^2-9}{x^2-4x+3}}=\sqrt{\lim_{x\to 3}\frac{(x-3)(x+3)}{(x-3)(x-1)}}$$

$$=\sqrt{\lim_{x\to 3}\frac{x+3}{x-1}}=\sqrt{3}.$$

例 3 求 $\lim\limits_{x\to+\infty}\ln(\sqrt{x^2+x}-x)$.

解 由复合函数的连续性，可知

$$原式=\ln[\lim_{x\to+\infty}(\sqrt{x^2+x}-x)]=\ln\left[\lim_{x\to+\infty}\left(\frac{x}{\sqrt{x^2+x}+x}\right)\right]$$

$$=\ln\left[\lim_{x\to+\infty}\left(\frac{1}{\sqrt{1+\frac{1}{x}}+1}\right)\right]=\ln\frac{1}{2}=-\ln 2.$$

习题 2.8

1. 求下列函数的连续区间.

（1）$f(x)=x^2\cos x+\mathrm{e}^x$；（2）$f(x)=\sqrt{12-x-x^2}$.

2. 计算下列极限.

（1）$\lim\limits_{x\to\infty}\mathrm{e}^{\frac{1}{x}}$；（2）$\lim\limits_{x\to 0}\ln\dfrac{\sin x}{x}$；

（3）$\lim\limits_{x\to 0}\sqrt{x^2-2x+5}$；（4）$\lim\limits_{x\to\frac{\pi}{4}}(\sin 2x)^3$；

（5）$\lim\limits_{x\to 1}\dfrac{1+\ln(2-x)}{3\arctan x}$；（6）$\lim\limits_{x\to\frac{\pi}{6}}\ln(2\cos 2x)$；

（7）$\lim\limits_{x\to 1}\sin\left(\pi\sqrt{\dfrac{x+1}{5x+3}}\right)$；（8）$\lim\limits_{x\to 1}\mathrm{e}^{\sin(x^2+x-2)}$.

3. 计算下列极限.

（1）$\lim\limits_{x\to 0}\dfrac{\sqrt{x+1}-1}{x}$；（2）$\lim\limits_{x\to 1}\dfrac{\sqrt{5x-4}-\sqrt{x}}{x-1}$；

（3）$\lim\limits_{x\to+\infty}(\sqrt{x^2+x}-\sqrt{x^2-x})$；　　（4）$\lim\limits_{x\to\infty}\cos(\sqrt{x+1}-\sqrt{x})$；

（5）$\lim\limits_{x\to+\infty}\arcsin(\sqrt{x^2+x}-x)$；　　（6）$\lim\limits_{x\to0}(1-4x)^{\frac{1-x}{x}}$；

（7）$\lim\limits_{x\to0}(1+x^2\mathrm{e}^x)^{\frac{1}{1-\cos x}}$；　　（8）$\lim\limits_{x\to0}[1+\ln(1+x)]^{\frac{2}{x}}$.

4. 已知 $\lim\limits_{x\to0}(1+2x-2x^2)^{\frac{1}{ax+bx^2}}=\mathrm{e}^2$，求 a 与 b 的值.

2.9　闭区间上连续函数的性质

2.9.1　最大（小）值定理

定义 2.16　设函数 $f(x)$ 在区间 I 上有定义，若 $\exists x_0\in I$，使得对 $\forall x\in I$，都有

$$f(x)\leqslant f(x_0)\ \ (f(x)\geqslant f(x_0)),$$

就称 $f(x_0)$ 为 $f(x)$ 在区间 I 上的**最大值（最小值）**，称 x_0 为**最大点（最小点）**.

注　（1）函数的最值是唯一的，而最值点不一定唯一，如 $y=\sin x$；

（2）最值点必在 I 内；

（3）若在 I 上，最大值与最小值相等，那么 $f(x)$ 在 I 上为常数.

一般来说，函数的最值未必存在. 例如，函数 $f(x)=x$ 在 $(-1,1)$ 上既无最大值，也无最小值；函数 $g(x)=x^2$ 在 $(-1,1)$ 上有最小值，但无最大值. 那么函数在什么情况下，会同时有最大值与最小值呢？我们给出下面的最值定理.

定理 2.21（最值定理）　设函数 $f(x)$ 在 $[a,b]$ 上连续，则 $f(x)$ 在 $[a,b]$ 上能取到它的最大值和最小值. 即在闭区间上连续函数必可以取到最大值和最小值.

一般地，记

$m=\min\limits_{a\leqslant x\leqslant b}\{f(x)\}$ 为函数 $f(x)$ 在 $[a,b]$ 上的最小值，

$M=\max\limits_{a\leqslant x\leqslant b}\{f(x)\}$ 为函数 $f(x)$ 在 $[a,b]$ 上的最大值.

则定理 2.21 又可以表述为：

设函数 $f(x)$ 在 $[a,b]$ 上连续，则

$\exists c_1\in[a,b]$，使得 $f(c_1)=m$；且 $\exists c_2\in[a,b]$，使得 $f(c_2)=M$.

在定理 2.21 中，闭区间和函数的连续性都是必不可少的条件，缺少了这两个条件当中的任意一个，结论都是不可能成立的.

例如，函数 $f(x)=x,x\in(-1,1)$ 的连续区间不是闭区间，此时，$f(x)$ 在 $(-1,1)$ 上既没有最小值，也没有最大值.

又如，函数 $g(x)=\begin{cases}x, & 0\leqslant x<1\\ 0, & x=1\end{cases}$ 在闭区间 $[0,1]$ 上不连续，$g(x)$ 在 $[0,1]$ 上无最大值.

推论 1　设函数 $f(x)$ 在 $[a,b]$ 上连续，则 $f(x)$ 在 $[a,b]$ 上有界.

2.9.2 介值定理和零点定理

定理 2.22（介值定理） 设函数 $f(x)$ 在 $[a,b]$ 上连续，且 C 是介于最大值和最小值之间的一个常数，则 $\exists\xi\in(a,b)$，使得 $f(\xi)=C$.

由介值定理可以得到以下的结论.

定理 2.23（零点定理） 设函数 $f(x)$ 在 $[a,b]$ 上连续，且 $f(a)\cdot f(b)<0$，则 $\exists\xi\in(a,b)$，使得 $f(\xi)=0$.

注意：如果 $f(x_0)=0$，则称 x_0 为函数 $f(x)$ 的**零点**. 在上述定理的条件下，函数 $f(x)$ 至少有一个零点 $\xi\in(a,b)$.

介值定理和零点定理刻画了连续函数的本质特征，介值定理如图 2.10 所示，连接点 $(a,f(a))$ 和 $(b,f(b))$ 的连续曲线一定要穿越直线 $y=C$；零点定理如图 2.11 所示，连接点 $(a,f(a))$ 和 $(b,f(b))$ 的连续曲线一定要穿越直线 $y=0$（x 轴）.

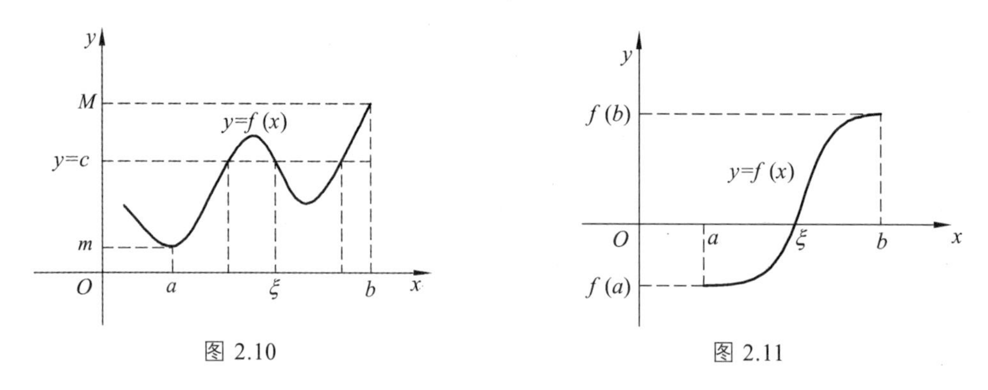

图 2.10　　　　图 2.11

例 证明方程 $x=\mathrm{e}^x-2$ 在区间 $(0,2)$ 内至少有一个实根.

证 令 $f(x)=x-\mathrm{e}^x+2$，由于 $f(x)$ 是初等函数，所以 $f(x)$ 在 $[0,2]$ 上是连续的. 又由于 $f(0)=1>0$，$f(2)=4-\mathrm{e}^2<0$，根据零点定理，可知 $\exists\xi\in(0,2)$，使得 $f(\xi)=0$.

即我们找到了 $\xi\in(0,2)$ 是 $f(x)$ 的零点，也就是方程 $x=\mathrm{e}^x-2$ 的一个实根，命题得证.

习题 2.9

1. 证明方程 $x\ln x-2=0$ 在区间 $(1,e)$ 内至少有一个实根.

2. 证明方程 $x=a\sin x+b$（其中 $a>0,b>0$）至少有一个正实根，且它不超过 $a+b$.

3. 证明方程 $x^3+px+q=0$ $(p>0)$ 有且仅有一个实根.

4. 若 $f(x)$ 在闭区间 $[a,b]$ 上连续，且 $f(a)<a$，$f(b)>b$. 证明：在 (a,b) 内至少存在一点 ξ，使得 $f(\xi)=\xi$.

5. 设 $f(x)$ 对于闭区间 $[a,b]$ 上的任意两点 x,y，恒有 $|f(x)-f(y)|\leqslant L|x-y|$，其中 L 是正常数，且 $f(a)\cdot f(b)<0$. 证明：至少存在一点 $\xi\in(a,b)$，使得 $f(\xi)=\xi$.

6. 设 $f(x)$ 在 $[0,2a]$ $(a>0)$ 上连续，$f(0)=f(2a)$. 证明：方程 $f(x)=f(x+a)$ 在 $[0,a]$ 上至少有一个实根.

2.10　数学实验：极限的计算

2.10.1　符号变量的创建

在 MATLAB 软件中，引入符号变量用以表示代数式中的“文字”或“式子”，就可以实现代数运算，得到数学中的代数式. 创建符号变量、符号表达式的命令格式为：

```
var = sym('var')                %创建符号变量 var
syms  var1  var2  var3          %创建多个符号变量
```

2.10.2　计算极限的命令格式

limit(f，x，a)　　%求 $\lim\limits_{x\to a} f(x)$，其中 x 可缺省；a 的缺省值为 0.

limit(f，x，a，'left')　　%求 $\lim\limits_{x\to a^-} f(x)$.

limit(f，x，a，'right')　　%求 $\lim\limits_{x\to a^+} f(x)$.

limit(f，x，inf)　　%求 $\lim\limits_{x\to \infty} f(x)$.

limit(f，x，inf，'left')　　%求 $\lim\limits_{x\to +\infty} f(x)$.

limit(f，x，-inf，'right')　　%求 $\lim\limits_{x\to -\infty} f(x)$.

例 1　求下列函数的极限.

（1）$\lim\limits_{x\to 0}\dfrac{\sin x}{x}$；　　（2）$\lim\limits_{x\to 1}\dfrac{x-1}{x^2-1}$.

解　（1）输入命令

```
x = sym('x');
limit(sin(x)/x).
```

输出结果为

```
ans = 1
```

（2）输入命令

```
x = sym('x');
limit((x-1)/(x^2-1)，1).
```

输出结果为

```
ans = 1/2
```

例 2　求下列函数的极限.

（1）$\lim\limits_{x\to 0^-}\dfrac{|x|}{x}$；　　（2）$\lim\limits_{x\to 1^+} e^{\frac{1}{x-1}}$.

解　（1）输入命令

```
x = sym('x');
```

limit(abs(x)/x， x， 0， ′ left′).

输出结果为

ans = － 1

（2）输入命令

x = sym(′ x′);

limit(exp(1/(x-1))， x， 1， ′ right′).

输出结果为

ans = Inf

例 3 求下列函数的极限.

（1）$\lim\limits_{n\to\infty}\left(1+\dfrac{3}{n}\right)^n$；　　（2）$\lim\limits_{x\to+\infty}\arctan x$.

解 （1）输入命令

syms n;

limit((1+3/n)^n， n， inf).

输出结果为

ans = exp(3)

（2）输入命令

x = sym(′ x′);

limit(atan(x)， x， inf， ′ left′).

输出结果为

ans = pi/2

第 3 章　导数与微分

3.1　导数的概念

导数的思想最初是由法国数学家费马（Fermat）为研究极值问题而引入的，但与导数概念直接相联系的是以下两个问题：已知运动规律求速度和已知曲线求它某点处的切线．这是由英国数学家牛顿（Newton）和德国数学家莱布尼兹（Leibniz）分别在研究力学和几何学过程中建立起来的．

下面我们以这两个问题为背景引入导数的概念．

3.1.1　引　例

1. 切线的斜率

圆的切线的定义是什么？这个定义适用于一般的切线吗？

由中学的数学知识易知，与圆只有一个交点的直线叫作圆的切线，但这个定义只适用于圆周曲线，并不适用于一般曲线．因此，曲线的某一点的切线应重新定义．

（1）切线的概念．

曲线 C 上一点 M 的切线，是指在点 M 外另取曲线 C 上的一点 N，作割线 MN，当点 N 沿曲线 C 趋向点 M 时，如果割线 MN 绕点 M 转动而趋向极限位置 MT，直线 MT 就叫作曲线 C 在点 M 处的切线．简单地说，切线是割线的极限位置．这里的极限位置的含义是：只要弦长 $|MN|$ 趋于 0，$\angle NMT$ 也趋向于 0．如图 3.1 所示．

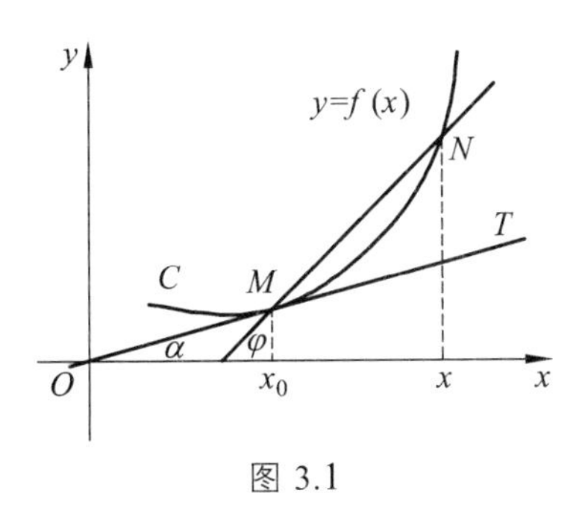

图 3.1

（2）求切线的斜率．

设曲线 C 为 $y=f(x)$ 的图形，其中 $M(x_0,y_0)$ 是曲线 C 上的一个定点，则 $y_0=f(x_0)$，点 $N(x_0+\Delta x,y_0+\Delta y)$ 为曲线 C 上一动点，割线 MN 的斜率为

$$\tan\varphi=\frac{\Delta y}{\Delta x}=\frac{f(x_0+\Delta x)-f(x_0)}{\Delta x}.$$

根据切线的定义可知，当点 N 沿曲线 C 趋于 M，即 $\Delta x\to 0$ 时，割线的斜率趋向于切线的斜率. 也就是说，当 $\Delta x\to 0$ 时，上式的极限存在，此极限便为切线的斜率，记为 k，即

$$k=\tan\alpha=\lim_{\Delta x\to 0}\frac{\Delta y}{\Delta x}=\lim_{\Delta x\to 0}\frac{f(x_0+\Delta x)-f(x_0)}{\Delta x} \tag{3.1}$$

2. 瞬时速度

已知一质点的运动规律为 $s=s(t)$，t_0 为某一确定时刻，求质点在 t_0 时刻的速度.

中学时我们学过平均速度 $\dfrac{\Delta s}{\Delta t}$，对物体在一段时间内的运动大致情况有个了解，但这对于火箭发射控制，对于比火箭速度慢得多的火车、汽车运行情况是远远不够的，因为火车上坡、下坡、转弯、穿隧道时都有一定的速度要求，而对于火箭升空我们不仅要掌握火箭的速度，而且要掌握火箭飞行速度的变化规律.

瞬时速度的概念并不神秘，它可以通过平均速度的概念来把握. 根据牛顿第一运动定理，物体运动具有惯性，不管它的速度变化多么快，在一段充分短的时间内，它的速度变化总是不大的，可以近似看成匀速运动. 我们通常把这种近似代替称为“以匀代不匀”. 设质点运动的路程是时间的函数 $s(t)$，则质点在 t_0 到 $t_0+\Delta t$ 这段时间内的平均速度为

$$\overline{v}=\frac{s(t_0+\Delta t)-s(t_0)}{\Delta t}.$$

可以看出，它是质点在时刻 t_0 速度的一个近似值，Δt 越小，平均速度 $\overline{v}$ 与 t_0 时刻的瞬时速度越接近. 故当 $\Delta t\to 0$ 时，平均速度 $\overline{v}$ 就发生了一个质的飞跃，平均速度转化为物体在 t_0 时刻的瞬时速度，即物体在 t_0 时刻的瞬时速度为

$$v=\lim_{\Delta t\to 0}\overline{v}=\lim_{\Delta t\to 0}\frac{s(t_0+\Delta t)-s(t_0)}{\Delta t}. \tag{3.2}$$

按照这种思想和方法如何计算自由落体的瞬时速度？

因为自由落体运动的运动方程为

$$s=\frac{1}{2}gt^2,$$

由上面的公式，可知自由落体运动在 t_0 时刻的瞬时速度为

$$\begin{aligned}v(t_0)&=\lim_{\Delta t\to 0}\frac{s(t_0+\Delta t)-s(t_0)}{\Delta t}=\lim_{\Delta t\to 0}\frac{\frac{1}{2}g(t_0+\Delta t)^2-\frac{1}{2}gt_0^2}{\Delta t}\\&=\lim_{\Delta t\to 0}\left(gt_0+\frac{1}{2}g\Delta t\right)=gt_0.\end{aligned}$$

这正是我们高中物理课程中所学的自由落体运动速度公式.

3. 边际成本

设某产品的成本函数为 $C=C(x)$，试确定该产品产量为 x_0 个单位时的边际成本.

用类似的方法处理，以 $\dfrac{\Delta C}{\Delta x}=\dfrac{C(x_0+\Delta x)-C(x_0)}{\Delta x}$ 表示由产量 x_0 改变到 $x_0+\Delta x$ 时的平均成本，如果极限

$$\lim_{\Delta x\to 0}\frac{\Delta C}{\Delta x}=\frac{C(x_0+\Delta x)-C(x_0)}{\Delta x} \tag{3.3}$$

存在，则此极限就表示产量为 x_0 个单位时成本的变化率或边际成本.

上述三个问题中，第一个是物理学问题，第二个是几何学问题，第三个是经济学问题，它们分属不同的学科，但问题都归结到求形如

$$\lim_{\Delta x\to 0}\frac{f(x_0+\Delta x)-f(x_0)}{\Delta x} \tag{3.4}$$

的极限问题. 事实上，在计算诸如物质比热、电流强度、线密度等物理学问题时，尽管其背景各不相同，但最终都归化为讨论形如式（3.4）的极限问题. 为了统一解决这些问题，我们引入“导数”的概念.

3.1.2　导数的定义

1. 导数的概念

定义 3.1　设函数 $y=f(x)$ 在点 x_0 的某邻域内有定义，当自变量 x 在点 x_0 处取得增量 Δx（点 $x_0+\Delta x$ 仍在该邻域内）时，函数相应地取得增量 $\Delta y=f(x_0+\Delta x)-f(x_0)$，如果极限

$$\lim_{\Delta x\to 0}\frac{\Delta y}{\Delta x}=\lim_{\Delta x\to 0}\frac{f(x_0+\Delta x)-f(x_0)}{\Delta x}$$

存在，则这个极限叫作函数 $f(x)$ 在点 x_0 处的**导数**，记为

$$y'\Big|_{x=x_0},f'(x_0),\frac{\mathrm{d}y}{\mathrm{d}x}\Big|_{x=x_0} \quad 或 \quad \frac{\mathrm{d}f(x)}{\mathrm{d}x}\Big|_{x=x_0}.$$

当函数 $f(x)$ 在点 x_0 处的导数存在时，就称函数 $f(x)$ 在点 x_0 处**可导**，否则就称 $f(x)$ 在点 x_0 处**不可导**.

特别地，当 $\Delta x\to 0$ 时，$\dfrac{\Delta y}{\Delta x}\to\infty$，为了方便起见，此时称 $y=f(x)$ 在点 x_0 处的**导数为无穷大**.

注：关于导数的几点说明.

（1）导数除了定义中的形式外，也可以取不同的形式，常见的导数形式有：

$$f'(x_0)=\lim_{h\to 0}\frac{f(x_0+h)-f(x_0)}{h},$$

$$f'(x_0)=\lim_{x\to x_0}\frac{f(x)-f(x_0)}{x-x_0}.$$

（2）$\dfrac{\Delta y}{\Delta x}=\dfrac{f(x_0+\Delta x)-f(x_0)}{\Delta x}$反映的是自变量 x 从 x_0 改变到 $x_0+\Delta x$ 时函数 $f(x)$ 的平均变化速度，称为函数 $f(x)$ 的**平均变化率**；而导数 $f'(x_0)=\lim\limits_{\Delta x\to 0}\dfrac{\Delta y}{\Delta x}$ 反映的是函数 $f(x)$ 在点 x_0 处的瞬时变化速度，称为函数 $f(x)$ 在点 x_0 处的**瞬时变化率**.

2. 单侧导数的概念

我们知道极限有左、右之分，而导数实质上是一个“比值”的极限. 因此，根据左、右极限的定义，不难得出函数左、右导数的概念.

定义 3.2 极限 $\lim\limits_{\Delta x\to 0^-}\dfrac{f(x_0+\Delta x)-f(x_0)}{\Delta x}$ 和 $\lim\limits_{\Delta x\to 0^+}\dfrac{f(x_0+\Delta x)-f(x_0)}{\Delta x}$ 叫作函数 $f(x)$ 在点 x_0 处的**左导数和右导数**，记为 $f'_-(x_0)$ 和 $f'_+(x_0)$.

如同左、右极限与极限之间的关系，显然：

定理 3.1 函数 $f(x)$ 在点 x_0 处可导的**充分必要条件**是左导数 $f'_-(x_0)$ 和右导数 $f'_+(x_0)$ 都存在并且相等.

如果 $f(x)$ 在开区间 (a,b) 内可导，且 $f'_+(a)$ 和 $f'_-(b)$ 都存在，就说 $f(x)$ 在闭区间 $[a,b]$ 上可导.

3. 导函数的概念

如果函数 $y=f(x)$ 在开区间 I 内的每一点都可导，就称函数 $y=f(x)$ **在开区间 I 内可导**，这时，$\forall x\in I$，都对应 $f(x)$ 的一个确定的导数值，就构成一个新的函数，这个函数叫作 $y=f(x)$ 的**导函数**，记作

$$y',f'(x),\frac{\mathrm{d}y}{\mathrm{d}x}\ \text{或}\ \frac{\mathrm{d}f(x)}{\mathrm{d}x}.$$

即导函数的定义式为

$$y'=\lim_{\Delta x\to 0}\frac{f(x+\Delta x)-f(x)}{\Delta x}\quad\text{或}\quad f'(x)=\lim_{h\to 0}\frac{f(x+h)-f(x)}{h}.$$

在这两个式子中，x 可以取区间 I 上的任意数，然而在极限过程中，x 是常量，Δx 或 h 才是变量；导数 $f'(x_0)$ 恰是导函数 $f'(x)$ 在点 x_0 处的函数值.

3.1.3 按定义求导数举例

1. 根据定义求函数的导数的步骤

根据导数的定义，可以总结出求函数导数的步骤.

（1）求增量：$\Delta y=f(x+\Delta x)-f(x)$.

（2）算比值：$\dfrac{\Delta y}{\Delta x}=\dfrac{f(x+\Delta x)-f(x)}{\Delta x}$.

（3）求极限：$y'=\lim\limits_{\Delta x\to 0}\dfrac{\Delta y}{\Delta x}$.

2. 运用举例

例 1　求 $y=C$ 的导数（C 为常数）.

解　由题意，

求增量　$$\Delta y=C-C=0,$$

算比值　$$\frac{\Delta y}{\Delta x}=0,$$

取极限　$$\lim_{\Delta x\to 0}\frac{\Delta y}{\Delta x}=0,$$

所以　$$(C)'=0.$$

即**常量的导数等于零**.

例 2　求函数 $y=x^n(n\in\mathbf{N}^+)$ 的导数.

解　由题，可知

$$\Delta y=(x+\Delta x)^n-x^n=nx^{n-1}\Delta x+\frac{n(n-1)}{2!}x^{n-2}(\Delta x)^2+\cdots+(\Delta x)^n,$$

得　$$\frac{\Delta y}{\Delta x}=nx^{n-1}+\frac{n(n-1)}{2!}x^{n-2}\Delta x+\cdots+(\Delta x)^{n-1},$$

故　$$y'=\lim_{\Delta x\to 0}\frac{\Delta y}{\Delta x}=nx^{n-1},$$

$$(x^n)'=nx^{n-1}.$$

注意：以后证明当指数为任意实数时，公式仍成立，即

$$(x^\mu)'=\mu x^{\mu-1}\quad(\mu\in\mathbf{R}).$$

例如，$(\sqrt{x})'=\frac{1}{2\sqrt{x}}$，$(x^{-1})'=-\frac{1}{x^2}$.

例 3　求 $f(x)=\sin x$ 的导数.

解　由题意有

$$(\sin x)'=\lim_{\Delta x\to 0}\frac{f(x+\Delta x)-f(x)}{\Delta x}=\lim_{\Delta x\to 0}\frac{\sin(x+\Delta x)-\sin x}{\Delta x}$$

$$=\lim_{\Delta x\to 0}\cos\left(x+\frac{\Delta x}{2}\right)\cdot\frac{\sin\frac{\Delta x}{2}}{\frac{\Delta x}{2}}=\cos x,$$

即　$$(\sin x)'=\cos x.$$

用类似方法，可求得

$$(\cos x)'=-\sin x.$$

例 4　求 $y=\log_a x(a>0,a\neq 1)$ 的导数.

解　由题意有

$$y'=\lim_{\Delta x\to 0}\frac{\log_a(x+\Delta x)-\log_a x}{\Delta x}=\lim_{\Delta x\to 0}\frac{\log_a\left(1+\frac{\Delta x}{x}\right)}{\Delta x}$$

$$=\lim_{\Delta x\to 0}\frac{\log_a\left(1+\frac{\Delta x}{x}\right)}{\frac{\Delta x}{x}}\frac{1}{x}=\frac{1}{x}\lim_{\Delta x\to 0}\log_a\left(1+\frac{\Delta x}{x}\right)^{\frac{x}{\Delta x}}$$

$$=\frac{1}{x}\log_a \mathrm{e},$$

所以

$$(\log_a x)'=\frac{1}{x}\log_a \mathrm{e}.$$

特别地，当 $a=\mathrm{e}$ 时，有 $(\ln x)'=\frac{1}{x}$.

3.1.4　导数的几何意义

由前面对切线问题的讨论及导数的定义可知：函数 $y=f(x)$ 在点 x_0 处的导数 $f'(x_0)$ 在几何上表示曲线 $y=f(x)$ 在点 $M(x_0,f(x_0))$ 处的切线的斜率．因此，曲线 $y=f(x)$ 在点 $M(x_0,f(x_0))$ 处的切线方程为

$$y-y_0=f'(x_0)(x-x_0)$$

那么，曲线某一点处切线和法线有什么关系？能否根据点 M 处切线的斜率求点 M 处的法线方程呢？

根据法线的定义：过点 $M(x_0,f(x_0))$ 且垂直于曲线 $y=f(x)$ 在该点处的切线的直线叫作曲线 $y=f(x)$ 在点 $M(x_0,f(x_0))$ 处的**法线**．如果 $f'(x_0)\neq 0$，根据解析几何的知识可知，切线与法线的斜率互为负倒数，可得点 M 处的法线方程为

$$y-y_0=-\frac{1}{f'(x_0)}(x-x_0)$$

例 5　求双曲线 $y=\frac{1}{x}$ 在点 $\left(\frac{1}{2},2\right)$ 处的切线的斜率，并写出该点处的切线方程和法线方程.

解　根据导数的几何意义知，所求的切线的斜率为

$$k=y'\Big|_{x=\frac{1}{2}}=\left(\frac{1}{x}\right)'\Big|_{x=\frac{1}{2}}=-\frac{1}{x^2}\Big|_{x=\frac{1}{2}}=-4,$$

所以，切线方程为

$$y-2=-4\left(x-\frac{1}{2}\right),$$

即

$$4x+y-4=0;$$

法线方程为

$$y-2=\frac{1}{4}\left(x-\frac{1}{2}\right),$$

即

$$2x-8y+15=0.$$

3.1.5　可导与连续的关系

定理 3.2　函数在某点处可导，则函数一定在该点处连续.

证明　因为如果函数 $y=f(x)$ 在点 x 处可导，即

$$\lim_{\Delta x\to 0}\frac{\Delta y}{\Delta x}=f'(x_0),$$

从而有

$$\frac{\Delta y}{\Delta x}=f'(x_0)+\alpha,$$

其中，$\alpha\to 0\quad(\Delta x\to 0)$. 于是

$$\Delta y=f'(x_0)\Delta x+\alpha\Delta x.$$

因而，当 $\Delta x\to 0$ 时，有 $\Delta y\to 0$. 这说明函数 $f(x)$ 在点 x 处连续.

注：定理 3.2 的逆命题不成立.

例 6　讨论函数 $f(x)=|x|$ 在 $x=0$ 处是否可导.

解　由题可知，

$$f'_+(0)=\lim_{\Delta x\to 0^+}\frac{f(0+\Delta x)-f(0)}{\Delta x}=\lim_{\Delta x\to 0^+}\frac{\Delta x}{\Delta x}=1,$$

$$f'_-(0)=\lim_{\Delta x\to 0^-}\frac{f(0+\Delta x)-f(0)}{\Delta x}=\lim_{\Delta x\to 0^-}\frac{-\Delta x}{\Delta x}=-1,$$

即 $f(x)$ 在点 $x=0$ 处的左导数、右导数都存在但不相等，故 $f(x)=|x|$ 在 $x=0$ 处不可导.

注意：通过例 6 可知，函数 $f(x)=|x|$ 在原点 $(0,0)$ 处虽然连续却不可导，所以函数在某点处可导则一定连续，反之不一定成立.

习题 3.1

1. 按照导数的定义，求下列函数的导数.

（1）$y=x^2+3x-1$；　　（2）$y=\sin(3x+1)$；

（3）$y=\ln(2x-3)$.

2. 求曲线 $y=e^{2x}+x^2$ 在点 $(0,1)$ 处的切线方程和法线方程，并求原点到法线的距离.

3. 确定 a,b 的值，使曲线 $y=x^2+ax+b$ 与直线 $y=2x$ 相切于点 $(2,4)$.

4. 设函数

$$f(x)=\begin{cases}\ln(1-x), & x<0\\ 0, & x=0\\ \sin x, & x>0\end{cases},$$

试问 $f(x)$ 在 $x=0$ 处是否可导?

5. 证明：若偶函数可导，则它的导函数是奇函数；若奇函数可导，则它的导函数是偶函数.

6. 证明：可导的周期函数的导函数仍是周期函数.

7. 设 $f(x)=x(x+1)(x+2)\cdots(x+50)$，试求 $f'(0)$.

3.2　求导法则与导数的基本公式

我们根据上节导数的定义求出了一些简单函数的导数. 但是，如果用定义去求每一个函数的导数，有时候是一件非常复杂或困难的事情. 因此，本节介绍求导数的几个基本法则和基本初等函数的导数公式. 鉴于初等函数的定义，有了这些法则和公式，就能比较简便地求出初等函数的导数.

3.2.1　函数的和、差、积、商求导法则

1. 函数的和、差求导法则

定理 3.3　函数 $u(x)$ 与 $v(x)$ 在点 x 处可导，则函数 $y=u(x)\pm v(x)$ 在点 x 处也可导，且

$$y'=[u(x)\pm v(x)]'=u'(x)\pm v'(x).$$

证明　$$\begin{aligned}[u(x)+v(x)]' &= \lim_{\Delta x\to 0}\frac{[u(x+\Delta x)+v(x+\Delta x)]-[u(x)+v(x)]}{\Delta x}\\ &= \lim_{\Delta x\to 0}\frac{[u(x+\Delta x)-u(x)]+[v(x+\Delta x)-v(x)]}{\Delta x}\\ &= \lim_{\Delta x\to 0}\frac{u(x+\Delta x)-u(x)}{\Delta x}+\lim_{\Delta x\to 0}\frac{v(x+\Delta x)-v(x)}{\Delta x}\\ &= u'(x)+v'(x).\end{aligned}$$

同理可得，$[u(x)-v(x)]'=u'(x)-v'(x)$.

定理得证.

注意：这个法则可以推广到有限个函数的代数和，即

$$[u_1(x)\pm u_2(x)\pm\cdots\pm u_n(x)]'=u_1'(x)\pm u_2'(x)\pm\cdots\pm u_n'(x),$$

即**有限个函数代数和的导数等于导数的代数和**.

例 1　求函数 $y=x^4+\cos x+\ln x+\frac{\pi}{2}$ 的导数.

解　由题可知

$$\begin{aligned}y'&=\left(x^4+\cos x+\ln x+\frac{\pi}{2}\right)'\\&=(x^4)'+(\cos x)'+(\ln x)'+\left(\frac{\pi}{2}\right)'\\&=4x^3-\sin x+\frac{1}{x}.\end{aligned}$$

2. 函数乘积的求导法则

定理 3.4　函数 $u(x)$ 与 $v(x)$ 在点 x 处可导，则函数 $y=u(x)\cdot v(x)$ 在点 x 处也可导，且

$$y'=[u(x)v(x)]'=u'(x)v(x)+u(x)v'(x).$$

证

$$\begin{aligned}\Delta y&=u(x+\Delta x)v(x+\Delta x)-u(x)v(x)\\&=[u(x+\Delta x)v(x+\Delta x)-u(x)v(x+\Delta x)]+[u(x)v(x+\Delta x)-u(x)v(x)]\\&=\Delta u(x)v(x+\Delta x)+u(x)\Delta v(x).\end{aligned}$$

$\because$　$v(x)$ 可导，必连续，$\therefore \lim\limits_{\Delta x\to 0}v(x+\Delta x)=v(x)$，于是

$$\lim_{\Delta x\to 0}\frac{\Delta y}{\Delta x}=\lim_{\Delta x\to 0}\frac{\Delta u}{\Delta x}\lim_{\Delta x\to 0}v(x+\Delta x)+u(x)\lim_{\Delta x\to 0}\frac{\Delta v}{\Delta x}=u'(x)v(x)+u(x)v'(x).$$

注意：（1）特别地，当 $u=C$（C 为常数）时，

$$y'=[Cv(x)]'=Cv'(x).$$

即**常数因子可以从导数的符号中提出来**. 将其与和、差的求导法则结合，可得

$$y'=[au(x)\pm bv(x)]'=au'(x)\pm bv'(x).$$

（2）函数积的求导法则，也可以推广到**有限个函数乘积的情形**，即

$$(u_1u_2\cdots u_n)'=u_1'u_2\cdots u_n+u_1u_2'\cdots u_n+\cdots+u_1u_2\cdots u_n'.$$

例 2　求下列函数的导数.

（1）$y=3x^3+2x^2-5x+4\sin x$；　　（2）$y=3x^3+4\ln x-5\cos x$.

解　（1）$y'=(3x^3)'+(2x^2)'-(5x)'+(4\sin x)'$

$$=9x^2+4x-5+4\cos x.$$

（2）$y'=9x^2+\frac{4}{x}+5\sin x$.

例 3 求下列函数的导数.

（1）$y=x^3+4\sqrt{x}\sin x$；（2）$y=x^3\cos x\ln x$.

解 （1）由导数四则运算法则，有

$$\begin{aligned}y'&=(x^3+4\sqrt{x}\sin x)'=(x^3)'+4[(\sqrt{x})'\sin x+\sqrt{x}(\sin x)']\\&=3x^2+4\left(\frac{1}{2\sqrt{x}}\sin x+\sqrt{x}\cos x\right)\\&=3x^2+\frac{2\sin x}{\sqrt{x}}+4\sqrt{x}\cos x.\end{aligned}$$

（2）由导数四则运算法则，有

$$\begin{aligned}y'&=(x^3\ln x\cos x)'\\&=(x^3)'\ln x\cos x+x^3(\ln x)'\cos x+x^3\ln x(\cos x)'\\&=3x^2\ln x\cdot\cos x+x^3\cdot\frac{1}{x}\cdot\cos x-x^3\ln x\cdot\sin x\\&=x^2(3\ln x\cdot\cos x+\cos x-x\ln x\cdot\sin x).\end{aligned}$$

3. 函数商的求导法则

定理 3.5 函数 $u(x)$ 与 $v(x)$ 在点 x 处可导，且 $v(x)\neq 0$，则函数 $y=\dfrac{u(x)}{v(x)}$ 在点 x 处也可导，且

$$y'=\left[\frac{u(x)}{v(x)}\right]'=\frac{u'(x)v(x)-u(x)v'(x)}{v^2(x)}.$$

证明 由于

$$\begin{aligned}\Delta y&=\frac{u(x+\Delta x)}{v(x+\Delta x)}-\frac{u(x)}{v(x)}=\frac{u(x+\Delta x)v(x)-u(x)v(x+\Delta x)}{v(x+\Delta x)v(x)}\\&=\frac{[u(x+\Delta x)v(x)-u(x)v(x)]-[u(x)v(x+\Delta x)-u(x)v(x)]}{v(x+\Delta x)v(x)}\\&=\frac{v(x)\Delta u-u(x)\Delta v}{v(x+\Delta x)v(x)},\end{aligned}$$

所以
$$\frac{\Delta y}{\Delta x}=\frac{v(x)\dfrac{\Delta u}{\Delta x}-u(x)\dfrac{\Delta v}{\Delta x}}{v(x+\Delta x)v(x)}.$$

因为 $v(x)$ 可导，必连续，故 $\lim\limits_{\Delta x\to 0}v(x+\Delta x)=v(x)$，于是

$$\begin{aligned}y'&=\lim_{\Delta x\to 0}\frac{\Delta y}{\Delta x}=\frac{v(x)\lim\limits_{\Delta x\to 0}\dfrac{\Delta u}{\Delta x}-u(x)\lim\limits_{\Delta x\to 0}\dfrac{\Delta v}{\Delta x}}{v(x)\lim\limits_{\Delta x\to 0}v(x+\Delta x)}\\&=\frac{u'(x)v(x)-u(x)v'(x)}{v^2(x)}.\end{aligned}$$

注意：特别地，当 $u=C$（C 为常数）时，

$$y'=\left[\frac{C}{v(x)}\right]'=-\frac{Cv'(x)}{v^2(x)} \quad (v(x)\neq 0).$$

例 4 求 $y=\tan x$ 的导数.

解 $y'=\left(\dfrac{\sin x}{\cos x}\right)'=\dfrac{(\sin x)'\cos x-\sin x(\cos x)'}{\cos^2 x}$

$=\dfrac{\cos^2 x+\sin^2 x}{\cos^2 x}=\dfrac{1}{\cos^2 x}=\sec^2 x$，

即 $(\tan x)'=\sec^2 x$，同理有 $(\cot x)'=-\csc^2 x$.

例 5 求 $y=\sec x$ 的导数.

解 $y'=(\sec x)'=\left(\dfrac{1}{\cos x}\right)'=-\dfrac{(\cos x)'}{\cos^2 x}=\dfrac{\sin x}{\cos^2 x}=\sec x\tan x$，

即 $(\sec x)'=\sec x\tan x$，同理有 $(\csc x)'=-\csc x\cot x$.

总结：根据上一节中求出的正弦和余弦的导数公式，可得三角函数的导数为

$$(\sin x)'=\cos x; \qquad (\cos x)'=-\sin x;$$

$$(\tan x)'=\sec^2 x; \qquad (\cot x)'=-\csc^2 x;$$

$$(\sec x)'=\sec x\tan x; \qquad (\csc x)'=-\csc x\cot x.$$

3.2.2 复合函数的求导法则

前面已对基本初等函数的导数做了讨论，我们根据基本初等函数的求导公式以及求导法则，可以求一些较复杂的初等函数了．但是，在初等函数的构成过程中，除了四则运算外，还有复合函数形式，例如 $y=\sin 2x$，是否有 $(\sin 2x)'=\cos 2x$？

因此，要完全解决初等函数的求导法则还必须研究复合函数的求导法则.

定理 3.6 设函数 $u=\varphi(x)$ 在点 x 处有导数 $u_x'=\varphi'(x)$，函数 $y=f(u)$ 在对应点 u 处有导数 $y_u'=f'(u)$，则复合函数 $y=f[\varphi(x)]$ 在点 x 处也有导数，且

$$(f[\varphi(x)])'=f'(u)\cdot\varphi'(x).$$

简记为 $\dfrac{\mathrm{d}y}{\mathrm{d}x}=\dfrac{\mathrm{d}y}{\mathrm{d}u}\cdot\dfrac{\mathrm{d}u}{\mathrm{d}x}$ 或 $y_x'=y_u'\cdot u_x'$.

证明 由于

$$\frac{\Delta y}{\Delta x}=\frac{\Delta y}{\Delta u}\cdot\frac{\Delta u}{\Delta x},$$

又由于 $u=\varphi(x)$ 在点 x 处连续，从而有 $\lim\limits_{\Delta x\to 0}\Delta u=0$.

所以
$$\lim_{\Delta x\to 0}\frac{\Delta y}{\Delta x}=\lim_{\Delta x\to 0}\left(\frac{\Delta y}{\Delta u}\cdot\frac{\Delta u}{\Delta x}\right)=\lim_{\Delta u\to 0}\frac{\Delta y}{\Delta u}\cdot\lim_{\Delta x\to 0}\frac{\Delta u}{\Delta x}=\frac{\mathrm{d}y}{\mathrm{d}u}\cdot\frac{\mathrm{d}u}{\mathrm{d}x},$$

或记为

$$(f[\varphi(x)])'=f'(u)\cdot\varphi'(x).$$

注：（1）复合函数的求导法则表明：复合函数对自变量的导数等于复合函数对中间变量求导乘以中间变量对自变量求导．这种从外向内逐层求导的方法，称为**链式法则**．

（2）复合函数的求导法则可以推广到有限个中间变量的情形．例如，设 $y=f(u)$，$u=g(v)$，$v=\varphi(x)$，则

$$\frac{\mathrm{d}y}{\mathrm{d}x}=\frac{\mathrm{d}y}{\mathrm{d}u}\cdot\frac{\mathrm{d}u}{\mathrm{d}v}\cdot\frac{\mathrm{d}v}{\mathrm{d}x} \quad \text{或} \quad y'_x=y'_u\cdot u'_v\cdot v'_x .$$

（3）在熟练掌握复合函数的求导法则后，求导时不必写出具体的复合步骤．只需记住哪些变量是自变量，哪些变量是中间变量，然后由外向内逐层依次求导．

例 6　求函数 $y=(2+3x)^6$ 的导数．

解　$y'=6(2+3x)^5\cdot 3=18(2+3x)^5$．

例 7　求函数 $y=\sin(\ln\sqrt{3x})$ 的导数．

解　$y'=\cos(\ln\sqrt{3x})\cdot\dfrac{1}{\sqrt{3x}}\cdot\dfrac{1}{2\sqrt{3x}}\cdot 3=\dfrac{\cos(\ln\sqrt{3x})}{2x}$．

例 8　求幂函数 $y=x^{\mu}(\mu\in R)$ 的导数．

解　$(x^{\mu})'=(\mathrm{e}^{\mu\ln x})'=(\mathrm{e}^{\mu\ln x})\dfrac{\mu}{x}=x^{\mu}\dfrac{\mu}{x}=\mu x^{\mu-1}$．

例 9　求下列函数的导数．

（1）$y=f\left(\dfrac{1}{x}\right)$；　　（2）$y=\mathrm{e}^{f(x)}$．

解　（1）$y'=f'\left(\dfrac{1}{x}\right)\left(\dfrac{1}{x}\right)'=-\dfrac{1}{x^2}f'\left(\dfrac{1}{x}\right)$；

（2）$y'=\mathrm{e}^{f(x)}f'(x)$．

3.2.3　基本初等函数的导数

1. 求导法则

（1）$[u\pm v]'=u'\pm v'$；

（2）$(uv)'=u'v+uv'$；

（3）$(Cu)'=Cu'$（C 为常数）；

（4）$\left(\dfrac{u}{v}\right)'=\dfrac{u'v-uv'}{v^2}(v\neq 0)$；

（5）$\left(\dfrac{C}{v}\right)'=-\dfrac{Cv'}{v^2}$（$C$ 为常数）；

（6）$y'_x=y'_u\cdot u'_x$，其中 $y=f(u)$，$u=\varphi(x)$．

2. 基本初等函数的导数公式

（1）$C'=0$（C 为常数）；

（2）$(x^{\mu})'=\mu x^{\mu-1}$；

（3）$(a^x)'=a^x\ln a$；

（4）$(\mathrm{e}^x)'=\mathrm{e}^x$；

（5）$(\log_a x)'=\dfrac{1}{x\ln a}$；

（6）$(\ln x)'=\dfrac{1}{x}$；

（7）$(\sin x)'=\cos x$；

（8）$(\cos x)'=-\sin x$；

（9）$(\tan x)'=\sec^2 x$；

（10）$(\cot x)'=-\csc^2 x$；

（11）$(\sec x)'=\sec x\tan x$；

（12）$(\csc x)'=-\csc x\cot x$；

（13）$(\arcsin x)'=\dfrac{1}{\sqrt{1-x^2}}$；

（14）$(\arccos x)'=-\dfrac{1}{\sqrt{1-x^2}}$；

（15）$(\arctan x)'=\dfrac{1}{1+x^2}$；

（16）$(\mathrm{arccot}\, x)'=-\dfrac{1}{1+x^2}$.

习题 3.2

1. 求下列函数的导数.

（1）$y=\sqrt{x\sqrt{x^3}}$；

（2）$y=\dfrac{1}{\sqrt[3]{x\cdot\sqrt[3]{x}}}$；

（3）$y=2\sqrt{x}-\dfrac{1}{x}+\sqrt[4]{3}$；

（4）$y=\dfrac{2x^3+5x^2+2}{7x}$；

（5）$y=(x-1)(x-2)(x-3)$；

（6）$y=x\sin x+\dfrac{\cos x}{x}$；

（7）$y=\dfrac{x+\sqrt{x}}{x-\sin x}$；

（8）$y=\dfrac{\sin x}{1+\tan x}$；

（9）$y=\dfrac{x}{4^x}+\ln 2$；

（10）$y=\dfrac{\mathrm{e}^x\sin x}{1+x}$；

（11）$y=x\sec x-\dfrac{\mathrm{e}^x}{x^2}$；

（12）$y=x\cot x-\csc x$；

（13）$y=\dfrac{x+\ln x}{x-\ln x}$；

（14）$y=\dfrac{\sqrt{x}\arctan x}{1+x^2}$.

2. 求下列复合函数的导数.

（1）$y=\arcsin\sqrt{1-4x}$；

（2）$y=2^{\frac{x}{\ln x}}$；

（3）$y=\sqrt{\dfrac{1}{1+x^3}}$；

（4）$y=\arcsin\sqrt{\ln\cos x}$；

（5）$y=\cos\sqrt{x+\dfrac{1}{x}}$；

（6）$y=\sin^2\dfrac{1}{x}$；

（7）$y=\sqrt{x+\sqrt{x+\sqrt{x}}}$；

（8）$y=\arctan\sqrt{x^3-2x}$.

3. 求下列函数的导数.

（1） $y=\arcsin\sqrt{\sin x}$；（2） $y=\ln\arctan\dfrac{1}{1+x}$；

（3） $y=\ln[\ln^2(\sin x)]$；（4） $y=\cos^2\left(\dfrac{1-\sqrt{x}}{1+\sqrt{x}}\right)$.

4. 求下列函数的导数（其中 $f(x),g(x)$ 均为可导函数）.

（1） $y=f(\mathrm{e}^x)\cdot\mathrm{e}^{f(x)}$；（2） $y=\arctan\dfrac{f(x)}{g(x)}$.

5. 设函数

$$f(x)=\begin{cases}\mathrm{e}^{ax}, & x\leqslant 0\\ \sin 2x+b, & x>0\end{cases},$$

试问 a,b 为何值时，$f(x)$ 在 $(-\infty,+\infty)$ 内为可导函数；当此函数可导时，求其导函数.

3.3 高阶导数

3.3.1 高阶导数的定义

什么是变速直线运动物体的加速度？

前面讲过，若质点的运动方程 $s=s(t)$，则物体的运动速度为 $v(t)=s'(t)$ 或 $v(t)=\dfrac{\mathrm{d}s}{\mathrm{d}t}$，而加速度 $a(t)$ 是速度 $v(t)$ 对时间 t 的变化率，即 $a(t)$ 是速度 $v(t)$ 对时间 t 的导数：

$$a=a(t)=\frac{\mathrm{d}v}{\mathrm{d}t}\Rightarrow a=\frac{\mathrm{d}}{\mathrm{d}t}\left(\frac{\mathrm{d}s}{\mathrm{d}t}\right) \text{ 或 } a=v'(t)=(s'(t))',$$

由此可见，加速度 α 是 $s(t)$ 的导数的导数，这样就产生了高阶导数. 一般地，先给出下列定义.

定义 3.3 若函数 $y=f(x)$ 的导函数 $f'(x)$ 在 x 点处可导，就称 $f'(x)$ 在点 x 处的导数为函数 $y=f(x)$ 在点 x 处的二阶导数，记为 $y'',f''(x)$ 或 $\dfrac{\mathrm{d}^2y}{\mathrm{d}x^2}=\dfrac{\mathrm{d}}{\mathrm{d}x}\left(\dfrac{\mathrm{d}y}{\mathrm{d}x}\right)$，即

$$y''=f''(x)=\lim_{\Delta x\to 0}\frac{f'(x+\Delta x)-f'(x)}{\Delta x},$$

此时，也称函数 $y=f(x)$ 在点 x 处**二阶可导**.

注意：

（1）若 $y=f(x)$ 在区间 I 上的每一点都二阶可导，则称 $f(x)$ 在区间 I 上二阶可导，并称 $f''(x),x\in I$ 为 $f(x)$ 在区间 I 上的二阶导函数，简称**二阶导数**.

（2）类似地，由二阶导数 $f''(x)$ 可定义三阶导数 $f'''(x)$，即

$$y''' = f'''(x) = \lim_{\Delta x \to 0} \frac{f''(x+\Delta x) - f''(x)}{\Delta x};$$

由三阶导数 $f'''(x)$ 可定义四阶导数 $f^{(4)}(x)$；一般地，可由 $n-1$ 阶导数 $f^{(n-1)}(x)$ 定义 n 阶导数 $f^{(n)}(x)$.

（3）二阶及二阶以上的导数统称为**高阶导数**，高阶导数与高阶导函数分别记为

$$f^{(n)}(x_0)，\quad y^{(n)}(x_0)，\quad \left.\frac{\mathrm{d}^n y}{\mathrm{d}x^n}\right|_{x=x_0} \text{ 或 } \left.\frac{\mathrm{d}^n f}{\mathrm{d}x^n}\right|_{x=x_0};$$

$$f^{(n)}(x), y^{(n)}(x), \frac{\mathrm{d}^n y}{\mathrm{d}x^n} \text{ 或 } \frac{\mathrm{d}^n f}{\mathrm{d}x^n}.$$

（4）加速度就是 s 对 t 的二阶导数，可记 $a = \dfrac{\mathrm{d}^2 s}{\mathrm{d}t^2}$ 或 $a = s''(t)$.

（5）任何函数所有的高阶导数不一定都存在.

（6）由定义不难知道，对 $y = f(x)$，其导数（也称为一阶导数）的导数为二阶导数，二阶导数的导数为三阶导数，三阶导数的导数为四阶导数；一般地，$n-1$ 阶导数的导数为 n 阶导数，因此，求高阶导数是一个逐次向上求导的过程，无须其他新方法，只用前面的求导方法就可以了.

例 1　设 $y = ax^2 + bx + c$，求 $y'', y''', y^{(4)}$.

解　$y' = 2ax + b,\ y'' = 2a,\ y''' = 0,\ y^{(4)} = 0$.

例 2　设 $y = \mathrm{e}^x$，求其各阶导数.

解　$y' = \mathrm{e}^x$，$y'' = \mathrm{e}^x$，$y''' = \mathrm{e}^x$，$y^{(4)} = \mathrm{e}^x$.

显然易见，对任何 n，有 $y^{(n)} = \mathrm{e}^x$，

即 $(\mathrm{e}^x)^{(n)} = \mathrm{e}^x$.

例 3　设 $y = \sin x$，求其各阶导数.

解　$y' = \cos x = \sin\left(x + \dfrac{\pi}{2}\right)$，

$$y'' = -\sin x = \sin(x+\pi) = \sin\left(x + 2\cdot\frac{\pi}{2}\right),$$

$$y''' = -\cos x = -\sin\left(x + \frac{\pi}{2}\right) = \sin\left(x + \frac{\pi}{2} + \pi\right) = \sin\left(x + 3\cdot\frac{\pi}{2}\right),$$

$$y^{(4)} = \sin x = \sin(x + 2\pi) = \sin\left(x + 4\cdot\frac{\pi}{2}\right),$$

……

一般地，有

$$y^{(n)} = \sin\left(x + n\frac{\pi}{2}\right)，\text{ 即 } (\sin x)^{(n)} = \sin\left(x + n\frac{\pi}{2}\right).$$

同样可求得 $(\cos x)^{(n)} = \cos\left(x + n\dfrac{\pi}{2}\right)$.

例 4　设 $y = \ln(1+x)$，求其各阶导数.

解 $y'=\dfrac{1}{1+x}$， $y''=-\dfrac{1}{(1+x)^2}$， $y'''=\dfrac{1\cdot 2}{(1+x)^3}$， $y^{(4)}=-\dfrac{1\cdot 2\cdot 3}{(1+x)^4}$，

……

一般地，有

$$y^{(n)}=(-1)^{n-1}\frac{(n-1)!}{(1+x)^n},$$

即

$$(\ln(1+x))^{(n)}=(-1)^{n-1}\frac{(n-1)!}{(1+x)^n}.$$

例 5 设 $y=x^{\mu}$， μ 为任意常数，求其各阶导数.

解 $y'=\mu x^{\mu-1}, y''=\mu(\mu-1)x^{\mu-2}$，

$y'''=\mu(\mu-1)(\mu-2)x^{\mu-3}$，

$y^{(4)}=\mu(\mu-1)(\mu-2)(\mu-3)x^{\mu-4}$，

一般地，有

$$y^{(n)}=\mu(\mu-1)(\mu-2)\cdots(\mu-n+1)x^{\mu-n},$$

即

$$(x^{\mu})^{(n)}=\mu(\mu-1)(\mu-2)\cdots(\mu-n+1)x^{\mu-n}.$$

当 $\mu=k$ 为正整数时，有

$n<k$ 时， $(x^k)^{(n)}=k(k-1)(k-2)\cdots(k-n+1)x^{k-n}$；

$n=k$ 时， $(x^k)^{(k)}=k!(=n!)$；

$n>k$ 时， $(x^k)^{(n)}=0$.

3.3.2 高阶导数的运算性质

如果 $u(x),v(x)$ 在点 x 处具有 n 阶导数，那么

（1） $[u(x)+v(x)]^{(n)}=[u(x)]^{(n)}+[v(x)]^{(n)}$；

（2） $[u(x)-v(x)]^{(n)}=[u(x)]^{(n)}-[v(x)]^{(n)}$；

（3）（莱布尼兹公式）

$$[u(x)v(x)]^{(n)}=\sum_{k=0}^{n}\mathrm{C}_n^k u^{(n-k)}(x)v^{(k)}(x).$$

例 6 设函数 $y=x^2\sin x$，求 $y^{(20)}$.

解
$$\begin{aligned}y^{(20)}&=\sum_{k=0}^{20}\mathrm{C}_{20}^k(\sin x)^{(20-k)}(x^2)^{(k)}\\&=(\sin x)^{(20)}\cdot x^2+20(\sin x)^{(19)}(x^2)'+\frac{20\times 19}{2!}(\sin x)^{(18)}\cdot(x^2)''+0\\&=\sin(x+10\pi)\cdot x^2+20\cdot\sin\left(x+\frac{19}{2}\pi\right)\cdot 2x+\frac{380}{2!}\sin(x+9\pi)\cdot 2\\&=x^2\sin x+40x\cos x-380\sin x.\end{aligned}$$

习题 3.3

1. 求下列函数的二阶导数.

（1）$y = xe^{x^2}$；　　（2）$y = \dfrac{1}{2+\sqrt{x}}$；

（3）$y = \sin^4 x + \cos^4 x$；　　（4）$y = \sin x \cdot \sin 2x \cdot \sin 3x$.

2. 设函数 $f(x) = e^{2x-1}$，求 $f''(0)$.

3. 设函数 $f(x) = x^3 \ln x$，求 $f^{(4)}(x)$.

4. 设函数

$$f(x) = \begin{cases} ax^2 + bx + c, & x < 0 \\ \ln(1+x), & x \geqslant 0 \end{cases},$$

试问当 a,b,c 为何值时，$f''(0)$ 存在？

3.4　隐函数的导数、由参数方程所确定的函数的导数

3.4.1　隐函数的求导法则

1. 隐函数的概念

函数 $y = f(x)$ 表示两个变量 y 与 x 之间的对应关系，这种对应关系可以用各种不同的方式表达. 例如 $y = \sin x, y = \ln x + 1$ 等，用这种方式表达的函数称为 y 是 x 的**显函数**. 而有些函数自变量 x 与因变量 y 之间的对应规律是由一个包含 x，y 的方程 $F(x, y) = 0$ 来确定的，例如 $x^2 + y^2 = 1, y^3 + 5y - x^5 = 0$ 等，用这种方式表达的函数称为 y 为 x 的**隐函数**.

2. 隐函数的求导方法

（1）可以化为显函数的隐函数：先化为显函数，再用前面小节所学的方法求导.

（2）不易或不能化为显函数的隐函数：将方程两边同时对自变量 x 求导，对于只含 x 的项，按通常的方法求导；对于含有 y 以及 y 的函数的项求导时，则分别作为 x 的函数和 x 的复合函数求导. 这样求导后，就得到一个含有 x，y，y' 的等式，从等式中解出 y'，即得隐函数的导数.

例 1　求由方程 $xy - e^x + e^y = 0$ 所确定的隐函数 $y = y(x)$ 的导数 $\dfrac{dy}{dx}$.

解　将方程两边分别对 x 求导，注意到 y 是 x 的函数，得

$$y + xy' - e^x + e^y \cdot y' = 0,$$

由上式解出 y'，便得隐函数的导数为

$$\frac{dy}{dx}=\frac{e^x-y}{x+e^y}\quad(x+e^y\neq 0).$$

3.4.2 对数求导法

对于某些类型的函数，可以采用先取对数将其变成隐函数，再利用隐函数的求导方法：对 x 求导，解出 y'．即所谓的**对数求导法**.

对数求导法对幂指函数 $y=[f(x)]^{g(x)}$ 与多个函数乘积形式的运算特别方便．它可以使积、商的导数运算化为和、差的导数运算.

例 2 已知 $y=x^{\sin x}(x>0)$，求 y'.

解 将 $y=x^{\sin x}$ 两边同时取对数，得

$$\ln y=\sin x\ln x$$

将上式两边分别对 x 求导，注意到 y 是 x 的函数，得

$$\frac{1}{y}\cdot y'=\cos x\cdot\ln x+\sin x\cdot\frac{1}{x},$$

于是
$$y'=y\left(\cos x\cdot\ln x+\frac{\sin x}{x}\right)=x^{\sin x}\left(\cos x\cdot\ln x+\frac{\sin x}{x}\right).$$

例 3 求 $y=\sqrt{\frac{x(x+2)}{(x-1)}}(x>1)$ 的导数.

解 将方程两边同时取对数，得

$$\ln y=\frac{1}{2}[\ln x+\ln(x+2)-\ln(x-1)],$$

将上式两边分别对 x 求导，得

$$\frac{1}{y}\cdot y'=\frac{1}{2}\left(\frac{1}{x}+\frac{1}{x+2}-\frac{1}{x-1}\right),$$

所以
$$y'=\frac{y}{2}\left(\frac{1}{x}+\frac{1}{x+2}-\frac{1}{x-1}\right)=\frac{1}{2}\sqrt{\frac{x(x+2)}{(x-1)}}\left(\frac{1}{x}+\frac{1}{x+2}-\frac{1}{x-1}\right).$$

3.4.3 由参数方程所确定函数的导数

若由参数方程 $\begin{cases}x=\varphi(t)\\ y=\psi(t)\end{cases}$ 确定 y 与 x 之间的函数关系，称此函数 $y=f(x)$ 是由参数方程所确定的函数.

例如，由参数方程 $\begin{cases}x=2t\\ y=t^2\end{cases}$ 所确定的函数 $y=f(x)$ 为 $y=t^2=\left(\frac{x}{2}\right)^2=\frac{x^2}{4}$，故 $y'=\frac{1}{2}x$.

定理 3.7　若函数 $x=\varphi(t)$，$y=\psi(t)$ 都可导，而且 $\varphi'(t)\neq 0$，则参数方程所确定的函数的导数存在，且

$$\frac{\mathrm{d}y}{\mathrm{d}x}=\frac{\psi'(t)}{\varphi'(t)} \quad 或 \quad \frac{\mathrm{d}y}{\mathrm{d}x}=\frac{\mathrm{d}y}{\mathrm{d}t}\Big/\frac{\mathrm{d}x}{\mathrm{d}t}.$$

例 4　求由下列参数方程所确定的函数的导数 $\frac{\mathrm{d}y}{\mathrm{d}x}$.

（1）$\begin{cases}x=t^2\\ y=t^3\end{cases}$；　　（2）$\begin{cases}x=1+\sin\theta\\ y=\theta\cos\theta\end{cases}$.

解　（1）由于 $\frac{\mathrm{d}x}{\mathrm{d}t}=2t,\ \frac{\mathrm{d}y}{\mathrm{d}t}=3t^2$，所以

$$\frac{\mathrm{d}y}{\mathrm{d}x}=\frac{\mathrm{d}y/\mathrm{d}t}{\mathrm{d}x/\mathrm{d}t}=\frac{3t^2}{2t}=\frac{3}{2}t.$$

（2）由于 $\frac{\mathrm{d}x}{\mathrm{d}\theta}=\cos\theta, \frac{\mathrm{d}y}{\mathrm{d}\theta}=\cos\theta-\theta\sin\theta$，所以

$$\frac{\mathrm{d}y}{\mathrm{d}x}=\frac{\mathrm{d}y/\mathrm{d}\theta}{\mathrm{d}x/\mathrm{d}\theta}=\frac{\cos\theta-\theta\sin\theta}{\cos\theta}=1-\theta\tan\theta.$$

习题 3.4

1. 求由下列方程所确定的隐函数的导数 $\frac{\mathrm{d}y}{\mathrm{d}x}$.

（1）$y\sin x-\cos(x-y)=0$；　　（2）$\mathrm{e}^{xy}+\sin(x^2y)=y^2$；

（3）$x\cot y=\cos(xy)$；　　（4）$x=\mathrm{e}^{\frac{x-y}{y}}$；

（5）$(\cos x)^y=(\sin y)^x$；　　（6）$\arctan\frac{y}{x}=\ln\sqrt{x^2+y^2}$.

2. 使用对数求导法求下列函数的导数.

（1）$y=x\sqrt{\frac{1-x}{1+x}}$；　　（2）$y=\sqrt[3]{\frac{x(x^2+1)}{(x^2-1)^2}}$；

（3）$y=\sqrt{\mathrm{e}^{1/x}\sqrt{x\sin x}}$；　　（4）$y=\left(\frac{a}{b}\right)^x\left(\frac{a}{x}\right)^a\left(\frac{x}{b}\right)^b (a>0,b>0)$；

（5）$y=(x-1)(x-2)^2(x-3)^3\cdots(x-n)^n$.

3. 求下列由参数方程所确定函数的导数 $\frac{\mathrm{d}y}{\mathrm{d}x}$.

（1）$\begin{cases}x=2\mathrm{e}^t+1\\ y=\mathrm{e}^{-t}-1\end{cases}$；　　（2）$\begin{cases}x=2\cos t\\ y=\sqrt{3}\sin t\end{cases}$；

（3）$\begin{cases} x=\dfrac{3t}{1+t^3} \\ y=\dfrac{3t^2}{1+t^3} \end{cases}$；　　　　（4）$\begin{cases} x=\ln(1+t^2) \\ y=\dfrac{\pi}{2}-\arctan t \end{cases}$.

4. 设方程 $x^2-xy+y^2=1$ 确定 y 是 x 的函数，求 y''.

5. 求曲线 $\begin{cases} x+t(1-t)=0 \\ te^y+y+1=0 \end{cases}$ 在对应于 $t=0$ 的点处的切线方程.

3.5 函数的微分

根据导数的知识，可知导数表示函数相对于自变量的变化快慢的程度. 在实际生活中，我们会经常遇到与导数密切相关的一种问题，即在运动或变化过程中，当自变量有一个微小的改变量时，要计算其相应的函数改变量. 但是，计算函数的改变量通常是比较困难的，因此，希望能找到函数改变量的一个便于计算的近似表达式，这样就引入了微分学中的另一个重要概念——微分.

3.5.1 微分的定义

1. 微分的定义

首先我们通过一个简单的例子来体会微分的思想.

引例：一块正方形金属薄片受温度变化的影响，其边长由 x_0 变到 $x_0+\Delta x(\Delta x\neq 0)$，如图 3.2 所示，问此薄片的面积改变了多少？

设正方形的边长为 x，面积为 S，则有 $S=x^2$. 因此，当薄片受温度变化的影响时，面积改变量可以看成是当自变量 x 由 x_0 变到 $x_0+\Delta x(\Delta x\neq 0)$ 时函数 $S=x^2$ 相应的改变量 ΔS. 即 $\Delta S=(x_0+\Delta x)^2-x_0^2=2x_0\Delta x+(\Delta x)^2$.

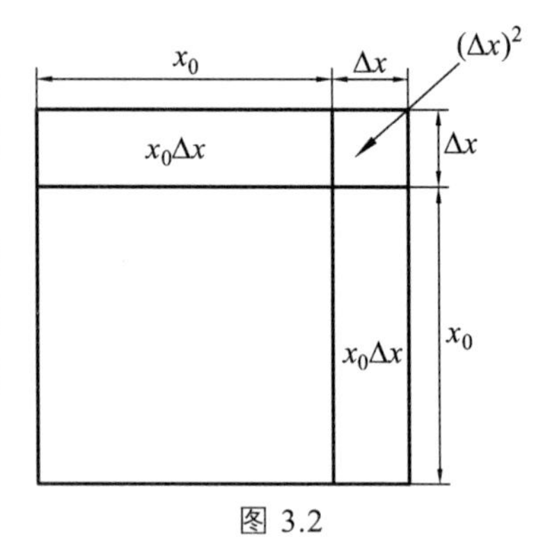

图 3.2

从上式可以看出，ΔS 由两部分构成：

（1）第一部分 $2x_0\Delta x$ 是 Δx 的线性函数；

（2）第二部分 $(\Delta x)^2$，当 $\Delta x\to 0$ 时，是比 Δx 高阶的无穷小.

于是，当 $|\Delta x|$ 很小时，面积 S 的增量 ΔS 可以用其线性主部 $2x_0\Delta x$ 来近似代替，即

$$\Delta S\approx 2x_0\Delta x.$$

思考：是否所有函数的 Δy 都可以分成两部分：一部分是 Δx 的线性部分，其余部分是 Δx 的高阶无穷小？

事实上，并不是所有函数的 Δy 都具有上述特点，数学中将具有上述特性的函数的 Δx 的线性部分称为**函数的微分**. 因此，微分的定义如下.

定义 3.4　设函数 $y=f(x)$ 在某区间内有定义，x 及 $x+\Delta x$ 在这区间内，如果函数的增量 $\Delta y=f(x+\Delta x)-f(x)$ 可以表示为

$$\Delta y=A\cdot\Delta x+o(\Delta x),$$

其中，A 是不依赖 Δx 的常数，而 $o(\Delta x)$ 是 Δx 的高阶无穷小量，则称函数 $y=f(x)$ 在点 x 处**可微**，并称 $A\cdot\Delta x$ 为函数 $y=f(x)$ 在点 x 处的**微分**，记为 $\mathrm{d}y$ 或 $\mathrm{d}f(x)$，即

$$\mathrm{d}y=A\cdot\Delta x \quad 或 \quad \mathrm{d}f(x)=A\cdot\Delta x.$$

如果改变量 Δy 不能表示为 $\Delta y=A\cdot\Delta x+o(\Delta x)$ 的形式，则称函数 $y=f(x)$ 在点 x 处不可微或微分不存在.

2. 微分与导数的关系

定理 3.8　$f(x)$ 在点 x_0 可微的**充分必要条件**是 $f(x)$ 在点 x_0 处可导，且 $A=f'(x_0)$.

证　（必要性）设 $f(x)$ 在点 x_0 可微，则有

$$\Delta y=A\Delta x+o(\Delta x).$$

所以

$$\frac{\Delta y}{\Delta x}=A+\frac{o(\Delta x)}{\Delta x},$$

则

$$\lim_{\Delta x\to 0}\frac{\Delta y}{\Delta x}=A+\lim_{\Delta x\to 0}\frac{o(\Delta x)}{\Delta x}=A.$$

即函数 $f(x)$ 在点 x_0 处可导，且 $A=f'(x_0)$.

（充分性）设函数 $f(x)$ 在点 x_0 处可导，故有

$$\lim_{\Delta x\to 0}\frac{\Delta y}{\Delta x}=f'(x_0),$$

则

$$\lim_{\Delta x\to 0}\frac{\Delta y-f'(x_0)\Delta x}{\Delta x}=0,$$

于是

$$\Delta y-f'(x_0)\Delta x=o(\Delta x),\ 即\ \Delta y=A\Delta x+o(\Delta x).$$

所以函数 $f(x)$ 在点 x_0 可处微，且 $\mathrm{d}y=A\Delta x=f'(x_0)\Delta x$.

综上可知，求微分的问题可归结为求导数的问题，因此求导数与求微分的方法称为**微分法**.

例 1　求函数 $y=\sin x$ 在点 $x=0$ 和 $x=\dfrac{\pi}{2}$ 的微分.

解　$\mathrm{d}y=(\sin x)'\mathrm{d}x=\cos x\mathrm{d}x$，所以

$$\mathrm{d}y\big|_{x=0}=\cos 0\mathrm{d}x=\mathrm{d}x,\ \mathrm{d}y\big|_{x=\frac{\pi}{2}}=\cos\frac{\pi}{2}\mathrm{d}x=0.$$

例 2　求函数 $y=x^3$ 当 $x=2,\Delta x=0.02$ 时的微分.

解　$\mathrm{d}y=(x^3)'\mathrm{d}x=3x^2\mathrm{d}x$，所以

$$\mathrm{d}y\big|_{\substack{x=2\\ \Delta x=0.02}}=3x^2\Delta x\big|_{\substack{x=2\\ \Delta x=0.02}}=0.24.$$

3.5.2 微分的几何意义

设函数 $y=f(x)$ 的图形如图 3.3 所示，过曲线 $y=f(x)$ 上一点 $M(x,y)$ 作切线 MT 、设 MT 的倾角为 α ，则

$$\tan\alpha=f'(x),$$

当自变量 x 有增量 Δx 时，切线 MT 的纵坐标相应地有增量

$$QP=\tan\alpha\cdot\Delta x=f'(x)\cdot\Delta x=\mathrm{d}y.$$

因此，微分 $\mathrm{d}y=f'(x)\Delta x$ 在几何上表示当自变量 x 有增量 Δx 时，曲线 $y=f(x)$ 在对应点 $M(x,y)$ 处的切线 MT 的**纵坐标的增量**. 由 $\mathrm{d}y$ 近似代替 Δy 就是用点 M 处的纵坐标的增量 QP 近似代替曲线 $y=f(x)$ 的纵坐标的增量 QN .

由图 3.3 可知，函数的微分 $\mathrm{d}y$ 与函数的增量 Δy 相差的量在图中以 PN 表示，当 $\Delta x\to 0$ 时，变动的 PN 是 Δx 的高阶无穷小量. 因此，在点 M 的邻近，可以用切线段来近似代替曲线段，简称“以直代曲”.

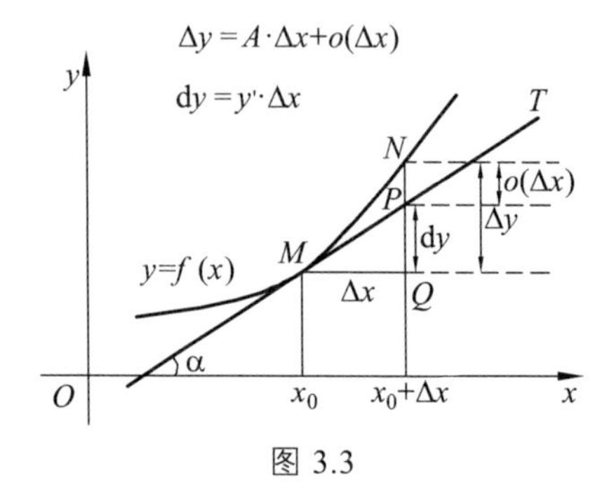

图 3.3

3.5.3 微分的基本公式与运算法则

由微分的定义 $\mathrm{d}y=f'(x)\mathrm{d}x$ 可以看出，要计算函数的微分，只要计算函数的导数，再乘以自变量的微分. 因此，利用函数求导的基本公式和运算法则，可得出求函数微分的基本公式和运算法则. 为使用方便，列示如下.

1. 微分公式

（1）$\mathrm{d}C=0$（ C 为任意常数）.

（2）$\mathrm{d}(x^{\alpha})=a\cdot x^{\alpha-1}\mathrm{d}x$（ α 为任意实数）.

（3）$\mathrm{d}(a^{x})=a^{x}\cdot\ln a\mathrm{d}x$（ $a>0$ 且 $a\neq 1$ ）.

特别地， $\mathrm{d}(\mathrm{e}^{x})=\mathrm{e}^{x}\mathrm{d}x$.

（4）$\mathrm{d}(\log_{a}x)=\dfrac{1}{x\ln a}\mathrm{d}x$（ $a>0$ 且 $a\neq 1$ ）.

特别地， $\mathrm{d}(\ln x)=\dfrac{1}{x}\mathrm{d}x$.

（5）$\mathrm{d}(\sin x)=\cos x\mathrm{d}x$；　　$\mathrm{d}(\cos x)=-\sin x\mathrm{d}x$；

$\mathrm{d}(\tan x)=\sec^2 x\mathrm{d}x$；　　$\mathrm{d}(\cot x)=-\csc^2 x\mathrm{d}x$；

$\mathrm{d}(\sec x)=\sec x\cdot\tan x\mathrm{d}x$；　　$\mathrm{d}(\csc x)=-\csc x\cdot\cot x\mathrm{d}x$.

（6）$\mathrm{d}(\arcsin x)=\dfrac{1}{\sqrt{1-x^2}}\mathrm{d}x(-1<x<1)$；

$\mathrm{d}(\arccos x)=-\dfrac{1}{\sqrt{1-x^2}}\mathrm{d}x(-1<x<1)$；

$\mathrm{d}(\arctan x)=\dfrac{1}{1+x^2}\mathrm{d}x$；　　$\mathrm{d}(\mathrm{arccot}\, x)=-\dfrac{1}{1+x^2}\mathrm{d}x$.

2. 微分的运算法则

（1）$\mathrm{d}(u\pm v)=\mathrm{d}u\pm\mathrm{d}v$；　　（2）$\mathrm{d}(Cu)=C\mathrm{d}u$（$C$ 为任意常数）;

（3）$\mathrm{d}(uv)=v\mathrm{d}u+u\mathrm{d}v$；　　（4）$\mathrm{d}\left(\dfrac{u}{v}\right)=\dfrac{v\mathrm{d}u-u\mathrm{d}v}{v^2}$.

3. 复合函数的微分法则

设函数 $y=f(u),u=\varphi(x)$ 分别关于 u 和 x 可导，则由复合函数的求导法则，可知

$$y'_x=y'_u\cdot u'_x=f'(u)\cdot\varphi'(x).$$

于是，根据微分的定义有

$$\mathrm{d}y=y'_x\mathrm{d}x=f'(u)\cdot\varphi'(x)\mathrm{d}x,$$

并且 $\mathrm{d}u=\varphi'(x)\mathrm{d}x$，所以

$$\mathrm{d}y=f'(u)\mathrm{d}u \quad 或 \quad \mathrm{d}y=y'_u\mathrm{d}u.$$

注意：不管变量 u 是自变量还是中间变量，微分的形式 $\mathrm{d}y=f'(u)\mathrm{d}u$ 总保持不变，我们称此性质为**微分形式的不变性**.

4. 微分的运算举例

例 3　设 $y=\ln(x+\mathrm{e}^{x^2})$，求 $\mathrm{d}y$.

解法 1　因为 $y'=\dfrac{1+2x\mathrm{e}^{x^2}}{x+\mathrm{e}^{x^2}}$，所以 $\mathrm{d}y=\dfrac{1+2x\mathrm{e}^{x^2}}{x+\mathrm{e}^{x^2}}\mathrm{d}x$.

解法 2　（利用微分形式不变性）

$$\mathrm{d}y=\frac{1}{x+\mathrm{e}^{x^2}}\mathrm{d}(x+\mathrm{e}^{x^2})=\frac{1}{x+\mathrm{e}^{x^2}}[\mathrm{d}x+\mathrm{d}(\mathrm{e}^{x^2})]=\frac{1}{x+\mathrm{e}^{x^2}}[\mathrm{d}x+\mathrm{e}^{x^2}\mathrm{d}(x^2)]$$

$$=\frac{1}{x+\mathrm{e}^{x^2}}(\mathrm{d}x+2x\mathrm{e}^{x^2}\mathrm{d}x)=\frac{1+2x\mathrm{e}^{x^2}}{x+\mathrm{e}^{x^2}}\mathrm{d}x$$

例 4　设 $y=\sin(2x+1)$，求 $\mathrm{d}y$.

解　$\mathrm{d}y=\cos(2x+1)\mathrm{d}(2x+1)=2\cos(2x+1)\mathrm{d}x$

例 5　设 $y=\mathrm{e}^{1-3x}\cos x$，求 $\mathrm{d}y$.

解　由乘积的微分法则，可知

$$\begin{aligned}\mathrm{d}y&=\cos x\mathrm{d}\mathrm{e}^{1-3x}+\mathrm{e}^{1-3x}\mathrm{d}(\cos x)=\mathrm{e}^{1-3x}\cos x\mathrm{d}(1-3x)-\mathrm{e}^{1-3x}\sin x\mathrm{d}x\\&=-3\mathrm{e}^{1-3x}\cos x\mathrm{d}x-\mathrm{e}^{1-3x}\sin x\mathrm{d}x\\&=-\mathrm{e}^{1-3x}(3\cos x+\sin x)\mathrm{d}x.\end{aligned}$$

3.5.4　微分的应用

设函数 $y=f(x)$ 在点 x_0 处可微．则根据微分的定义有近似公式：

$$\Delta y=f(x_0+\Delta x)-f(x_0)\approx f'(x_0)\Delta x,$$

或

$$f(x_0+\Delta x)\approx f(x_0)+f'(x_0)\Delta x.$$

下面我们就来介绍近似公式的应用.

例 6　计算 $\cos 60°30'$ 的近似值.

解　设 $f(x)=\cos x$，则

$$f'(x)=-\sin x.$$

因为

$$x_0=\frac{\pi}{3},\ \Delta x=\frac{\pi}{360},$$

所以

$$f\left(\frac{\pi}{3}\right)=\frac{1}{2},\ f'\left(\frac{\pi}{3}\right)=-\frac{\sqrt{3}}{2}.$$

于是

$$\cos 60°30'=\left(\frac{\pi}{3}+\frac{\pi}{360}\right)\approx\cos\frac{\pi}{3}-\sin\frac{\pi}{3}\cdot\frac{\pi}{360}=\frac{1}{2}-\frac{\sqrt{3}}{2}\cdot\frac{\pi}{360}\approx 0.4924.$$

习题 3.5

1．求函数 $y=\arctan x$ 在 $x=0.5,\Delta x=0.01$ 时的微分.

2．求函数 $y=\ln(1+x^2)$ 在 $x=1,\Delta x=0.1$ 时的微分.

3．求下列函数的微分.

（1）$y=\ln\tan\dfrac{x}{2}$；　　（2）$y=\ln(x+\sqrt{x^2-1})$；

（3）$y=x\arctan\sqrt{x}$；　　（4）$y=5^{\ln\tan x}$；

（5）$y=\dfrac{\cos x}{1-x^2}$；　　（6）$y=\sin^2\dfrac{1}{1-x}$.

4. 利用微分计算下列各函数值的近似值（计算到小数点后 4 位）.

（1）$\arctan 1.02$；（2）$\arcsin 0.47$；

（3）$e^{1.01}$；（4）$\sqrt[3]{1.02}$；

（5）$\lg 11$；（6）$y=\cos 151°$.

5. 设有一半径为 45 cm 的圆形铁板，受热后其直径增加了 1 mm，试利用微分计算面积增量的近似值.

3.6　数学实验：导数的计算

计算导数的命令格式

在 MATLAB 软件中，求函数的导数有若干内部函数，计算导数的常用格式有：

```
diff(f)                          %对表达式 f 中的符号变量计算 f 的一阶导数
diff(f, 'x') 或 diff(f, sym('x'))  %对表达式 f 中的符号变量 x 计算一阶导数
diff(f, n)                       %对表达式 f 中的符号变量计算 f 的 n 阶导数
diff(f, 'x', n)                  %对表达式 f 中的符号变量 x 计算 n 阶导数
```

例 1　设 $f(x)=\sin 2x$，求 $f'(x)$，$f''(x)$.

解　输入命令

```
x = sym('x');
f = sin(2*x);
df = diff(f);          %求 f'(x)
diff(f, 2).            %求 f''(x)
```

输出结果为

```
df = 2*cos(2*x)
ans = −4*sin(2*x)
```

例 2　设 $f(x)=x^2e^{ax}$，求 $f''(2)$.

解　输入命令

```
syms x a;
df = diff('x^2*exp(a*x)', x, 2)      %求 f''(x)
dl = subs(df, x, 2)                  %求 f''(2)
simple(dl)                           %化简
```

输出结果为

```
2*exp(2*a)*(1+4*a+2*a^2)
```

第 4 章　微分中值定理与导数的应用

在实际应用中，导数主要用于寻找问题的最优解. 最优化问题广泛地存在于数学、自然科学和工程、经济学中. 例如，球的内接圆柱体的高度和直径各取多少时其体积最大？把一根直径已知的圆木锯成截面为矩形的梁，矩形截面的高和宽应如何选择才能使梁的抗弯截面模量最大？根据产品的制造成本和销售收入，生产者取得最大利润的生产水平是多少？

在本章中，我们将应用导数来研究函数以及曲线的某些性态，并利用这些知识解决一些实际问题. 为此，先要介绍微分学的几个中值定理，它们是导数应用的理论基础，也为进一步学习积分学铺平道路.

4.1　函数的极值、最值和临界点

本节主要介绍函数的极值（极大值、极小值）、最值（最大值、最小值）和临界点的概念. 本章中函数的定义域是由区间的并集构成的.

4.1.1　函数的最值

函数的最大值与最小值的定义已经在第一章给出，最大值与最小值统称为函数的**最值**（又称为**绝对极值**）.

对应关系相同而定义域不同的函数可能有不同的最值，如例 1 所示.

例 1　如表 4.1 所示，下列函数的定义式都是 $y=x^2$，但定义域各不相同，它们的最值情况如图 4.1 所示. 值得注意的是，如果函数的定义域是无界的或者没有包含所有端点，那么该函数可能没有最值存在.

表 4.1

函数关系	定义域 D	D 上的最值
（a）$y=x^2$	$(-\infty,\infty)$	无最大值；在 $x=0$ 处取到最小值 0
（b）$y=x^2$	$[0,2]$	在 $x=2$ 处取到最大值 4；在 $x=0$ 处取到最小值 0
（c）$y=x^2$	$(0,2]$	在 $x=2$ 处取到最大值 4；无最小值
（d）$y=x^2$	$(0,2)$	无最值

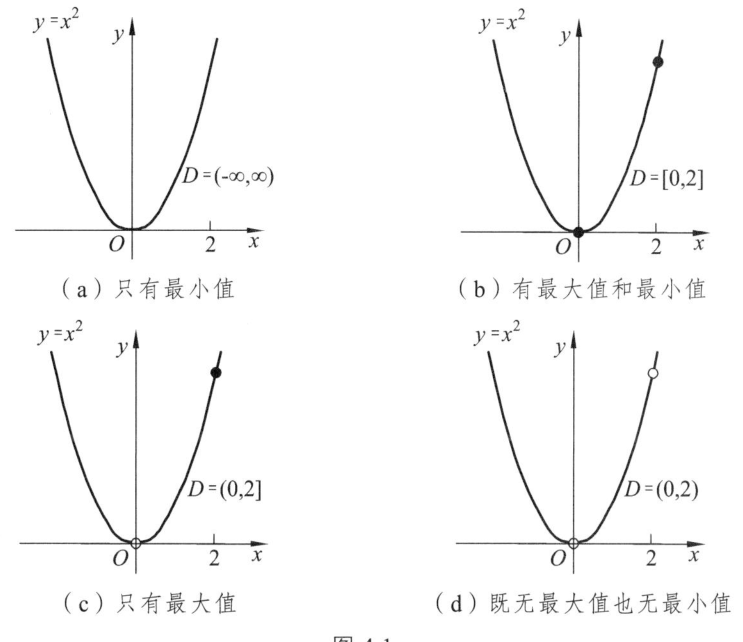

（a）只有最小值　（b）有最大值和最小值

（c）只有最大值　（d）既无最大值也无最小值

图 4.1

例 1 中的一些函数不存在最大值或最小值．但是由第一章知识可知，定义在闭区间$[a,b]$上的连续函数$f(x)$则一定存在最大值和最小值．图 4.2 给出了闭区间$[a,b]$上连续函数取到最大值和最小值的一些可能情形．

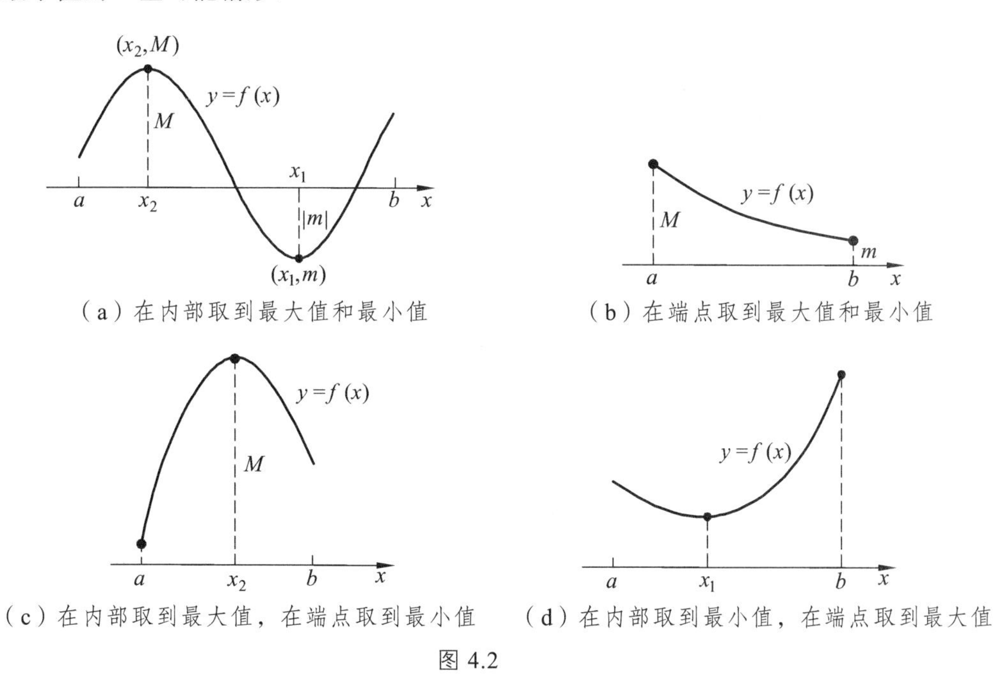

（a）在内部取到最大值和最小值　（b）在端点取到最大值和最小值

（c）在内部取到最大值，在端点取到最小值　（d）在内部取到最小值，在端点取到最大值

图 4.2

4.1.2　函数极值的定义

定义 4.1　设函数f在点c的某邻域$U(c)$内有定义，如果对于该邻域内的任意x，有

$$f(x) \leqslant f(c) \quad （或 f(x) \geqslant f(c)），$$

那么称 $f(c)$ 是函数 f 的一个**极大值**（或**极小值**）.

函数的极大值与极小值统称为函数的**极值**（又称为**相对极值**、**局部极值**），使函数取极值的点称为函数的**极值点**.

如果函数 f 的定义域是闭区间 $[a, b]$，那么 f 的极大值可能取在左端点 $x=a$ 处，此时任取 $x \in [a, a+\delta)$（$\delta > 0$）都有 $f(x) \leqslant f(a)$；同样，f 的极大值可能取在 (a,b) 内部，此时任取 $x \in (c-\delta, c+\delta)$ 都有 $f(x) \leqslant f(c)$；f 的极大值也可能取在右端点 $x=b$ 处，此时任取 $x \in (b-\delta, b]$ 都有 $f(x) \leqslant f(b)$. 极小值的情形可作类似讨论. 在图 4.3 中，函数 f 在 c 和 d 取到极大值，在 a, e 和 b 取到极小值. 有些函数在有限区间上可以有无穷多个极值，定义在 $(0,1]$ 上的函数 $f(x) = \sin(1/x)$ 就是这样的例子.

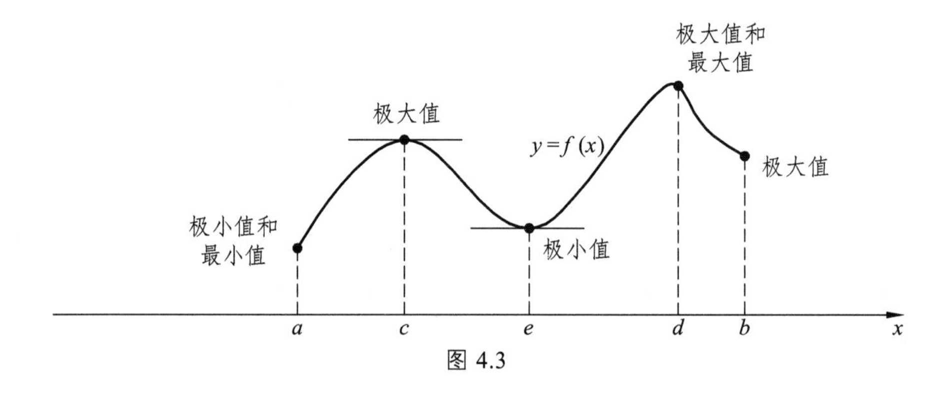

图 4.3

而函数最值和极值有直接关系. 首先，函数的最大值一定是极大值，因为在整个定义域上最大也一定在局部最大. 因此，如果函数的最大值存在，那么只要我们列出函数全部的极大值，其中自然就包含最大值. 类似地，全部极小值中一定也包含最小值.

4.1.3 费马(Fermat)引理和函数的临界点

定理 4.1（费马引理） 设函数 $f(x)$ 在点 c 处取得极值，且在 c 处可导，那么

$$f'(c) = 0.$$

证 不妨设 f 在点 c 处取到极大值（极小值的情形可以类似地证明）（图 4.4），根据极大值的定义，任取 $x \in U(c)$，都有 $f(x) \leqslant f(c)$. 于是

当 $x > c$ 时，有

$$\frac{f(x)-f(c)}{x-c} \leqslant 0;$$

当 $x < c$ 时，有

$$\frac{f(x)-f(c)}{x-c} \geqslant 0.$$

根据函数 $f(x)$ 在点 c 可导的条件及极限的保号性，便得到

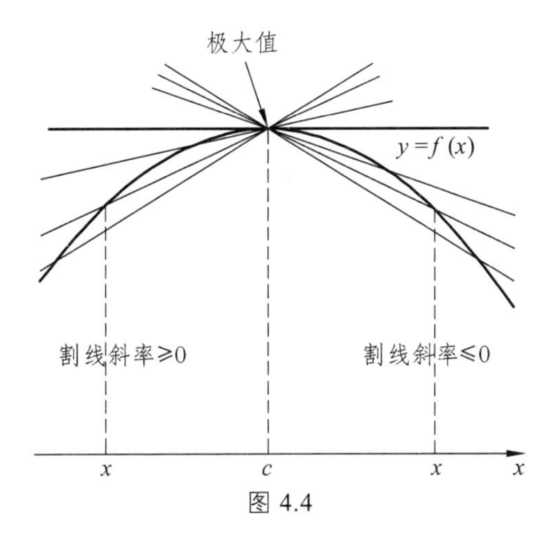

图 4.4

$$f'(c)=f'_+(c)=\lim_{x\to c^+}\frac{f(x)-f(c)}{x-c}\leqslant 0\ ,$$

$$f'(c)=f'_-(c)=\lim_{x\to c^-}\frac{f(x)-f(c)}{x-c}\geqslant 0\ .$$

所以有 $f'(c)=0$. 证毕.

费马引理的几何意义：如果曲线 $y=f(x)$ 在极值点 c 具有切线 l，那么切线 l 必为水平的（图 4.4）. 换句话说，一个函数在其定义域内部某点取到极值并且在该点可导时，函数的一阶导数必为零. 因此，函数取到极值的地方只能是：

（1）定义域内部 $f'(x)=0$ 的点（图 4.3 中 $x=c$ 和 $x=e$）；

（2）定义域内部 $f'(x)$ 不存在的点（图 4.3 中 $x=d$）；

为了叙述方便，我们引入定义 4.2.

定义 4.2　函数 f 的定义域内部使 $f'(x)=0$ 或者 $f'(x)$ 不存在的点称为 f 的**临界点**（critical point）.

于是，函数 $f(x)$ 只能在临界点和端点处取得最值. 一般来说，函数的临界点不一定是极值点. 例如，函数 $y=x^3$ 和 $y=x^{1/3}$ 的原点都是临界点，但都不是极值点. 实际上，原点是这两个函数的**拐点**（图 4.5）. 我们将在 4.4 节中讨论拐点.

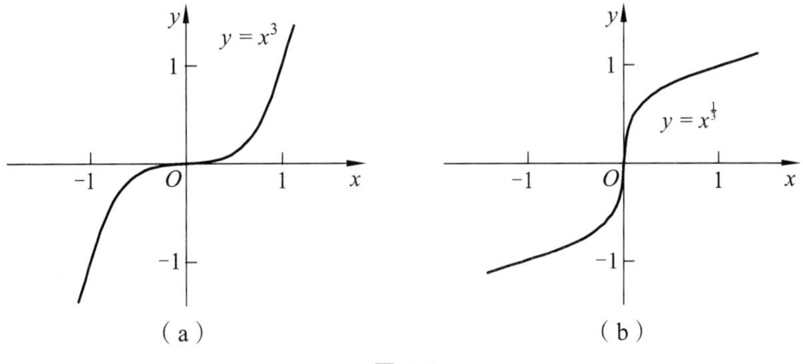

图 4.5

习题 4.1

1. 求下列函数的临界点.

（1）$y=x^{2/3}(x+2)$；（2）$y=x\sqrt{4-x^2}$；

（3）$y=\begin{cases}4-2x, & x\leqslant 1\\ x+1, & x>1\end{cases}$；（4）$y=\begin{cases}-x^2-2x+4, & x\leqslant 1\\ -x^2+6x-4 & x>1\end{cases}$.

2. 求下列函数的极值，并画出函数图像进行验证.

（1）$y=2x^2-8x+9$；（2）$y=x^3+x^2-8x+5$；

（3）$y=\sqrt{x^2-1}$；（4）$y=\dfrac{x}{x^2+1}$.

4.2　微分中值定理

常数函数的导数恒为零，但是还存在导数恒为零的其他函数吗？如果两个函数的导数相同，这两个函数有什么关系？运用微分中值定理，我们可以回答上述问题，也可以给出其他许多问题的答案. 首先，我们介绍微分中值定理的特殊情形——罗尔（Rolle）定理，利用罗尔定理我们可以证明微分中值定理.

4.2.1　罗尔定理

由图 4.6 可知，如果一个可导函数的曲线在两个不同位置穿过一条水平直线，那么两点之间至少存在一个点，该点处曲线的切线是水平的，即导数为零. 现在，我们把此现象写成定理的形式并加以证明.

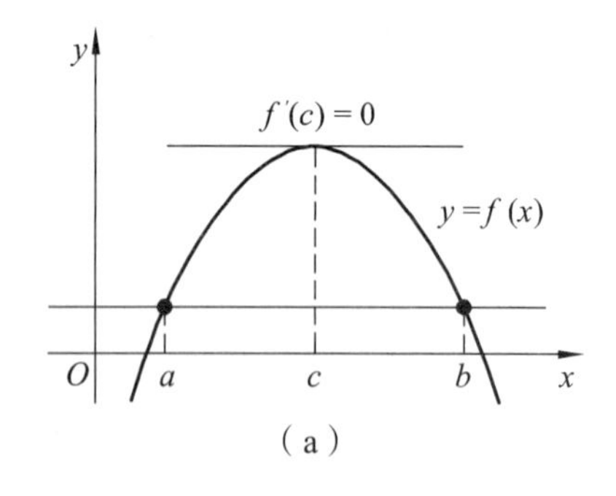

（a）

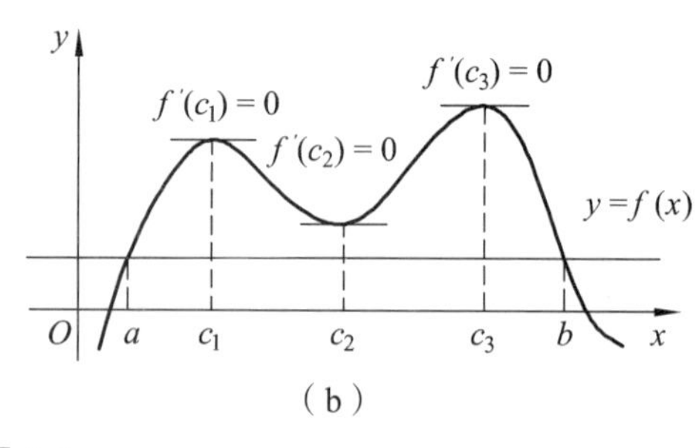

（b）

图 4.6

定理 4.2（罗尔定理） 如果函数 $f(x)$ 满足：

（1）在闭区间 $[a,b]$ 上连续；

（2）在开区间 (a,b) 内可导；

（3）在区间端点处的函数值相等，即 $f(a)=f(b)$；
那么至少存在一点 $c\in(a,b)$，使得 $f'(c)=0$.

下面，我们利用费马引理来证明罗尔定理.

证　由于 f 在闭区间 $[a,b]$ 上连续，f 在 $[a,b]$ 上必定取得最大值和最小值. 最值分三种情况：

（1）最值在 (a,b) 内 $f'=0$ 的点取得；

（2）最值在 (a,b) 内 f' 不存在的点取得；

（3）最值在区间端点 a 和 b 处取得.

由题设知，f 在 (a,b) 内部每个点都可导，情况(2)被排除，只剩下取在内部 $f'=0$ 的点和取在端点 a 和 b.

如果最大值或最小值取在 (a,b) 内部一点 c 处，由费马引理可知 $f'(c)=0$，定理得证；

如果最大值和最小值同时取在端点处，则由条件 $f(a)=f(b)$ 知，f 是常数函数，对于任意 $x\in[a,b]$，都有 $f(x)=f(a)=f(b)$. 因此，$f'(c)=0$，c 可取为 (a,b) 内的任意一点. 定理证毕.

罗尔定理的三个条件缺一不可. 即使仅仅在一个点处不满足条件，函数图形都可能不存在水平切线（图 4.7）.

下面例子显示，罗尔定理和闭区间连续函数的零点定理相结合，可以证明方程 $f(x)=0$ 存在唯一实根.

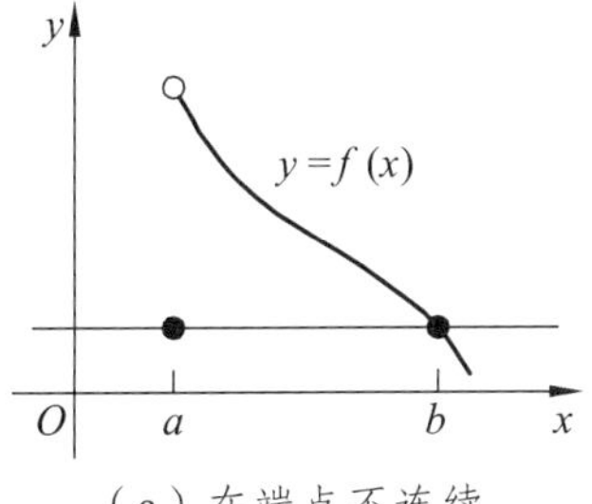

（a）在端点不连续

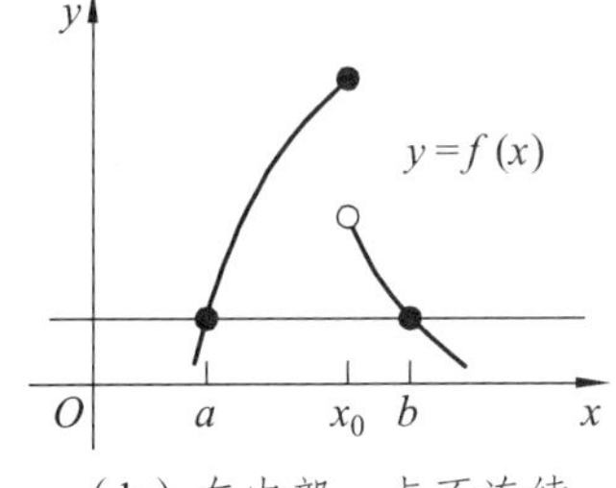

（b）在内部一点不连续

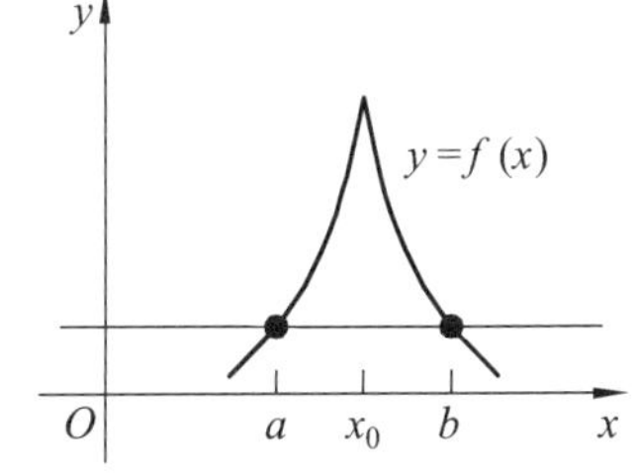

（c）在[a, b]上连续但内部一点不可微

图 4.7

例 1　证明方程 $x^3+3x+1=0$ 有且仅有一个实根.

证　定义连续函数

$$f(x)=x^3+3x+1,$$

则 $f(-1)=-3$ 和 $f(0)=1$. 由闭区间上连续函数的零点定理知，函数曲线在 $(-1,0)$ 内某点处穿过 x 轴（图 4.8）.

现假设方程的实根数大于 1，即当 $x=a$ 和 $x=b$ 时都有 $f(x)$ 为零. 那么罗尔定理保证了在 a 和 b 之间存在一点 c，该点处的导数为零. 然而

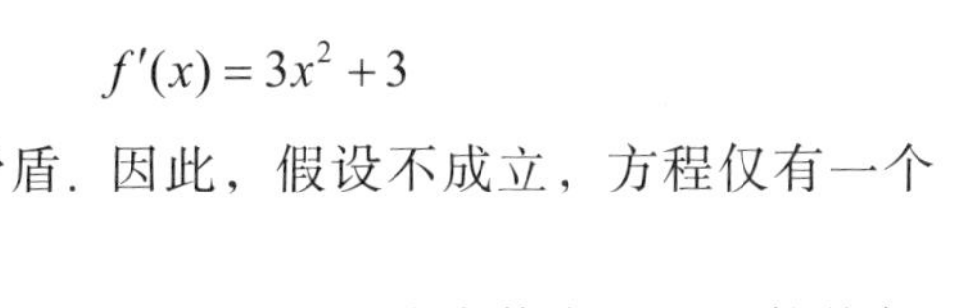

$$f'(x)=3x^2+3$$

恒大于零，两者矛盾. 因此，假设不成立，方程仅有一个实根.

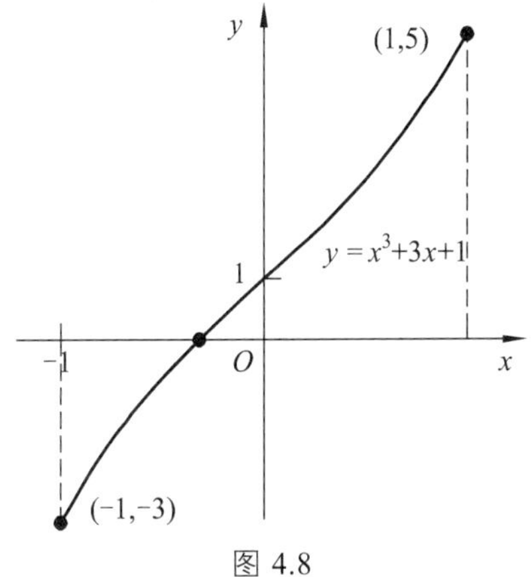

图 4.8

罗尔定理的主要作用是证明微分中值定理，即拉格朗日（Lagrange）中值定理.

4.2.2 拉格朗日中值定理

微分中值定理最早由拉格朗日提出，它被称为斜线上的罗尔定理（图 4.9）. 拉格朗日中值定理保证存在一点 c，该点处曲线的切线平行于弦 AB.

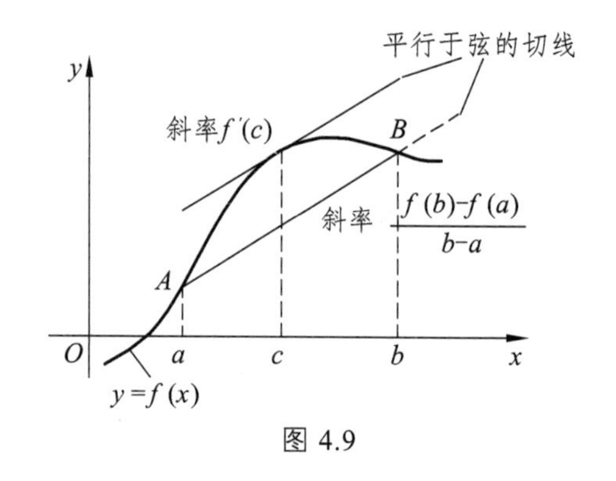

图 4.9

定理 4.3（拉格朗日中值定理） 如果函数 $f(x)$ 满足：

（1）在闭区间 $[a,b]$ 上连续；

（2）在开区间 (a,b) 内可导；

那么至少存在一点 $c\in(a,b)$，使得

$$\frac{f(b)-f(a)}{b-a}=f'(c)$$

成立.

证 我们画出函数 f 的图形（图 4.10），并用直线连接两点 $A(a,f(a))$ 和 $B(b,f(b))$. 直线方程为

$$g(x)=f(a)+\frac{f(b)-f(a)}{b-a}(x-a) \tag{4.1}$$

在点 x 处，f 和 g 的纵坐标之差为

$$h(x)=f(x)-g(x)=f(x)-f(a)-\frac{f(b)-f(a)}{b-a}(x-a) \tag{4.2}$$

图 4.11 同时给出了 f，g 和 h 的图形.

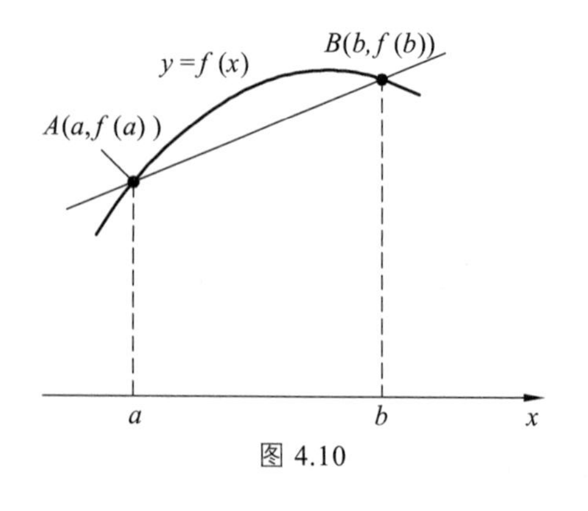

图 4.10

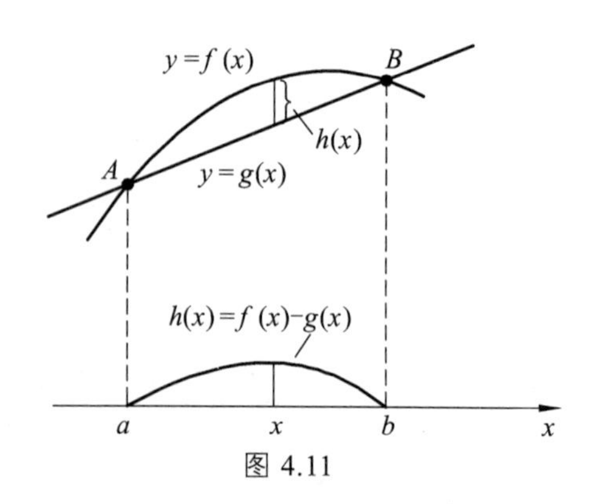

图 4.11

函数 h 在 $[a,b]$ 上满足罗尔定理的条件，事实上根据函数 f 和 g 的性质，我们容易知道 h 在 $[a,b]$ 上连续，在 (a,b) 内可导，且 $h(a)=h(b)=0$（ f 和 g 的图形都通过 A，B 两点），因此，至少存在一点 $c\in(a,b)$，使 $h'(c)=0$. 该点就是方程（4.1）要求的点.

为了验证方程（4.1），我们将方程（4.2）两边同时对 x 求导，有

$$h'(x)=f'(x)-\frac{f(b)-f(a)}{b-a},$$

代入 $x=c$，得

$$h'(c)=f'(c)-\frac{f(b)-f(a)}{b-a},$$

$$0=f'(c)-\frac{f(b)-f(a)}{b-a},$$

即

$$f'(c)=\frac{f(b)-f(a)}{b-a}.$$

定理证毕.

拉格朗日中值定理的条件并不要求函数 f 在端点 a 和 b 是可导的，只要 f 在点 a 和 b 是单侧连续的就可以了（图 4.12）.

例 2　如图 4.13 所示，函数 $f(x)=x^2$ 在 $[0,2]$ 上连续，在 $(0,2)$ 内可导. 由于 $f(0)=0$ 和 $f(2)=4$，根据拉格朗日中值定理，在该区间内某点处，导数 $f'(x)=2x$ 的值等于 $(4-0)/(2-0)=2$. 这里，我们可以通过解方程 $2c=2$，得到 $c=1$. 虽然我们知道 c 一定是存在的，但在多数情况下它的求解并不容易.

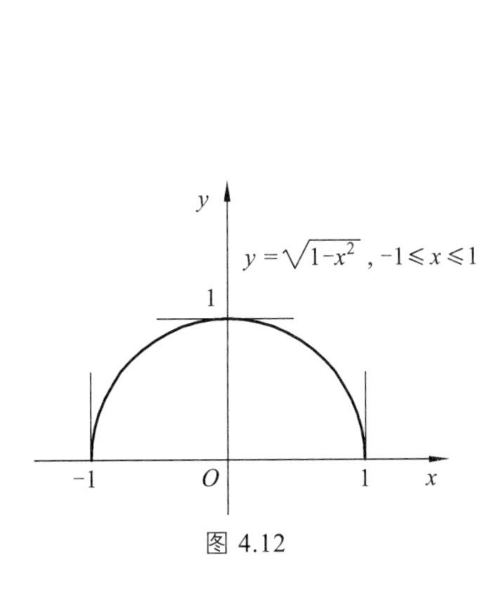

图 4.12

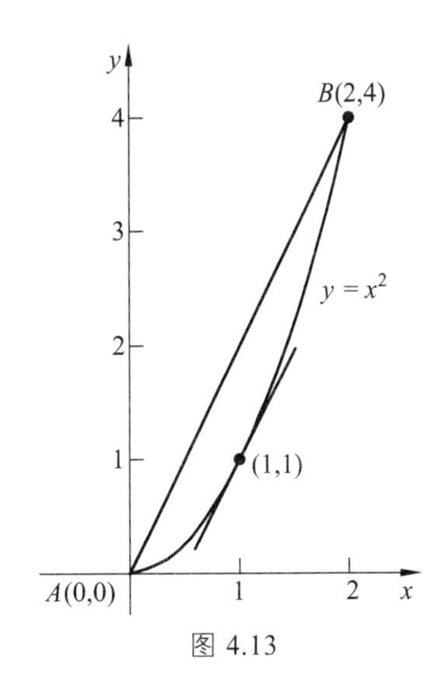

图 4.13

4.2.3　微分中值定理的推论

在本节的开头我们提过一个问题：什么函数在区间上的导数恒为零？拉格朗日中值定理

的第一个推论便给出了答案：只有常数函数的导数恒为零.

推论 1　如果在区间 (a,b) 内的每个点 x 都有 $f'(x)=0$，则 $f(x)=C$，C 是一个常数.

证　为了证明 f 在区间 (a,b) 内的值为常数，只需证明对于区间 (a,b) 内任取两点 x_1 和 x_2 $(x_1<x_2)$，都有 $f(x_1)=f(x_2)$. 在区间 $[x_1,x_2]$ 上，f 满足拉格朗日中值定理的条件，则有

$$\frac{f(x_2)-f(x_1)}{x_2-x_1}=f'(c)\quad（c\text{ 在 }x_1\text{ 和 }x_2\text{ 之间}）.$$

因为在 (a,b) 内恒有 $f'(x)=0$，所以

$$\frac{f(x_2)-f(x_1)}{x_2-x_1}=0，\quad f(x_2)-f(x_1)=0，\text{及 } f(x_1)=f(x_2).$$

证毕.

在本节的开头我们还提过一个问题：如果两个函数在某区间内的导数相同，那么这两个函数关系如何？推论 2 告诉我们，这两个函数的值只差一个常数.

推论 2　如果在开区间 (a,b) 内的每个点 x 都有 $f'(x)=g'(x)$，那么存在常数 C，使得 $f(x)=g(x)+C$，亦即 $f-g$ 是一常数函数.

证　任取 $x\in(a,b)$，函数 $h=f-g$ 的导数为

$$h'(x)=f'(x)-g'(x)=0.$$

于是，由推论 1 知，在 (a,b) 内 $h(x)=C$，即 $f(x)-g(x)=C$，则 $f(x)=g(x)+C$.
证毕.

当区间 (a,b) 为无限区间，即区间变成 $(a,\infty),(-\infty,b)$ 或 $(-\infty,\infty)$ 时，推论 1 和推论 2 同样成立.

推论 2 将在第 5 章讨论原函数和不定积分时起到关键作用. 例如，因为函数 $f(x)=x^2$ 的导数是 $2x$，所以任何导数为 $2x$ 的函数都可表示成 x^2+C，其中 C 为任意常数（图 4.14）.

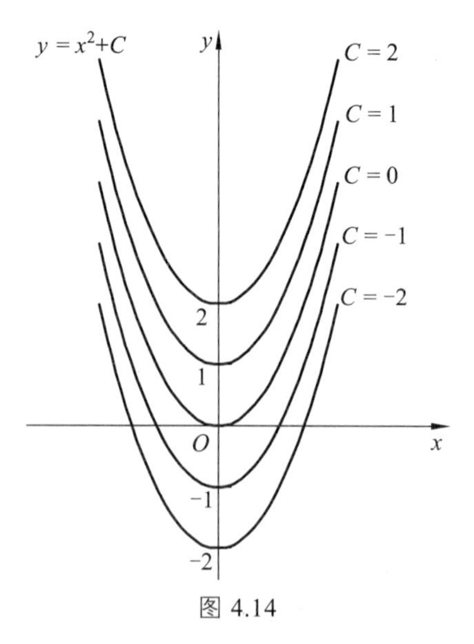

图 4.14

例 3　已知函数 $f(x)$ 的曲线过点 $(0,2)$ 且其导数为 $\sin x$，求 $f(x)$.

解　因为函数 $g(x)=-\cos x$ 的导数为 $g'(x)=\sin x$，则 f 和 g 的导数相同. 由推论 2 知，$f(x)=-\cos x+C$. 又因为 f 的曲线过点 $(0,2)$，常数 C 由条件 $f(0)=2$ 确定，即

$$f(0)=-\cos 0+C=2，所以 C=3.$$

所求函数为 $f(x)=-\cos x+3$.

例 4　利用拉格朗日中值定理证明不等式：当 $x>0$ 时，$\dfrac{x}{1+x}<\ln(1+x)<x$.

证　设 $f(t)=\ln(1+t)$，显然 $f(t)$ 在区间 $[0,x]$ 上满足拉格朗日中值定理的条件，根据定理，应有

$$f(x)-f(0)=f'(c)(x-0),\quad 0<c<x.$$

由于 $f(0)=0$，$f'(t)=\dfrac{1}{1+t}$，因此上式即

$$\ln(1+x)=\frac{x}{1+c}.$$

又 $0<c<x$，有

$$\frac{x}{1+x}<\frac{x}{1+c}<x,$$

即

$$\frac{x}{1+x}<\ln(1+x)<x\quad (x>0).$$

习题 4.2

1. 不求导数，判断函数 $f(x)=x(x-2)(x-3)$ 的导函数 $f'(x)$ 有几个零点以及这些零点所在的区间.

2. 验证函数 $f(x)=\arctan x$ 在 $[0,1]$ 上满足拉格朗日中值定理的条件，并求出中值 ξ.

3. 设 $f(x)$ 在 $[1,2]$ 上具有二阶导数，且 $f(1)=f(2)=0$. 若 $F(x)=(x-1)f(x)$，试证明至少存在一点 $\xi\in(1,2)$，使得 $F''(\xi)=0$.

4. 证明：当 $x\geqslant 1$ 时，有 $2\arctan x+\arcsin\dfrac{2x}{1+x^2}=\pi$.

5. 证明方程 $x^3+2x^2+2x-5=0$ 只有一个实根.

6. 证明下列不等式成立.

（1）$\dfrac{1}{x+1}<\ln(1+x)-\ln x<\dfrac{1}{x}(x>0)$；　　（2）$e^x>1+x(x\neq 0)$；

（3）$\dfrac{\alpha-\beta}{\cos^2\beta}<\tan\alpha-\tan\beta<\dfrac{\alpha-\beta}{\cos^2\alpha}\left(0<\beta\leqslant\alpha<\dfrac{\pi}{2}\right)$.

4.3　函数的单调性和极值

4.3.1　函数单调性的判别法

在第一章中已经介绍了函数在区间上单调的概念. 下面利用导数对函数的单调性进行研究.

拉格朗日中值定理的另一个推论告诉我们，导数为正的函数是单调增加的，导数为负的函数是单调减少的. 单调增加和单调减少的函数统称为单调函数.

推论　设函数 $f(x)$ 在 $[a,b]$ 上连续，在 (a,b) 内可导.

（1）在 (a,b) 内 $f'(x)>0$，则 $f(x)$ 在 $[a,b]$ 上单调增加；

（2）在 (a,b) 内 $f'(x)<0$，则 $f(x)$ 在 $[a,b]$ 上单调减少.

证　设 x_1, x_2 是 $[a,b]$ 上任意两点，满足 $x_1<x_2$，根据拉格朗日中值定理，有

$$f(x_2)-f(x_1)=f'(c)(x_2-x_1) \quad (x_1<c<x_2).$$

因为 $x_2-x_1>0$，上式右端的符号与 $f'(c)$ 本身的符号相同. 于是，如果在 (a,b) 内导数 $f'(x)$ 保持正号，那么 $f(x_2)>f(x_1)$；如果在 (a,b) 内导数 $f'(x)$ 保持负号，那么 $f(x_2)<f(x_1)$. 证毕.

由推论 3 可知，对于函数 $f(x)=\sqrt{x}$，当 $b>0$ 时，在区间 $(0,b)$ 内 $f'(x)=\dfrac{1}{2\sqrt{x}}$ 总为正，因此 $f(x)$ 在 $[0,b]$ 上单调增加. 即便在 $x=0$ 处函数不可导，推论 3 照样适用. 对于无限区间推论 3 同样适用，比如 $f(x)=\sqrt{x}$ 在 $[0,\infty)$ 上单调增加.

为了确定函数 f 的单调性，我们首先找到函数 f 的全部临界点. 如果 $a<b$ 是函数的两个临界点并且在区间 (a,b) 内 f' 连续且不等于零，根据连续函数的介值定理，f' 在 (a,b) 内处处为正，或者处处为负，即在 (a,b) 内 f' 有确定的符号（这样的区间称为**单调区间**）. 确定 f' 符号的一个简单方法是计算 (a,b) 内某点 c 的导数. 如果 $f'(c)>0$，那么对于所有 $x\in(a,b)$ 都有 $f'(x)>0$，从而由推论 3 知 f 在 $[a,b]$ 上单调增加；如果 $f'(c)<0$，则 f 在 $[a,b]$ 上单调减少. 采用下面的例子说明确定函数单调性的具体步骤.

例 1　找出 $f(x)=x^3-12x-5$ 的全部临界点，并确定 f 的单调性.

解　函数 f 在实数域上处处连续和可导. 它的一阶导数

$$f'(x)=3x^2-12=3(x^2-4)=3(x+2)(x-2)$$

为零的点是 $x=-2$ 和 $x=2$. 这些临界点把 f 的定义域分成以下几个互不重叠的开区间 $(-\infty,-2)$，$(-2,2)$ 和 $(2,\infty)$，而在每个开区间上 f' 都有确定的符号，其符号可以通过计算区间内某点 c 处的导数值 f' 得到. 运用推论 3 就可以确定函数 f 在各单调区间上的单调性. 结果总结在表 4.2 中，f 的图形如图 4.15 所示.

表 4.2

区间	$(-\infty,-2)$	$(-2,2)$	$(2,+\infty)$
f' 的值	$f'(-3)=15$	$f'(0)=-12$	$f'(3)=15$
f' 的符号	$+$	$-$	$+$
f 的单调性	单增	单减	单增

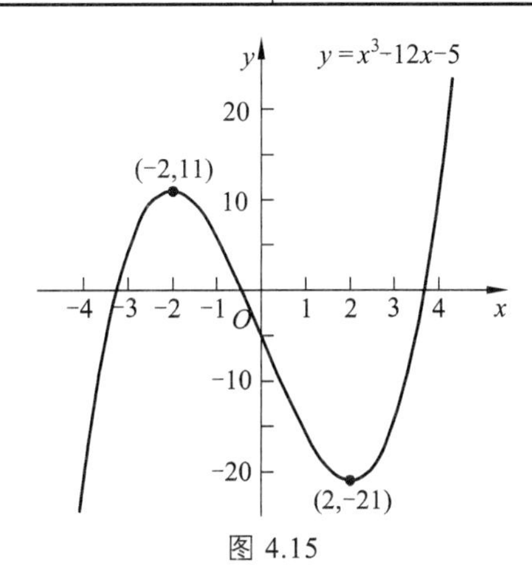

图 4.15

表 4.2 中我们使用了严格不等式表示单调区间. 实际上推论 3 表明，我们也可以使用非严格不等式. 于是，例 1 中的函数 f 在 $-\infty < x \leqslant -2$ 上单调增加，在 $-2 \leqslant x \leqslant 2$ 上单调减少，在 $2 \leqslant x < \infty$ 上单调增加. 不过，我们通常不需要讨论函数在单个点的单调性.

我们可以利用函数的单调性证明不等式. 下面以例 2 作说明.

例 2　证明：$x>0$ 时，$\sin x > x-\dfrac{x^3}{3!}$.

证　由题可知，即需证明 $\sin x - x+\dfrac{x^3}{3!}>0\ (x>0)$. 为此，考虑函数

$$f(x)=\sin x-x+\frac{x^3}{3!},$$

此时

$$f'(x)=\cos x-1+\frac{x^2}{2},$$

$$f''(x)=-\sin x+x.$$

但已知，当 $x>0$ 时 $\sin x<x$，即在 $(0,\infty)$ 内 $f''(x)>0$，因此 $f'(x)$ 在 $[0,\infty)$ 内单调增加，而 $f'(0)=0$，所以在 $(0,\infty)$ 内有

$$f'(x)>f'(0)=0.$$

这就是说，$f(x)$ 在 $[0,\infty)$ 内单调增加，因而当 $x>0$ 时，

$$f(x)=\sin x-x+\frac{x^3}{3!}>f(0)=0.$$

这就是我们所要证明的不等式.

4.3.2 函数极值的求法

在本章第一节我们知道，函数只能在临界点和端点处取得极值，但临界点却不一定是极值点. 要求函数的极值，首先要求出函数的临界点和端点，然后进一步判定这些点究竟是不是极值点.

在图 4.16 中，在 f 极小值点的左邻域有 $f'<0$，右邻域有 $f'>0$（若此点恰为端点，则只需考虑单侧邻域）. 于是，在极小值点的左侧函数单调减少，在其右侧函数单调增加. 同样地，f 极大值点的左邻域有 $f'>0$，右邻域有 $f'<0$，即在极大值点的左侧函数单调增加，在其右侧单调减少. 总之，在极值点附近 f' 改变符号.

由此，我们得到判别可导函数极值存在和性质的法则.

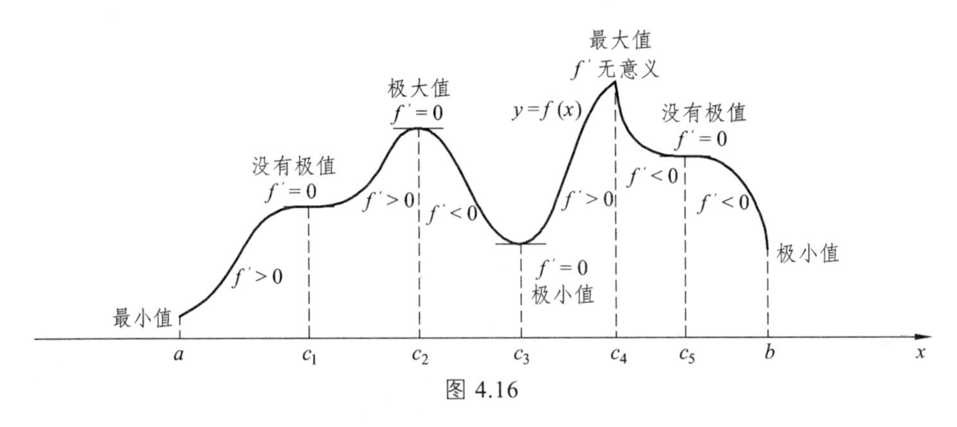

图 4.16

定理 4.4（极值的第一判别法） 设函数 f 在点 c 处连续，且在 c 的某去心邻域 $\mathring{U}(c)$ 内可导. 在此邻域内从左到右，

（1）若 f' 在 c 由负变为正，f 在 c 处取极小值；

（2）若 f' 在 c 由正变为负，f 在 c 处取极大值；

（3）若 f' 在 c 不改变符号（即在 c 两边同时为正或同时为负），f 在 c 处没有极值.

在端点处取极值的判别法是类似的，只需在单侧邻域内根据 f' 的符号判断 f 是单调增加或单调减少.

证 因为 f' 在 c 处由负变为正，取 $a<c<b$，在 (a,c) 内有 $f'<0$，在 (c,b) 内有 $f'>0$. 如果 $x\in(a,c)$，那么由 $f'<0$ 知 f 在 $[a,c]$ 上单调减少，则 $f(x)>f(c)$；

如果 $x\in(c,b)$，那么由 $f'>0$ 知 f 在 $[c,b]$ 上单调增加，则 $f(x)>f(c)$. 总之，对所有 $x\in(a,b)$，都有 $f(x)\geqslant f(c)$. 由定义知，f 在 c 处取得极小值. 第（1）部分得证.

第（2）和（3）部分的证明完全类似. 证毕.

例 3 求函数 $f(x)=x^{1/3}(x-4)$ 的临界点、单调区间、极值和最值.

解 由于函数 f 是两个连续函数 $x^{1/3}$ 和 $(x-4)$ 的乘积，所以 f 在整个实数域上连续. 则一阶导数为

$$
\begin{aligned}
f'(x)&=\frac{\mathrm{d}}{\mathrm{d}x}(x^{4/3}-4x^{1/3})=\frac{4}{3}x^{1/3}-\frac{4}{3}x^{-2/3}\\
&=\frac{4}{3}x^{-2/3}(x-1)=\frac{4(x-1)}{3x^{2/3}}.
\end{aligned}
$$

导数为零的点在 $x=1$ 处，不可导点在 $x=0$ 处．函数的定义域无端点，因此 f 只可能在临界点 $x=0$ 和 $x=1$ 处取极值.

临界点把定义域分成若干单调区间，结果列于表 4.3 中.

表 4.3

区间	$(-\infty,0)$	$(0,1)$	$(1,+\infty)$
f' 的符号	$-$	$-$	$+$
f 的单调性	单减	单减	单增

根据极值的第一判别法，函数在 $x=0$ 处没有极值（ f' 没有改变符号），而在 $x=1$ 处取得极小值（ f' 由负变为正）.

极小值 $f(1)=1^{1/3}(1-4)=-3$．该值也是函数的最小值，因为 f 在 $(-\infty,1)$ 上单调减少，在 $(1,\infty)$ 上单调增加．图 4.17 给出了函数图形.

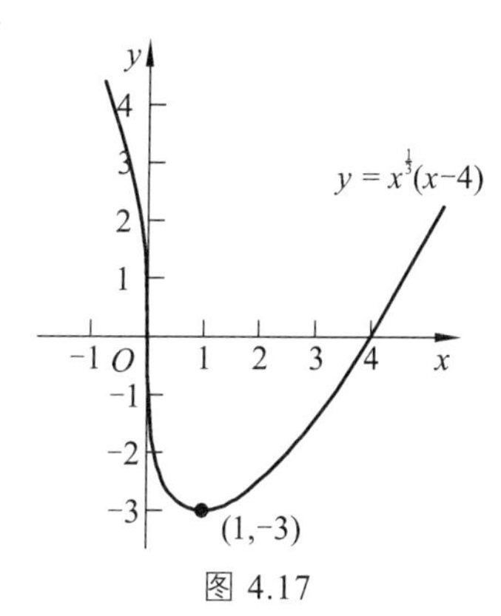

图 4.17

注意到 $\lim\limits_{x\to 0} f'(x)=-\infty$，函数曲线在原点处的切线是竖直的.

例 4　求函数

$$f(x)=(x^2-3)\mathrm{e}^x$$

的临界点、单调区间、极值和最值.

解　函数 f 在实数域上既连续又可导的,因此它的临界点是 $f'=0$ 的点.

运用乘积函数的求导法则，有

$$f'(x)=(x^2-3)\cdot\mathrm{e}^x+(2x)\cdot\mathrm{e}^x=(x^2+2x-3)\mathrm{e}^x.$$

由于 $\mathrm{e}^x>0$，函数的一阶导数等于零当且仅当

$$x^2+2x-3=0\Rightarrow x=-3 \text{ 和 } x=1,$$

且临界点 $x=-3$ 和 $x=1$ 把定义域分成以下单调区间（表 4.4）.

表 4.4

区间	$(-\infty,-3)$	$(-3,1)$	$(1,+\infty)$
f' 的符号	$+$	$-$	$+$
f 的单调性	单增	单减	单增

从表 4.4 中我们可以看出，函数 f 在 $x=-3$ 处取得极大值（约为 0.299），在 $x=1$ 处取得极小值（约为 -5.437）．该极小值也是最小值，因为当 $|x|>\sqrt{3}$ 时，有 $f(x)>0$．该函数没有最大值．函数图形见图 4.18.

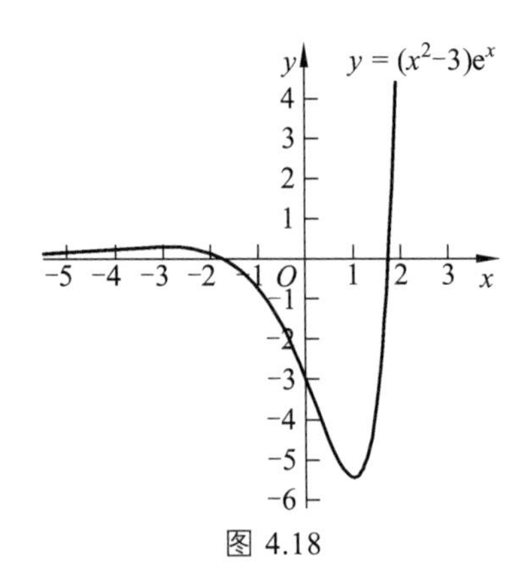

图 4.18

定理 4.5（极值的第二判别法） 设函数 f 在点 c 的某邻域 $U(c)$ 内有连续的二阶导数 f''，那么

（1）当 $f'(c)=0$ 和 $f''(c)<0$ 时，函数 f 在 c 处取得极大值.

（2）当 $f'(c)=0$ 和 $f''(c)>0$ 时，函数 f 在 c 处取得极小值.

（3）当 $f'(c)=0$ 和 $f''(c)=0$ 时，判别法失效. 此时，函数 f 在 c 处可能取极大值，可能取极小值，也可能没有极值.

证 如果 $f''(c)<0$，由 f'' 的连续性可知，在 c 的某邻域 I 内有 $f''(x)<0$，因此 f' 在 I 上单调减少. 而 $f'(c)=0$，则在 c 处 f' 的符号由正变为负，根据极值的第一判别法知，函数 f 在 c 处取得极大值.（1）得证.

第（2）部分的证明类似.

考虑函数 $y=x^4$，$y=-x^4$，$y=x^3$，在 $x=0$ 处，三个函数的一阶导数和二阶导数都为零，然而 $y=x^4$ 取极小值，$y=-x^4$ 取极大值，$y=x^3$ 没有极值. 判别法失效.（3）证毕.

由于只需要知道 f'' 在点 c 的符号，而无需知道 f'' 在点 c 附近的符号情况，因此第二判别法更实用. 但是在 $x=c$ 处 $f''=0$ 或 f'' 不存在时，第二判别法将失去作用，此时适用第一判别法来判断极值.

习题 4.3

1. 求下列函数的单调区间.

（1）$y=x^4-2x^2-5$；（2）$y=(x-2)^5(2x+1)^4$；

（3）$y=2\sin x+\cos 2x(0\leqslant x\leqslant 2\pi)$.

2. 证明下列不等式成立.

（1）$x-\dfrac{1}{2}x^2\leqslant\dfrac{x}{1+x}(x\geqslant 1)$；（2）$x-\dfrac{1}{6}x^3<\sin x<x(x>0)$；

（3）$\sin x\geqslant\dfrac{2}{\pi}x(x\geqslant 1)$；（4）$\dfrac{1}{x}+\dfrac{1}{\ln(1-x)}<1(x<1,x\neq 0)$.

3. 求下列函数的极值.

（1）$y=(x-1)^2(x-2)^3$；　　（2）$y=\frac{1}{4}x^4-\frac{1}{3}x^3-x^2$；

（3）$y=(x-5)^2\cdot\sqrt[3]{(x+1)^2}$；　　（4）$y=\frac{x^2-3x+2}{x^2+3x+2}$；

（5）$y=x^4\mathrm{e}^{-x^2}$；　　（6）$y=2x+3\sqrt[3]{x^2}$.

4. 问常数 a，b，c，d 均为何值时，函数 $f(x)=ax^3+bx^2+cx+d$ 在 $x=0$ 处有极大值 1，在 $x=2$ 处有极小值 0.

5. 求下列函数在给定区间上的最大值和最小值.

（1）$y=x^3-3x^2-9x+30$，$x\in[-4,4]$.

（2）$y=\frac{4}{x}+\frac{9}{1-x}$，$x\in(0,1)$.

（3）$y=2\tan x-\tan^2 x$，$x\in\left[0,\ \frac{\pi}{2}\right)$.

（4）$y=x^x$，$x\in[0.1,+\infty)$.

4.4　曲线的凹凸性和函数图形的描绘

一阶导数刻画了函数的单调性，可用来判断函数在临界点处是否取得极值. 在本节中我们将给出二阶导数能提供函数曲线弯曲方向的信息. 具体地，运用一阶导数、二阶导数的知识，再结合前面学过的对称性和渐进线，我们可以做出函数的精确图形.

4.4.1　曲线的凹凸性

如图 4.19 所示，$y=x^3$ 的曲线是单调增加的，但是在区间 $(-\infty,0)$ 和 $(0,\infty)$ 上曲线的弯曲方向不一样. 在原点的左边曲线向下弯曲，曲线总是在切线的下方，在 $(-\infty,0)$ 上切线的斜率在减少；在原点的右边曲线向上弯曲，曲线总是在切线的上方，在 $(0,\infty)$ 上切线的斜率在增加. 曲线的这种性质就是曲线的**凹凸性**.

定义 4.3　设函数 $y=f(x)$ 在区间 I 内可导，如果 f' 在 I 内单调增加，那么称 f 在 I 上的图形是（向上）**凹**的（或**凹弧**）；如果 f' 在 I 内单调减少，那么称 f 在 I 上的图形是（向下）**凸**的（或**凸弧**）.

如果 $y=f(x)$ 具有二阶导数，我们可以对一阶导函数运用拉格朗日中值定理推论 3 得到，若 $f''>0$，则 f' 单调增加；若 $f''<0$，则 f' 单调减少. 我们得到

定理 4.6（函数图形凹凸性的二阶导数判别法）　设函数 $y=f(x)$ 在区间 I 内二阶可导，那么

（1）若在 I 内 $f''>0$，则 f 在区间 I 上的图形是凹的；

（2）若在 I 内 $f''<0$，则 f 在区间 I 上的图形是凸的.

例 1 函数 $y=x^3$ 的曲线在 $(-\infty,0)$ 内是凸的，因为 $y''=6x<0$；在 $(0,\infty)$ 内是凹的，因为 $y''=6x>0$（图 4.19）.

$y=x^2$ 曲线在 $(-\infty,\infty)$ 内是凹的，因为其二阶导数 $y''=2$ 始终为正（图 4.20）.

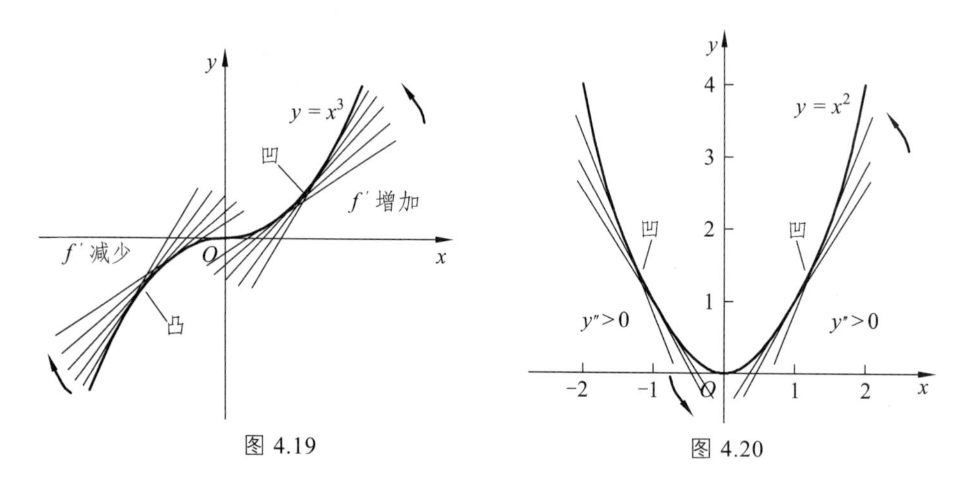

图 4.19　　　　图 4.20

例 2 确定 $y=3+\sin x$ 在 $[0,2\pi]$ 上的凹凸性.

解 $y=3+\sin x$ 的一阶导数为 $y'=\cos x$，二阶导数为 $y''=-\sin x$. 在 $(0,\pi)$ 内 $y''=-\sin x$ 是负的，函数曲线是凸的；在 $(\pi,2\pi)$ 内 $y''=-\sin x$ 是正的，曲线是凹的（图 4.21）.

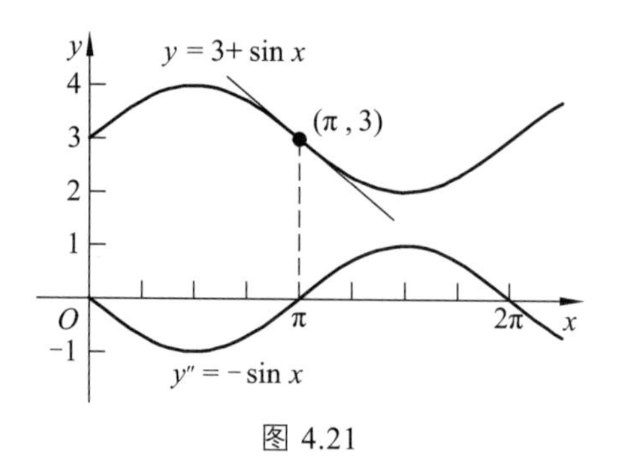

图 4.21

4.4.2 拐　点

例 2 中的曲线 $y=3+\sin x$ 在点 $(\pi,3)$ 处改变了凹凸性. 因为对所有的 x，一阶导数 $y'=\cos x$ 都存在，我们看到在点 $(\pi,3)$ 处曲线有一条斜率为 -1 的切线. 该点称为曲线的**拐点**. 从图 4.21 中看到，曲线在该点穿过了它的切线. 一般来说，我们有如下定义：

定义 4.4 点 $(c,f(c))$ 称为**拐点**，如果在该点处曲线的凹凸性发生了改变，并且曲线在该点存在切线.

在拐点 $(\pi,3)$ 处函数 $f'(x)=3+\sin x$ 的二阶导数为零. 一般地，若在拐点 $(c,f(c))$ 处函数的二阶导数存在，则一定有 $f''(c)=0$. 如果加上“函数在 $x=c$ 的邻域内有连续的二阶导数”的条件，那么此结论很容易用连续函数的零点定理证明. 因为点 c 的左、右二阶导数改变了符号；去掉连续性条件，论证就比较复杂，这里从略.

由定义知，在拐点处曲线的切线一定存在，切线的斜率分两种情况：① 斜率为有限，一

阶导数 $f'(c)$ 存在；② 斜率为无穷大，切线在竖直方向，一阶导数和二阶导数都不存在.

综合以上分析，在拐点 $(c,f(c))$ 处，$f''(c)=0$ 或者 $f''(c)$ 不存在.

下面给出拐点和一阶导数存在但二阶导数不存在的函数的例子.

例 3　$f(x)=x^{5/3}$ 的图形在原点处有水平切线，因为当 $x=0$ 时有 $f'(x)=\dfrac{5}{3}x^{2/3}=0$. 但是，其二阶导数

$$f''(x)=\frac{\mathrm{d}}{\mathrm{d}x}\left(\frac{5}{3}x^{2/3}\right)=\frac{10}{9}x^{-1/3}$$

在 $x=0$ 处不存在. 另一方面，$x<0$ 时 $f''(x)<0$，$x>0$ 时 $f''(x)>0$，因此二阶导数在 $x=0$ 改变了符号，原点是拐点，函数图形如图 4.22 所示.

下面的例子是一阶、二阶导数存在且 $f''=0$ 但拐点不存在的函数.

例 4　曲线 $y=x^4$ 在 $x=0$ 处没有拐点（图 4.23），虽然二阶导数 $y''=12x^2$ 在该点为零，但是它没有改变符号.

例 5 给出拐点处的切线在竖直方向的函数，其一阶、二阶导数都不存在.

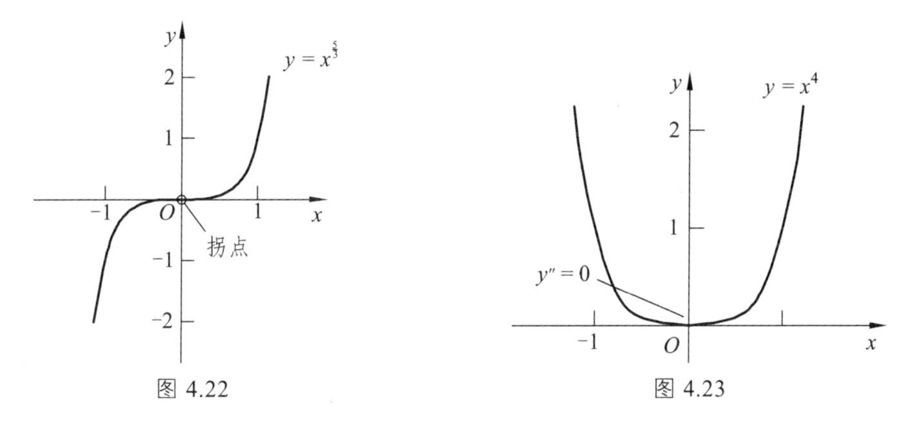

图 4.22　　　　图 4.23

例 5　函数 $y=x^{1/3}$ 的图形在原点处有拐点，因为 $x<0$ 时二阶导数为正，$x>0$ 时二阶导数为负：

$$y''=\frac{\mathrm{d}^2}{\mathrm{d}x^2}(x^{1/3})=\frac{\mathrm{d}}{\mathrm{d}x}\left(\frac{1}{3}x^{-2/3}\right)=-\frac{2}{9}x^{-5/3}.$$

但是在 $x=0$ 时 y' 和 y'' 都不存在，该点的切线在竖直方向. 图形如图 4.24 所示.

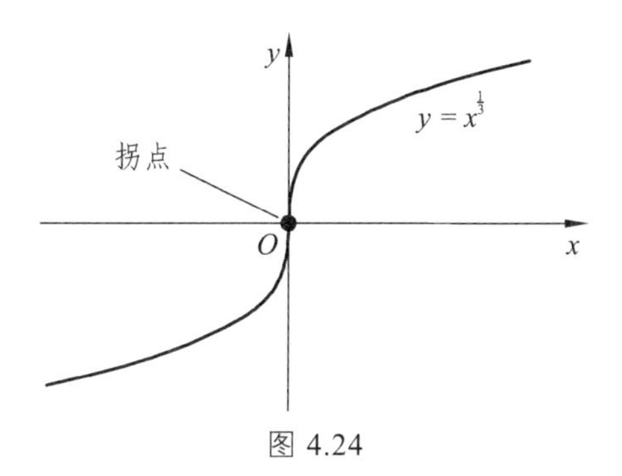

图 4.24

注意到函数 $f(x)=x^{2/3}$ 在 $x=0$ 处二阶导数不存在，没有拐点（在 $x=0$ 的凹凸性不变）. 与例 4 对比发现，二阶导数不存在时，曲线可能有拐点，也可能没有拐点. 在一阶导数或者二阶导数不存在的点，函数的行为比较复杂，需要仔细鉴别. 在这些点上函数可能有竖直切线、尖点和各种间断性.

4.4.3　函数图形的描绘

f' 和 f'' 合在一起阐释了函数图形的重要信息：在哪个区间上升，在哪个区间下降，在什么地方有“峰”点或“谷”点；在哪个区间为凹，在哪个区间为凸，在什么地方有拐点. 利用这些信息，我们可以描绘出函数图形的关键特征.

例 6　使用下列步骤画出函数 $f(x)=x^4-4x^3+10$ 的图形：

（1）找出 f 的极值点；

（2）找出 f 的单调区间；

（3）找出 f 的凹凸区间；

（4）绘出 f 图形的大体形状；

（5）绘出极值点、拐点、与坐标轴交点等特殊点，然后画出图形.

解　f 的定义域为 $(-\infty,\infty)$. 由于 $f'(x)=4x^3-12x^2$ 总存在，函数 f 连续，f' 的定义域也是 $(-\infty,\infty)$. 于是，f 的临界点只出现在 $f'=0$ 的点处. 由于

$$f'(x)=4x^3-12x^2=4x^2(x-3),$$

即 f 在 $x=0$ 和 $x=3$ 时一阶导数为零. 我们使用这些临界点来划分 f 的单调区间（表 4.5）.

表 4.5

区间	$x<0$	$0<x<3$	$x>3$
f' 的符号	−	−	+
f 的单调性	单减	单减	单增

（1）由极值的第一判别法和表 4.7 知，$x=0$ 时函数无极值，$x=3$ 时函数取极小值.

（2）由表 4.7 知，f 在区间 $(-\infty,0]$ 和 $[0,3]$ 上单调减少，在 $[3,\infty)$ 上单调增加.

（3）由 $f''(x)=12x^2-24x=12x(x-2)$ 知，f 在 $x=0$ 和 $x=2$ 时二阶导数为零. 我们使用这些点给出 f 的凹凸区间（表 4.6）.

表 4.6

区间	$x<0$	$0<x<2$	$x>2$
f'' 的符号	+	−	+
f 的凹凸性	凹	凸	凹

可见，f 在区间 $(-\infty,0)$ 和 $(2,\infty)$ 上是凹的，在区间 $(0,2)$ 上是凸的，$x=0$ 和 $x=2$ 是拐点.

（4）综合上面两个表，我们得到表 4.7.

表 4.7

$x<0$	$0<x<2$	$2<x<3$	$x>3$
单减，凹	单减，凸	单减，凹	单增，凹

图形的大体形状如图 4.25 所示.

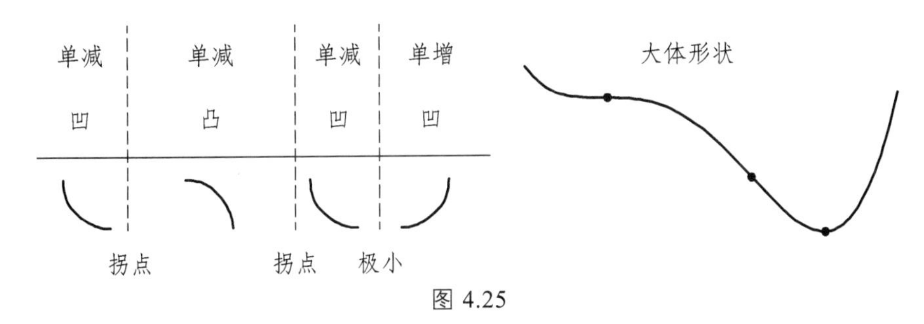

图 4.25

（5）绘出曲线与坐标轴交点、y' 和 y'' 为零的点等特殊点，标出极值点和拐点. 如有需要，补充求出其他的一些点. 结合函数图形的大体形状，连接这些点画出函数图形. f 的图形如图 4.26 所示.

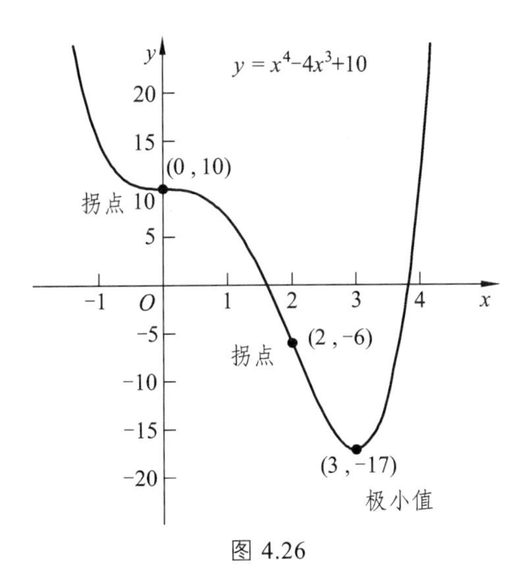

图 4.26

描绘函数的图形，除了例 6 中的步骤外，有时还需要考虑函数图形是否有水平或铅直的渐近线及其他变化趋势. 根据例 6，我们可以得到函数 $y=f(x)$ 的作图步骤：

（1）确定函数 f 的定义域，了解函数是否具有某些简单的特性（如奇偶性、周期性等）.

（2）求出一阶导数 y' 和二阶导数 y''.

（3）求出 $f(x)$ 的全部临界点，确定在每个临界点处函数的行为.

（4）求出函数的单调区间.

（5）求出函数的拐点和凹凸区间.

（6）确定函数图形是否有水平或铅直的渐近线及其他变化趋势.

（7）绘出关键点，如曲线与坐标轴交点以及第（3）~（5）步中得到的点，再结合曲线的渐近行为，画出函数图形.

例 7 作出函数 $f(x)=\dfrac{(x+1)^2}{1+x^2}$ 的图形.

解 （1）f 的定义域为 $(-\infty,\infty)$，函数没有奇偶性、周期性等特征.

（2）求出 f' 和 f''.

$$f'(x)=\frac{2(1-x^2)}{(1+x^2)^2},\quad f''(x)=\frac{4x(x^2-3)}{(1+x^2)^3}.$$

（3）临界点的行为. 由于 f' 在 f 的整个定义域上都存在，临界点只出现在 $f'(x)=0$ 处，有 $x=\pm1$. 当 $x=-1$ 时，有 $f''(-1)=1>0$，$x=-1$ 为极小值点. 当 $x=1$ 时，有 $f''(1)=-1<0$，$x=1$ 为极大值点.

（4）单调区间. 在区间 $(-\infty,-1)$ 上 $f'(x)<0$，曲线弧下降；在区间 $(-1,1)$ 上 $f'(x)>0$，曲线弧上升；在区间 $(1,+\infty)$ 上 $f'(x)<0$，曲线弧再次下降.

（5）拐点. 注意到二阶导数的分母恒为正. 当 $x=-\sqrt{3},0,\sqrt{3}$ 时，二阶导数 f'' 为零. 在这些点附近，二阶导数改变了符号，故这些点都是拐点：在区间 $(-\infty,-\sqrt{3})$ 上 $f''(x)<0$，曲线是凸的；在区间 $(-\sqrt{3},0)$ 上 $f''(x)>0$，曲线是凹的；在 $(0,\sqrt{3})$ 上 $f''(x)<0$，曲线是凸的；在 $(\sqrt{3},\infty)$ 上 $f''(x)>0$，曲线是凹的.

将上述结论列于表 4.8 中.

表 4.8

x	$(-\infty,-\sqrt{3})$	$-\sqrt{3}$	$(-\sqrt{3},-1)$	-1	$(-1,0)$	0
$f'(x)$	$-$	$-$	$-$	0	$+$	$+$
$f''(x)$	$-$	0	$+$	$+$	$+$	0
$f(x)$ 的图形	下降，凸	拐点	下降，凹	谷点	上升，凹	拐点
x	$(0,1)$	1	$(1,\sqrt{3})$	$\sqrt{3}$	$(\sqrt{3},\infty)$	
$f'(x)$	$+$	0	$-$	$-$	$-$	
$f''(x)$	$-$	$-$	$-$	0	$+$	
$f(x)$ 的图形	上升，凸	峰点	下降，凸	拐点	下降，凹	

（6）渐近线. 由 f 的表达式可得

$$f(x)=\frac{(x+1)^2}{1+x^2}=\frac{x^2+2x+1}{1+x^2}=\frac{1+2(1/x)+(1/x^2)}{(1/x^2)+1}.$$

当 $x\to\pm\infty$ 时，$f(x)\to1$，所以 $y=1$ 是函数图形的水平渐近线. 函数图形无铅直渐近线.

（7）曲线与 y 轴的交点为 $(0,1)$，与 x 轴的交点为 $(-1,0)$．$(-1,0)$ 是最小值，$(1,2)$ 是最大值．f 的图形如图 4.27 所示.

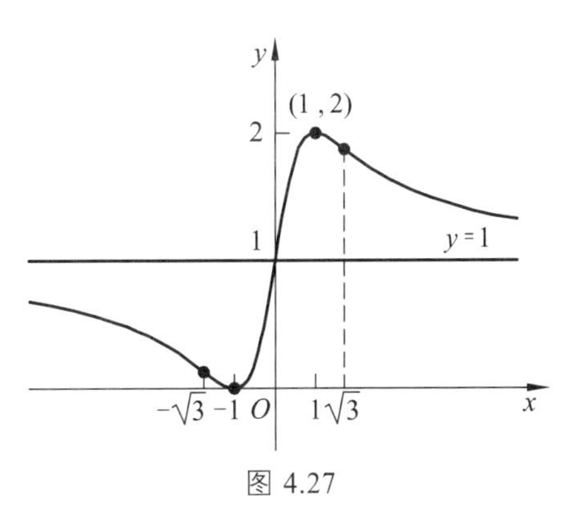

图 4.27

例 8　作出函数 $f(x)=\dfrac{x^2+4}{2x}$ 的图形.

解　（1）f 的定义域为所有非零实数．因为 $f(-x)=-f(x)$，所以 f 是奇函数，其图形关于原点对称．我们只需要考察它在 $(0,\infty)$ 上的性态.

（2）计算函数的导数.

$$f(x)=\frac{x^2+4}{2x}=\frac{x}{2}+\frac{2}{x},$$

$$f'(x)=\frac{1}{2}-\frac{2}{x^2}=\frac{x^2-4}{2x^2},$$

$$f''(x)=\frac{4}{x^3}.$$

（3）临界点由 $f'(x)=0$ 给出，得 $x=2$．由于 $f''(2)>0$，故 $x=2$ 时函数有极小值 $f(2)=2$.

（4）在区间 $(0,2)$ 上，f' 为负，函数单调减少；在区间 $(2,\infty)$ 上，f' 为正，函数单调增加.

（5）当 $x>0$ 时，$f''(x)>0$，所以函数图形是凹的.

将上述结论列于表 4.9 中.

表 4.9

x	$(0,2)$	2	$(2,\infty)$
$f'(x)$	$-$	0	$+$
$f''(x)$	$+$	$+$	$+$
$f(x)$ 的图形	下降，凹	谷点	上升，凹

（6）因为

$$\lim_{x\to0^+}f(x)=\lim_{x\to0^+}\left(\frac{x}{2}+\frac{2}{x}\right)=+\infty,$$

所以 y 轴是铅直渐近线．同理

$$\lim_{x\to+\infty}\frac{f(x)}{x}=\lim_{x\to+\infty}\left(\frac{1}{2}+\frac{2}{x^2}\right)=\frac{1}{2},$$

$$\lim_{x\to+\infty}\left[f(x)-\frac{1}{2}x\right]=\lim_{x\to+\infty}\frac{2}{x}=0,$$

则 $y=\dfrac{x}{2}$ 是斜渐近线.

（7）f 在区间 $(-\infty,0)$ 上的图形由对称性直接可得，如图 4.28 所示.

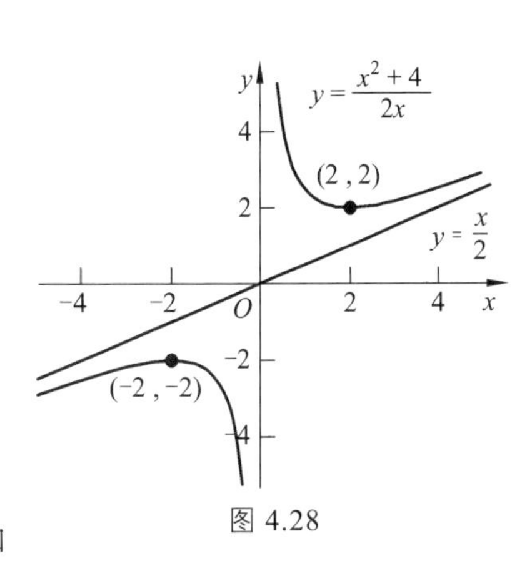

图 4.28

习题 4.4

1. 求下列函数的凹凸区间和拐点.

（1）$y=-x^4-2x^3+36x^2+x$；（2）$y=x^2\ln x$；

（3）$y=\dfrac{1}{x^2+1}$；（4）$y=1-\sqrt[3]{x-1}$；

（5）$y=\dfrac{x^3}{x^2+3}$；（6）$y=x^2\mathrm{e}^{-x}$.

2. 求曲线 $y=x^3-3x^2+24x-19$ 在拐点处的切线方程和法线方程.

3. 求下列各曲线的渐近线.

（1）$y=\mathrm{e}^{\frac{1}{x}}-1$；（2）$y=x\ln\left(\mathrm{e}+\dfrac{1}{x}\right)$；

（3）$y=x\mathrm{e}^{\frac{2}{x}}+1$；（4）$y=2x+\arctan\dfrac{x}{2}$.

4. 作出下列各函数的图形.

（1）$y=\dfrac{x}{3-x^2}$；（2）$y=3x^5-5x^3$；

（3）$y=x\mathrm{e}^{-x^2}$；（4）$y=\dfrac{1}{x}\mathrm{e}^x$；

（5）$y=\ln\sin x$；（6）$y=x-\arctan x$.

4.5 未定式和洛必达法则

如果当 $x\to a$（或 $x\to\infty$）时，两个函数 $f(x)$ 与 $g(x)$ 都趋于零或都趋于无穷大，那么极限 $\lim\limits_{\substack{x\to a\\(x\to\infty)}}\dfrac{f(x)}{g(x)}$ 可能存在，也可能不存在. 通常称这种类型的极限为未定式，并简记为 $\dfrac{0}{0}$ 和 $\dfrac{\infty}{\infty}$. 约翰·伯努利首先发现了利用导数来计算未定式的法则，该法则现今被称为洛必达法则，因为它在法国数学家洛必达所著的微分学教材中首次公开而得名.

4.5.1 $\dfrac{0}{0}$ 型未定式极限

定理 4.7（洛必达法则） 设函数 $f(x)$ 及 $g(x)$ 满足：

（1）$\lim\limits_{x\to a}f(x)=\lim\limits_{x\to a}g(x)=0$；

（2）在点 a 的某去心邻域内，$f'(x),g'(x)$ 都存在且 $g'(x)\neq 0$；

（3）$\lim\limits_{x\to a}\dfrac{f'(x)}{g'(x)}=l$（或为无穷大），

则
$$\lim_{x\to a}\frac{f(x)}{g(x)}=\lim_{x\to a}\frac{f'(x)}{g'(x)}=l\,.$$

定理 4.7 的证明在本节末尾给出.

例 1　求下列 $\dfrac{0}{0}$ 未定式的极限.

（1）$\lim\limits_{x\to 0}\dfrac{3x-\sin x}{x}=\lim\limits_{x\to 0}\dfrac{3-\cos x}{1}=2$.

（2）$\lim\limits_{x\to 0}\dfrac{\sqrt{1+x}-1}{x}=\lim\limits_{x\to 0}\dfrac{1/2\sqrt{1+x}}{1}=\dfrac{1}{2}$.

（3）
$$\begin{aligned}\lim_{x\to 0}\frac{\sqrt{1+x}-1-x/2}{x^2}&=\lim_{x\to 0}\frac{(1/2)(1+x)^{-1/2}-1/2}{2x}\\&=\lim_{x\to 0}\frac{(1+x)^{-1/2}-1}{4x}\\&=\lim_{x\to 0}\frac{-(1/2)(1+x)^{-3/2}}{4}=-\frac{1}{8}.\end{aligned}$$

（4）$\lim\limits_{x\to 0}\dfrac{x-\sin x}{x^3}=\lim\limits_{x\to 0}\dfrac{1-\cos x}{3x^2}=\lim\limits_{x\to 0}\dfrac{\sin x}{6x}=\lim\limits_{x\to 0}\dfrac{\cos x}{6}=\dfrac{1}{6}$.

例 2　求 $\lim\limits_{x\to 0}\dfrac{1-\cos x}{x+x^2}$.

解　$\lim\limits_{x\to 0}\dfrac{1-\cos x}{x+x^2}=\lim\limits_{x\to 0}\dfrac{\sin x}{1+2x}=\dfrac{\sin 0}{1+2\cdot 0}=0$.

注意：上式中的 $\lim\limits_{x\to 0}\dfrac{\sin x}{1+2x}$ 已不是未定式，不能对它应用洛必达法则，否则会导致错误结果. 在反复应用洛必达法则的过程中，要特别注意验证每次所求的极限是否为未定式，如果不是就不能应用洛必达法则.

4.5.2　$\dfrac{\infty}{\infty}$，$\infty\cdot 0$ 和 $\infty-\infty$ 型未定式

对于 $\dfrac{\infty}{\infty}$ 型的未定式，洛必达法则同样成立. 当 $x\to a$ 时，如果 $f(x)\to\pm\infty$ 且 $g(x)\to\pm\infty$，那么
$$\lim_{x\to a}\frac{f(x)}{g(x)}=\lim_{x\to a}\frac{f'(x)}{g'(x)}.$$
只要上式右边的极限存在. 上式的极限 $x\to a$ 中，a 可以是有限值，也可以是无穷大，还可以代表单侧极限 $x\to a^+$，$x\to a^-$.

例 3 求下列$\dfrac{\infty}{\infty}$型未定式.

（1）$\lim\limits_{x\to\pi/2}\dfrac{\sec x}{1+\tan x}$；（2）$\lim\limits_{x\to\infty}\dfrac{\ln x}{2\sqrt{x}}$；（3）$\lim\limits_{x\to\infty}\dfrac{e^x}{x^2}$.

解 （1）在$x=\pi/2$处，分子、分母都不连续，我们应该考虑单侧极限．左极限是$\dfrac{\infty}{\infty}$型，即

$$\lim_{x\to(\pi/2)^-}\frac{\sec x}{1+\tan x}=\lim_{x\to(\pi/2)^-}\frac{\sec x\tan x}{\sec^2 x}=\lim_{x\to(\pi/2)^-}\sin x=1,$$

而右极限是$\dfrac{-\infty}{-\infty}$型未定式，其极限也是1．因此，双侧极限等于1.

（2）$\lim\limits_{x\to\infty}\dfrac{\ln x}{2\sqrt{x}}=\lim\limits_{x\to\infty}\dfrac{1/x}{1/\sqrt{x}}=\lim\limits_{x\to\infty}\dfrac{1}{\sqrt{x}}=0$；

（3）$\lim\limits_{x\to\infty}\dfrac{e^x}{x^2}=\lim\limits_{x\to\infty}\dfrac{e^x}{2x}=\lim\limits_{x\to\infty}\dfrac{e^x}{2}=\infty$.

有时当$x\to a$时，我们得到的是$\infty\cdot 0$或$\infty-\infty$型的未定式，可将它们先化为$\dfrac{0}{0}$或$\dfrac{\infty}{\infty}$型的未定式，然后用洛必达法则进行计算．下面通过例子加以说明.

例 4 求下列$\infty\cdot 0$型未定式.

（1）$\lim\limits_{x\to\infty}\left(x\sin\dfrac{1}{x}\right)$；（2）$\lim\limits_{x\to 0^+}\sqrt{x}\ln x$.

解 （1）$\lim\limits_{x\to\infty}\left(x\sin\dfrac{1}{x}\right)=\lim\limits_{h\to 0^+}\left(\dfrac{1}{h}\sin h\right)=\lim\limits_{h\to 0^+}\dfrac{\sin h}{h}=1$；

（2）$\lim\limits_{x\to 0^+}\sqrt{x}\ln x=\lim\limits_{x\to 0^+}\dfrac{\ln x}{1/\sqrt{x}}=\lim\limits_{x\to 0^+}\dfrac{1/x}{-\dfrac{1}{2}x^{-3/2}}=\lim\limits_{x\to 0^+}(-2\sqrt{x})=0$.

例 5 求$\infty-\infty$型未定式：$\lim\limits_{x\to 0}\left(\dfrac{1}{\sin x}-\dfrac{1}{x}\right)$.

解 当$x\to 0^+$时，$\sin x\to 0^+$，则$\dfrac{1}{\sin x}-\dfrac{1}{x}\to\infty-\infty$；

当$x\to 0^-$时，$\sin x\to 0^-$，则$\dfrac{1}{\sin x}-\dfrac{1}{x}\to-\infty-(-\infty)=\infty-\infty$.

这是$\infty-\infty$型未定式．经过通分，我们得到

$$\frac{1}{\sin x}-\frac{1}{x}=\frac{x-\sin x}{x\sin x}.$$

当$x\to 0$时，上式右端是$\dfrac{0}{0}$型未定式，应用洛必达法则，得

$$\lim_{x\to 0}\left(\frac{1}{\sin x}-\frac{1}{x}\right)=\lim_{x\to 0}\frac{x-\sin x}{x\sin x}=\lim_{x\to 0}\frac{1-\cos x}{\sin x+x\cos x}$$

$$=\lim_{x\to 0}\frac{\sin x}{2\cos x-x\sin x}=\frac{0}{2}=0.$$

洛必达法则是求未定式的一种有效方法,但最好能与其他求极限的方法结合起来使用. 对于求极限问题，能化简时应先化简，能用等价无穷小替代或重要极限时尽量使用，这样可以尽量使运算简捷. 例 5 中如果作等价无穷小替代，那么运算就方便很多. 其运算如下：

当 $x \to 0$时， $\sin x \sim x$ ， $1-\cos x \sim \frac{1}{2}x^2$ ，所以

$$\lim_{x\to 0}\left(\frac{1}{\sin x}-\frac{1}{x}\right)=\lim_{x\to 0}\frac{x-\sin x}{x\sin x}=\lim_{x\to 0}\frac{x-\sin x}{x^2}$$

$$=\lim_{x\to 0}\frac{1-\cos x}{2x}=\lim_{x\to 0}\frac{\frac{1}{2}x^2}{2x}$$

$$=\lim_{x\to 0}\frac{x}{4}=\frac{0}{4}=0.$$

4.5.3　幂指型未定式

对于 1^∞ , 0^0 , ∞^0 型的未定式，可以先取对数，化为 $\frac{0}{0}$ 或 $\frac{\infty}{\infty}$ 型的未定式，用洛必达法则计算对数的极限，然后用换底公式求出原来函数的极限. 其公式如下：

如果 $\lim\limits_{x\to a}\ln f\left(x\right)=L$ ，那么

$$\lim_{x\to a}f(x)=\lim_{x\to a}\mathrm{e}^{\ln f(x)}=\mathrm{e}^L .$$

这里 a 是有限值或无穷大.

例 6　用洛必达法则验证 $\lim\limits_{x\to 0^+}(1+x)^{1/x}=\mathrm{e}$.

解　这是 1^∞ 型未定式. 令 $f(x)=(1+x)^{1/x}$. 由于

$$\ln f(x)=\ln(1+x)^{1/x}=\frac{1}{x}\ln(1+x) ,$$

当 $x\to 0^+$ 时，上式右端是 $\frac{0}{0}$ 型未定式，应用洛必达法则，得

$$\lim_{x\to 0^+}\ln f(x)=\lim_{x\to 0^+}\frac{\ln(1+x)}{x}=\lim_{x\to 0^+}\frac{\frac{1}{1+x}}{1}$$

$$=\lim_{x\to 0^+}\frac{1}{1+x}=\frac{1}{1}=1.$$

于是

$$\lim_{x\to 0^+}(1+x)^{1/x}=\lim_{x\to 0^+}f(x)=\lim_{x\to 0^+}\mathrm{e}^{\ln f(x)}=\mathrm{e}^1=\mathrm{e} .$$

例 7　求 $\lim\limits_{x\to\infty}x^{1/x}$.

解　这是 ∞^0 型未定式. 令 $f(x)=x^{1/x}$. 由于

$$\ln f(x)=\ln x^{1/x}=\frac{\ln x}{x} ,$$

当 $x\to\infty$ 时，上式右端是 $\frac{\infty}{\infty}$ 型未定式，应用洛必达法则，得

$$\lim_{x\to\infty}\ln f(x)=\lim_{x\to\infty}\frac{\ln x}{x}=\lim_{x\to\infty}\frac{1/x}{1}=\lim_{x\to\infty}\frac{1}{x}=0.$$

于是

$$\lim_{x\to\infty}x^{1/x}=\lim_{x\to\infty}f(x)=\lim_{x\to\infty}\mathrm{e}^{\ln f(x)}=\mathrm{e}^0=1.$$

例 8 求 $\lim\limits_{x\to0^+}(\cot x)^{1/\ln x}$.

解 这是 ∞^0 型未定式. 此时

$$\lim_{x\to0^+}\ln f(x)=\lim_{x\to0^+}\frac{\ln\cot x}{\ln x}=\lim_{x\to0^+}\frac{\frac{-\csc^2 x}{\cot x}}{\frac{1}{x}}$$

$$=\lim_{x\to0^+}\frac{-x}{\sin x\cos x}=-1.$$

于是

$$\lim_{x\to0^+}(\cot x)^{1/\ln x}=\lim_{x\to0^+}f(x)=\lim_{x\to0^+}\mathrm{e}^{\ln f(x)}=\mathrm{e}^{-1}=\frac{1}{\mathrm{e}}.$$

最后我们指出，本节给出的是 $\frac{0}{0}$ 型或 $\frac{\infty}{\infty}$ 型未定式存在极限（或为无穷大）的一个充分条件，而当 $\lim\limits_{\substack{x\to a\\(x\to\infty)}}\frac{f'(x)}{g'(x)}$ 不存在时（等于无穷大的情况除外），$\lim\limits_{\substack{x\to a\\(x\to\infty)}}\frac{f(x)}{g(x)}$ 仍可能存在. 这时应改用其他方法求极限.

例 9 求 $\lim\limits_{x\to\infty}\frac{x+\sin x}{x}$.

解 若对分子、分母分别求导，成为求

$$\lim_{x\to\infty}\frac{1+\cos x}{1}=\lim_{x\to\infty}(1+\cos x).$$

可见，右边极限是不存在的. 但事实上可以求得

$$\lim_{x\to\infty}\frac{x+\sin x}{x}=\lim_{x\to\infty}\left(1+\frac{1}{x}\sin x\right)=1.$$

4.5.4 洛必达法则的证明

洛必达法则是由柯西（Cauchy）中值定理推出的. 柯西中值定理是关于两个函数的微分中值定理.

定理 4.8（柯西中值定理） 如果函数 $f(x)$ 及 $g(x)$ 满足：

（1）在闭区间 $[a,b]$ 上连续；

（2）在开区间 (a,b) 内可导；

（3）对于任何 $x\in(a,b)$，$g'(x)\neq0$，

则至少存在一点 $c\in(a,b)$，使得

$$\frac{f'(c)}{g'(c)}=\frac{f(b)-f(a)}{g(b)-g(a)}.$$

证　首先，证明 $g(a)\neq g(b)$．假设 $g(a)=g(b)$，由拉格朗日中值定理，有

$$g'(c)=\frac{g(b)-g(a)}{b-a}=0.$$

其中 $a<c<b$．这与题设任取 $x\in(a,b)$ 都有 $g'(x)\neq 0$ 矛盾，所以 $g(a)\neq g(b)$．

其次，构造辅助函数. 即

$$F(x)=f(x)-f(z)-\frac{f(b)-f(a)}{g(b)-g(a)}[g(x)-g(a)],$$

则 $F(x)$ 在 $[a,b]$ 上连续，在 (a,b) 内可导，且 $F(a)=F(b)=0$．由罗尔定理，至少存在一点 $c\in(a,b)$，使得 $F'(c)=0$，即

$$F'(c)=f'(c)-\frac{f(b)-f(a)}{g(b)-g(a)}g'(c)=0.$$

所以
$$\frac{f'(c)}{g'(c)}=\frac{f(b)-f(a)}{g(b)-g(a)}.$$

证毕.

柯西中值定理的几何解释是，如果平面曲线 C 由参数方程

$$\begin{cases}X=g(x)\\Y=f(x)\end{cases}\quad(a\leqslant x\leqslant b)$$

表示（图 4.29），其中 x 为参数. 那么，曲线 C 上点 (X,Y) 处的切线的斜率为

$$\frac{\mathrm{d}Y}{\mathrm{d}X}=\frac{f'(x)}{g'(x)},$$

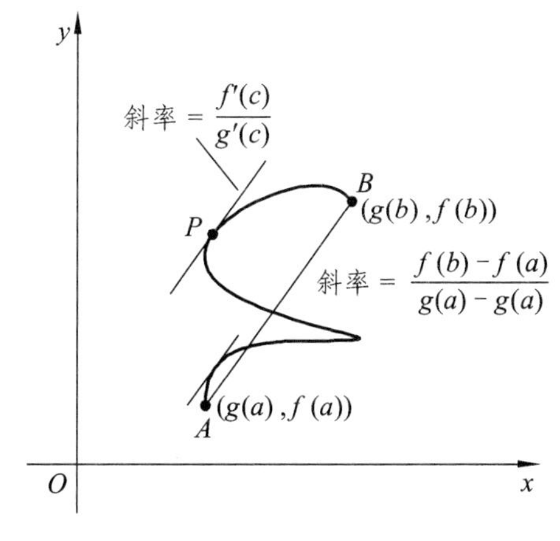

图 4.29

弦 AB 的斜率为

$$\frac{f(b)-f(a)}{g(b)-g(a)},$$

因此，柯西中值定理表示曲线 C 上至少存在一点 P（对应于参数 $x=c$），使曲线在 P 点处的切线平行于弦 AB.

洛必达法则的证明 因为求 $\frac{f(x)}{g(x)}$ 当 $x\to a$ 时的极限与 $f(a)$ 及 $g(a)$ 无关，所以可以假定 $f(a)=g(a)=0$，于是 $f(x)$ 及 $g(x)$ 在点 a 的某一邻域内连续. 设 x 是该邻域内一点，那么在以 x 及 a 为端点的区间上，柯西中值定理的条件均满足，有

$$\frac{f(x)}{g(x)}=\frac{f(x)-f(a)}{g(x)-g(a)}=\frac{f'(c)}{g'(c)} \quad (c\text{ 在 } x \text{ 与 } a \text{ 之间}).$$

令 $x\to a$ 对上式两端求极限，注意到 $x\to a$ 时 $c\to a$，因此

$$\lim_{x\to a}\frac{f(x)}{g(x)}=\lim_{c\to a}\frac{f'(c)}{g'(c)}=\lim_{x\to a}\frac{f'(x)}{g'(x)}.$$

证毕.

习题 4.5

1. 求下列函数的极限.

（1）$\lim\limits_{x\to 0}\frac{x-\sin x}{x^3}$；

（2）$\lim\limits_{x\to 0}\frac{x-\arctan x}{x-\arcsin x}$；

（3）$\lim\limits_{x\to 0}\frac{x-1-x\ln x}{(x-1)\ln x}$；

（4）$\lim\limits_{x\to 0}\frac{x-\arcsin x}{\sin^3 x}$；

（5）$\lim\limits_{x\to 0}\frac{\ln(1+x^2)}{\sec x-\cos x}$；

（6）$\lim\limits_{x\to\frac{\pi}{2}}\frac{\tan 5x}{\tan 3x}$；

（7）$\lim\limits_{x\to 1^+}\frac{1}{\ln x\cdot\ln(x-1)}$；

（8）$\lim\limits_{x\to a^+}\frac{\cos x\cdot\ln(x-a)}{\ln(\mathrm{e}^x-\mathrm{e}^a)}$；

（9）$\lim\limits_{x\to 0}\left[\frac{1}{\ln(1+x)}-\frac{1}{x}\right]$；

（10）$\lim\limits_{x\to 0^+}\sqrt[5]{x}\ln x$；

（11）$\lim\limits_{x\to 0}(\cot x\cdot\arcsin x)$；

（12）$\lim\limits_{x\to 1}\left(\frac{x^2+x}{2}\right)^{\frac{1}{x-1}}$；

（13）$\lim\limits_{x\to\infty}\left(1+\frac{1}{x^2}\right)^x$；

（14）$\lim\limits_{x\to 1}(2-x)^{\tan\frac{\pi x}{2}}$；

（15）$\lim\limits_{x\to 1}\left(\tan\frac{\pi x}{4}\right)^{\tan\frac{\pi x}{2}}$；

（16）$\lim\limits_{x\to 0}\left(\frac{\sin x}{x}\right)^{\frac{1}{1-\cos x}}$；

（17）$\lim\limits_{x\to+\infty}(\ln x)^{\frac{1}{x}}$；　　（18）$\lim\limits_{x\to+\infty}\left[\dfrac{\ln(1+x)}{x}\right]^{\frac{1}{x}}$；

（19）$\lim\limits_{x\to0}\dfrac{\sin^2 x-x^2\cos x}{x^4}$；　　（20）$\lim\limits_{x\to+\infty}\left(\dfrac{\pi}{2}-\arctan x\right)^{\frac{1}{x}}$.

2. 验证：极限 $\lim\limits_{x\to\infty}\dfrac{x-\sin x}{x+\sin x}$ 存在，但不能用洛必达法则计算.

3. 讨论函数

$$f(x)=\begin{cases}\dfrac{1}{x}-\dfrac{1}{e^x-1}, & x\neq0\\ \dfrac{1}{2}, & x=0\end{cases}$$

在 $x=0$ 处的可微性.

4. 试求一个二次三项式 $P(x)$，使得 $2^x=P(x)+o(x^2)(x\to0)$.

4.6　泰勒公式

4.6.1　泰勒多项式

不论在近似计算还是理论分析中，我们都希望能用一个简单的函数来近似表示一个比较复杂的函数，这将会带来很大的计算方便. 一般说来，最简单的函数是多项式，因为多项式只是关于变量进行加、减、乘的运算. 但是怎样从一个函数本身得出我们所需要的多项式呢？

在第三章最后讨论了微分用于函数的近似计算，也就是当 $|x-a|$ 很小时，有

$$f(x)\approx f(a)+f'(a)(x-a).$$

也就是说，一次多项式 $P_1(x)=f(a)+f'(a)(x-a)$ 与函数 $f(x)$ 在 $x=a$ 点不仅函数值相等，一阶导数值也相等，这时我们称 $P_1(x)$ 是 $f(x)$ 在 $x=a$ 处的**一阶近似**.

如果要提高近似程度，我们可以用二次多项式

$$P_2(x)=a_0+a_1(x-a)+a_2(x-a)^2$$

来近似代替 $f(x)$，且要求

$$P_2(a)=f(a),\quad P_2'(a)=f'(a),\quad P_2''(a)=f''(a).$$

这时就称 $P_2(x)$ 是 $f(x)$ 在 $x=a$ 点的**二阶近似**.

为了确定系数 a_0，a_1，a_2，对 $P_2(x)=a_0+a_1(x-a)+a_2(x-a)^2$ 分别求一阶、二阶导数，有

$$P_2'(x)=a_1+2a_2(x-a),\quad P_2''(x)=2a_2.$$

将 $x=a$ 代入，得

$$P_2(a)=a_0=f(a)\text{，}\quad P_2'(a)=a_1=f'(a)\text{，}$$

$$P_2''(a)=2a_2=f''(a)\text{，}$$

即
$$a_0=f(a)\text{，}\quad a_1=f'(a)\text{，}\quad a_2=\frac{f''(a)}{2!}.$$

从而得到二阶近似式

$$f(x)\approx f(a)+f'(a)(x-a)+\frac{f''(a)}{2!}(x-a)^2.$$

它比一阶近似更精确一些.

把上述步骤继续下去，可得到更高阶的近似. 例如有以下的 n 阶近似式

$$f(x)\approx f(a)+f'(a)(x-a)+\frac{f''(a)}{2!}(x-a)^2+\cdots+\frac{f^{(n)}(a)}{n!}(x-a)^n\text{，}$$

其中

$$P_n(x)=f(a)+f'(a)(x-a)+\frac{f''(a)}{2!}(x-a)^2+\cdots+\frac{f^{(n)}(a)}{n!}(x-a)^n$$

称为函数 $f(x)$ 在 $x=a$ 处的 n 次**泰勒多项式**.

例 1 若 $f(x)=\mathrm{e}^x$，则

$$f(x)=f'(x)=f''(x)=\cdots=f^{(n)}(x)=\mathrm{e}^x.$$

将 $x=0$ 代入，得

$$f(0)=f'(0)=f''(0)=\cdots=f^{(n)}(0)=1.$$

于是，得到 e^x 的近似式

$$\mathrm{e}^x=1+x+\frac{1}{2!}x^2+\cdots+\frac{1}{n!}x^n.$$

e^x 在 $x=0$ 处的前三个泰勒多项式是

$$P_1(x)=1+x\text{，}\quad P_2(x)=1+x+\frac{x^2}{2!}\text{，}$$

$$P_3(x)=1+x+\frac{x^2}{2!}+\frac{x^3}{3!}.$$

它们在 $x=0$ 附近与函数 $f(x)=\mathrm{e}^x$ 非常接近（图 4.30）.

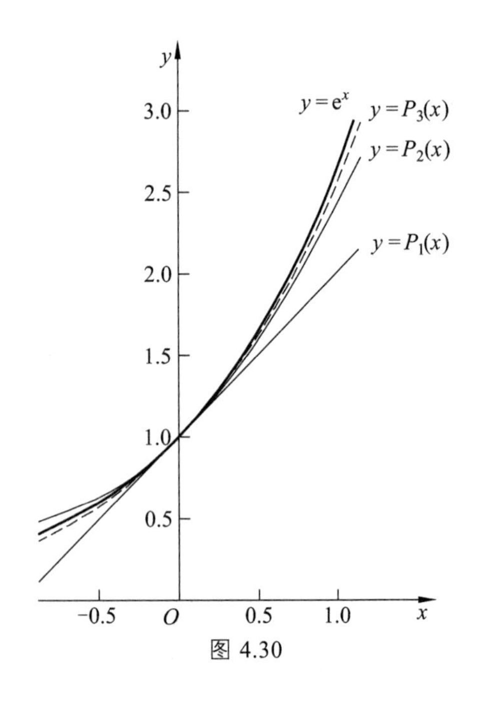

图 4.30

4.6.2 泰勒定理和误差估计

前面我们导出了用多项式表示函数的近似公式，并且指出近似式的阶数越高，近似程度越好. 我们自然要问，近似程度究竟是多少呢？换句话说，如用 n 次泰勒多项式表示函数

$f(x)$，其误差，即

$$\begin{aligned}R_n(x)&=f(x)-P_n(x)\\&=f(x)-\left[f(a)+f'(a)(x-a)+\frac{f''(a)}{2!}(x-a)^2+\cdots+\frac{f^{(n)}(a)}{n!}(x-a)^n\right]\end{aligned}$$

是多少呢？一般地，有以下结果.

定理 4.9（泰勒定理）　若函数 $f(x)$ 在点 $x=a$ 的某个邻域内有 $n+1$ 阶连续导数，那么在此邻域内，有

$$f(x)=f(a)+f'(a)(x-a)+\frac{f''(a)}{2!}(x-a)^2+\cdots+\frac{f^{(n)}(a)}{n!}(x-a)^n+R_n(x),$$

$$R_n(x)=\frac{f^{(n+1)}(c)}{(n+1)!}(x-a)^{n+1}\text{（其中 }c\text{ 在 }a\text{ 与 }x\text{ 之间）}.$$

这就是函数 $f(x)$ 在点 $x=a$ 附近关于 x 的**幂函数展开式**，也叫**泰勒公式**，式中 $R_n(x)$ 叫作**拉格朗日余项**. 余项还有其他形式，将在后续内容给出.

证　作辅助函数

$$\varphi(t)=f(x)-f(t)-f'(t)(x-t)-\frac{f''(t)}{2!}(x-t)^2-\cdots-\frac{f^{(n)}(t)}{n!}(x-t)^n.$$

由假设容易看出 $\varphi(t)$ 在区间 $[a,x]$ 或 $[x,a]$ 上连续，且

$$\varphi(a)=R_n(x),\quad \varphi(x)=0,$$

$$\begin{aligned}\varphi'(t)=&-f'(t)-\left[f''(t)(x-t)-f'(t)\right]-\\&\left[\frac{f'''(t)}{2!}(x-t)^2-f''(t)(x-t)\right]-\cdots-\\&\left[\frac{f^{(n+1)}(t)}{n!}(x-t)^n-\frac{f^{(n)}(t)}{(n-1)!}(x-t)^{n-1}\right].\end{aligned}$$

化简后，有

$$\varphi'(t)=-\frac{f^{(n+1)}(t)}{n!}(x-t)^n.$$

再引入一个辅助函数 $\psi(t)=(x-t)^{n+1}$. 对函数 $\varphi(t)$ 和 $\psi(t)$ 利用柯西中值定理，得到

$$\frac{\varphi(x)-\varphi(a)}{\psi(x)-\psi(a)}=\frac{\varphi'(c)}{\psi'(c)}.$$

其中 c 在 a 与 x 之间. 此时有

$$\varphi(a)=R_n(x),\quad \varphi(x)=0,\quad \varphi'(c)=-\frac{f^{(n+1)}(c)}{n!}(x-c)^n,$$

$$\psi(a)=(x-a)^{n+1},\quad \psi(x)=0,\quad \psi'(c)=-(n+1)(x-c)^n,$$

代入上式，得

$$R_n(x)=\frac{f^{(n+1)}(c)}{(n+1)!}(x-a)^{n+1}.$$

即为所证.

当$n=0$时，泰勒定理变成拉格朗日中值公式

$$f(x)=f(a)+f'(c)(x-a)\quad（c\text{在}a\text{与}x\text{之间}）.$$

泰勒定理是拉格朗日中值定理的推广.

拉格朗日余项还可写成以下形式：

$$R_n(x)=\frac{f^{(n+1)}(a+\theta(x-a))}{(n+1)!}(x-a)^{n+1}\quad(0<\theta<1).$$

从拉格朗日余项可见，当$x\to a$时，$R_n(x)$是关于$(x-a)^n$的高阶无穷小，因而当$|x-a|$充分小时，余项又可以表示为

$$R_n(x)=o[(x-a)^n],$$

称为**皮亚诺（Peano）余项**.

如果取$a=0$，则泰勒公式变成较简单的形式

$$f(x)=f(0)+f'(0)x+\frac{f''(0)}{2!}x^2+\cdots+\frac{f^{(n)}(0)}{n!}x^n+R_n(x),$$

称为**麦克劳林(Maclaurin)公式**.

例 2 求$f(x)=\cos x$的带有皮亚诺余项的n阶麦克劳林公式.

解 由题可知

$$\begin{aligned}&f(x)=\cos x,\quad f'(x)=-\sin x,\\&f''(x)=-\cos x,\quad f'''(x)=\sin x,\\&f^{(4)}(x)=\cos x,\quad\cdots,\\&f^{(2k)}(x)=(-1)^k\cos x,\quad f^{(2k+1)}(x)=(-1)^k\sin x.\end{aligned}$$

所以

$$f^{(2k)}(0)=(-1)^k,\quad f^{(2k+1)}(0)=0.$$

由此得麦克劳林公式

$$\cos x=1-\frac{x^2}{2!}+\frac{x^4}{4!}-\cdots+(-1)^n\frac{x^{2n}}{(2n)!}+o(x^{2n}).$$

由于$f^{(2n+1)}(0)=0$，$2n$次和$2n+1$次泰勒多项式相同，即

$$P_{2n}(x)=P_{2n+1}(x)=1-\frac{x^2}{2!}+\frac{x^4}{4!}-\cdots+(-1)^n\frac{x^{2n}}{(2n)!}.$$

图 4.31 显示了这些泰勒多项式在$x=0$附近对函数$f(x)=\cos x$的近似程度，图形关于y轴对称，图中只给出了右半部分.

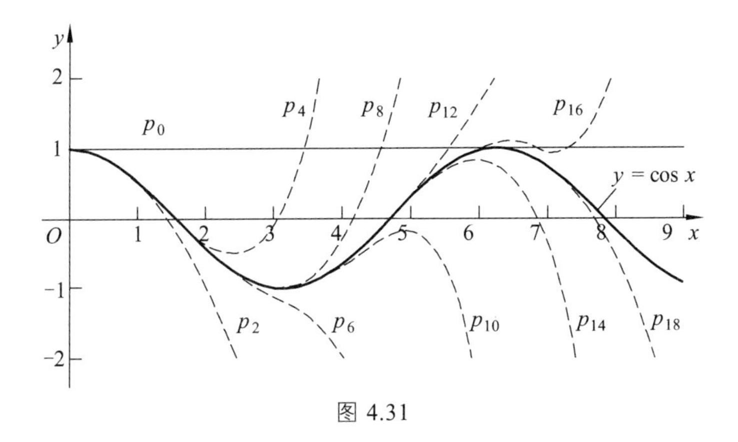

图 4.31

由泰勒定理可知，以泰勒多项式 $P_n(x)$ 近似表达函数 $f(x)$ 时，其误差为 $|R_n(x)|$. 如果对于某个固定的 n，当 x 位于点 a 的某个邻域时，$|f^{(n+1)}(x)| \leqslant M$，则有估计式

$$|R_n(x)| = \left|\frac{f^{(n+1)}(c)}{(n+1)!}(x-a)^{n+1}\right| \leqslant \frac{M}{(n+1)!}|x-a|^{n+1}$$

例 3　估计函数 $f(x)=\mathrm{e}^x$ 带有拉格朗日余项的 n 阶麦克劳林公式的误差.

解　由例 1 可知

$$\mathrm{e}^x = 1 + x + \frac{1}{2!}x^2 + \cdots + \frac{1}{n!}x^n + R_n(x).$$

这里

$$R_n(x) = \frac{\mathrm{e}^{\theta x}}{(n+1)!}x^{n+1} \quad (0<\theta<1).$$

由于 $|\theta x| = \theta|x| \leqslant |x|$，而 e^x 是 x 的单调增加函数，那么

$$|R_n(x)| = \left|\frac{\mathrm{e}^{\theta x}}{(n+1)!}x^{n+1}\right| \leqslant \frac{\mathrm{e}^{|x|}}{(n+1)!}|x|^{n+1} \quad (0<\theta<1).$$

特别地，当 $x=1$ 时，有

$$e = 1 + 1 + \frac{1}{2!} + \cdots + \frac{1}{n!} + R_n(1).$$

这里

$$R_n(1) = \frac{\mathrm{e}^{\theta}}{(n+1)!} < \frac{\mathrm{e}}{(n+1)!} < \frac{3}{(n+1)!}.$$

当 $n=10$ 时，可算出 $e \approx 2.718\,282$，其误差不超过 10^{-6}.

例 4　求 $f(x)=\sin x$ 带有拉格朗日余项的 n 阶麦克劳林公式.

解　由题可知

$$\begin{aligned}
&f(x)=\sin x,\quad f'(x)=\cos x,\\
&f''(x)=-\sin x,\quad f'''(x)=-\cos x,\\
&f^{(4)}(x)=\sin x,\quad \cdots\\
&f^{(2k)}(x)=(-1)^k\sin x,\quad f^{(2k+1)}(x)=(-1)^k\cos x.
\end{aligned}$$

所以

$$f^{(2k)}(0)=0,\ f^{(2k+1)}(0)=(-1)^k .$$

于是有

$$\sin x=x-\frac{x^3}{3!}+\frac{x^5}{5!}-\cdots(-1)^n\frac{x^{2n+1}}{(2n+1)!}+R_{2n+2}(x).$$

其中
$$\left|R_{2n+2}(x)\right|=\frac{\left|(-1)^{n+1}\cos\theta x\right|}{(2n+3)!}|x|^{2n+3}\leqslant 1\cdot\frac{|x|^{2n+3}}{(2n+3)!}.$$

类似地，还可以得到

$$\cos x=1-\frac{x^2}{2!}+\frac{x^4}{4!}-\cdots(-1)^n\frac{1}{(2n)!}x^{2n}+R_{2n+1}(x)\ ,$$

其中 $R_{2n+1}(x)=(-1)^{n+1}\dfrac{\cos\theta x}{(2n+2)!}x^{2n+2}\quad(0<\theta<1)$；

$$\ln(1+x)=x-\frac{x^2}{2}+\frac{x^3}{3}-\cdots+(-1)^{n-1}\frac{x^n}{n}+R_n(x)\ ,$$

其中 $R_n(x)=\dfrac{(-1)^n}{(n+1)(1+\theta x)^{n+1}}x^{n+1}\quad(0<\theta<1)$；

$$(1+x)^{\alpha}=1+\alpha x+\frac{\alpha(\alpha-1)}{2!}x^2+\cdots+\frac{\alpha(\alpha-1)\cdots(\alpha-n+1)}{n!}x^n+R_n(x)\ ,$$

其中 $R_n(x)=\dfrac{\alpha(\alpha-1)\cdots(\alpha-n+1)(\alpha-n)}{(n+1)!}(1+\theta x)^{\alpha-n-1}x^{n+1}\quad(0<\theta<1)$.

图 4.32 给出了 $\sin x$ 的前几个泰勒多项式的图像，由于图形关于原点对称，图中只给出了右半部分.

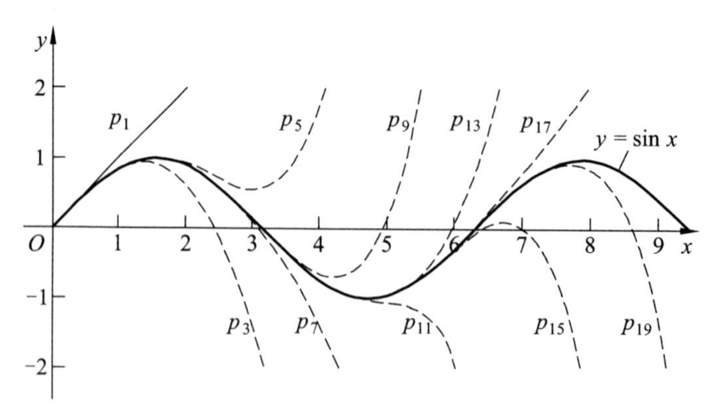

图 4.32

4.6.3　泰勒公式的应用

例 5　求下列函数的带有皮亚诺余项的 5 阶麦克劳林公式.

（1）$\frac{1}{3}(2x+x\cos x)$；　　　　（2）$\mathrm{e}^x\cos x$.

解　（1）由题可知

$$\begin{aligned}\frac{1}{3}(2x+x\cos x)&=\frac{2}{3}x+\frac{1}{3}x\left[1-\frac{x^2}{2!}+\frac{x^4}{4!}+o(x^5)\right]\\&=\frac{2}{3}x+\frac{1}{3}x-\frac{x^3}{3!}+\frac{x^5}{3\cdot4!}+o(x^5)\\&=x-\frac{x^3}{6}+\frac{x^5}{72}+o(x^5).\end{aligned}$$

上式中 $o(x^5)$ 与 x 相乘的结果还是 x^5 的高阶无穷小，因此仍然写成 $o(x^5)$.

（2）
$$\begin{aligned}\mathrm{e}^x\cos x&=\left[1+x+\frac{x^2}{2!}+\frac{x^3}{3!}+\frac{x^4}{4!}+\frac{x^5}{5!}+o(x^5)\right]\cdot\left[1-\frac{x^2}{2!}+\frac{x^4}{4!}+o(x^5)\right]\\&=\left[1+x+\frac{x^2}{2!}+\frac{x^3}{3!}+\frac{x^4}{4!}+\frac{x^5}{5!}+o(x^5)\right]-\left[\frac{x^2}{2!}+\frac{x^3}{2!}+\frac{x^4}{2!2!}+\frac{x^5}{2!3!}+o(x^5)\right]+\\&\quad\left[\frac{x^4}{4!}+\frac{x^5}{4!}+o(x^5)\right]+o(x^5)\\&=1+x-\frac{x^3}{3}-\frac{x^4}{6}-\frac{x^5}{30}+o(x^5).\end{aligned}$$

例 6　利用带有皮亚诺余项的麦克劳林公式，计算极限 $\lim\limits_{x\to0}\frac{\sin x-x\cos x}{\sin^3 x}$.

解　由于分式的分母 $\sin^3 x\sim x^3\,(x\to0)$，我们只需将分子中的 $\sin x$ 和 $x\cos x$ 分别用带有皮亚诺余项的 3 阶麦克劳林展开式表示，即

$$\sin x=x-\frac{x^3}{3!}+o(x^3)\ ,$$

$$x\cos x=x\left[1-\frac{x^2}{2!}+o(x^2)\right]=x-\frac{x^3}{2!}+o(x^3).$$

于是 $\sin x-x\cos x=\left[x-\frac{x^3}{3!}+o(x^3)\right]-\left[x-\frac{x^3}{2!}+o(x^3)\right]=\frac{1}{3}x^3+o(x^3)$

故
$$\lim_{x\to0}\frac{\sin x-x\cos x}{\sin^3 x}=\lim_{x\to0}\frac{\frac{1}{3}x^3+o(x^3)}{x^3}=\frac{1}{3}.$$

习题 4.6

1. 求函数 $f(x)=\ln(1-x)$ 的 n 阶麦克劳林公式.

2. 求函数 $f(x)=\dfrac{e^{x}+e^{-x}}{2}$ 的 $2n$ 阶麦克劳林公式.

3. 求函数 $f(x)=\sin^{2}x$ 的 $2n$ 阶麦克劳林公式.

4. 求函数 $f(x)=\dfrac{x}{x-1}$ 在 $x_0=2$ 处的三阶泰勒公式.

5. 求函数 $f(x)=x^{2}\ln x$ 在 $x_0=1$ 处的 n 阶泰勒公式.

6. 利用泰勒公式求下列函数的极限.

（1）$\lim\limits_{x\to+\infty}\left[x-x^{2}\ln\left(1+\dfrac{1}{x}\right)\right]$；

（2）$\lim\limits_{x\to 0}\dfrac{e^{x}\sin x-x(x+1)}{x^{3}}$；

（3）$\lim\limits_{x\to 0}\dfrac{\sin x-x\cos x}{\sin^{3}x}$；

（4）$\lim\limits_{x\to 0}\left(1+\dfrac{1}{x^{2}}-\dfrac{1}{x^{3}}\ln\dfrac{2-x}{2+x}\right)$.

4.7 平面曲线的曲率

4.7.1 曲线的曲率

曲率是曲线弯曲程度的一个度量. 我们先来看两条曲线，思考如何比较它们的弯曲程度.

假如两曲线段 AB 和 $A'B'$（图 4.33）的长度一样，都是 Δs，但它们的切线变化不同. 对第一条曲线来说，在 A 点有一条切线 τ_A. 我们设想 A 点沿着曲线变动到 B 点，于是切线也跟着变动，变为在 B 点的切线 τ_B. τ_A 与 τ_B 之间的夹角 $\Delta\varphi_1$ 就是从 A 到 B 切线方向变化的大小. 同样，在第二条曲线上，$\Delta\varphi_2$ 是从 A' 到 B' 切线方向变化的大小. 在图 4.33 上很容易看出 $\Delta\varphi_1<\Delta\varphi_2$，它表示第二条曲线段比第一条曲线段弯曲得厉害些. 由此可见，角度变化 $\Delta\varphi$ 大，弯度也大.

但是切线方向变化的角度 $\Delta\varphi$ 还不能完全地反映曲线的弯曲程度. 如图 4.34 所示，两段圆弧 Δs，$\Delta s'$ 的切线方向改变了同一角度 $\Delta\varphi$，但可明显看出弧长小的一段弯曲大.

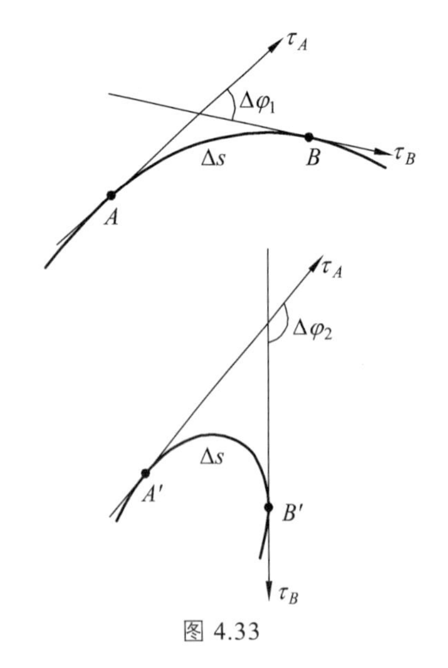

图 4.33

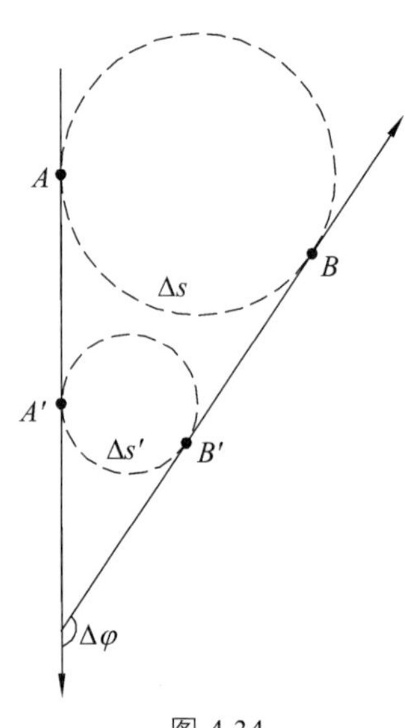

图 4.34

从以上分析可见，曲线的弯曲程度不仅与其切线方向变化的角度 $\Delta\varphi$ 的大小有关，而且还与所考察的曲线段的弧长 Δs 有关，因此，一段曲线的弯曲程度可以用

$$\bar{K}=\left|\frac{\Delta\varphi}{\Delta s}\right|$$

来衡量，如图 4.35 所示，其中 $\Delta\varphi$ 表示曲线段 AB 上切线方向变化的角度，Δs 为这一段曲线 AB 的弧长，称其为曲线段 AB 的**平均曲率**，它刻画了这一段曲线的平均弯曲程度.

对于半径为 R 的圆来说（图 4.36），圆周上任意弧段 $\overset{\frown}{AB}$ 的切线方向变化的角度 $\Delta\varphi$ 等于半径 OA 和 OB 之间的夹角 $\Delta\alpha$. 又因为 $\overset{\frown}{AB}=\Delta s=R\Delta\alpha$，所以曲线段 $\overset{\frown}{AB}$ 的平均曲率为

$$\bar{K}=\left|\frac{\Delta\varphi}{\Delta s}\right|=\left|\frac{\Delta\alpha}{\Delta s}\right|=\frac{1}{R}.$$

上式说明圆周上的平均曲率 $\bar{K}$ 是一个常数 $1/R$，也就是说圆周上每一点的弯度是相同的.

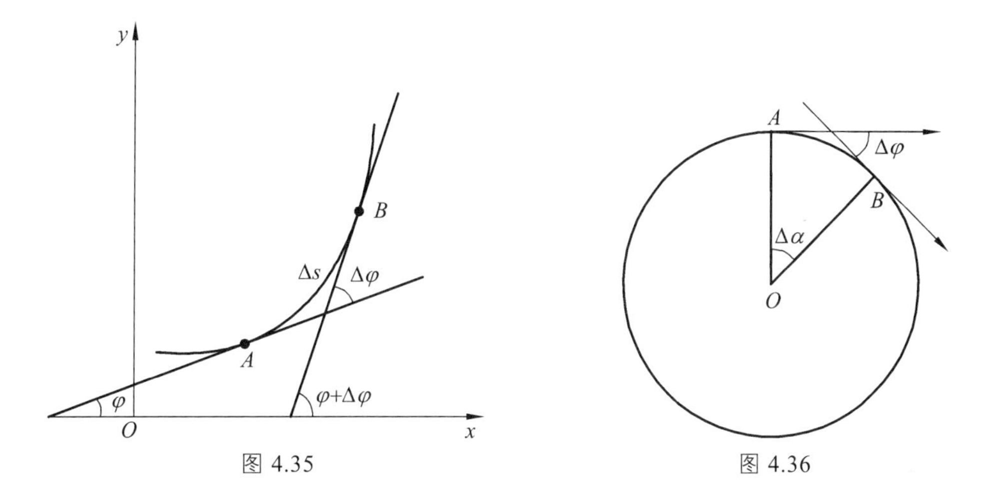

图 4.35　　　　图 4.36

对于直线来说，因沿着它切线方向没有变化，即 $\Delta\varphi=0$，所以

$$\bar{K}=\left|\frac{\Delta\varphi}{\Delta s}\right|=0.$$

这表示直线上任意一段的平均曲率都是零，即直线上每一点的弯度都相同且为零，符合直观意义“直线不曲”.

对于一般的曲线来说，如何刻画它在一点 A 处的弯曲程度呢？从图 4.35 中可以看到，如果把 Δs 取得小一些，AB 弧段上的平均曲率就能比较精确地反映出曲线在 A 点处的弯曲程度. 随着 B 点越来越靠近 A 点，弧长 Δs 越来越小（$\Delta\varphi$ 与 Δs 是有关系的，$\Delta\varphi$ 随着 Δs 的缩小而缩小），$\frac{\Delta\varphi}{\Delta s}$ 也就越来越精确地刻画出曲线在 A 点处的弯曲程度（即 A 点的曲率）. 如果极限

$$\lim_{B\to A}\left|\frac{\Delta\varphi}{\Delta s}\right|=\lim_{\Delta s\to 0}\left|\frac{\Delta\varphi}{\Delta s}\right|$$

存在，则称此极限为曲线在 A 点的**曲率**. 这个极限也就是导数 $\frac{\mathrm{d}\varphi}{\mathrm{d}s}$，记为

$$K=\left|\frac{\mathrm{d}\varphi}{\mathrm{d}s}\right|=\left|\lim_{\Delta s\to 0}\frac{\Delta\varphi}{\Delta s}\right|.$$

曲率 K 刻画了曲线在一点处的弯曲程度. 这里取绝对值是为了使曲率总为正数.

4.7.2　弧长的微分

前面指出曲线的曲率 $K=\left|\frac{\mathrm{d}\varphi}{\mathrm{d}s}\right|$，因此要计算曲率，需要求出 $\mathrm{d}\varphi$ 和 $\mathrm{d}s$，其中 $\mathrm{d}s$ 称为曲线**弧长的微分**. 它不仅在计算曲率时要用到，在别的场合（如曲线积分）也要用到，这里先借助几何的直观来讨论弧长的微分 $\mathrm{d}s$.

设一条平面曲线的弧长 s 由某一定点 A 起算，设 $\overset{\frown}{MN}$ 是由某一点 $M(x,y)$ 起弧长的改变量 Δs，而 Δx 和 Δy 是相应的 x 和 y 的改变量. 由直角三角形（图 4.37）得到

$$(\overline{MN})^2=\Delta x^2+\Delta y^2,$$

由此

$$\frac{(\overline{MN})^2}{\Delta x^2}=1+\left(\frac{\Delta y}{\Delta x}\right)^2.$$

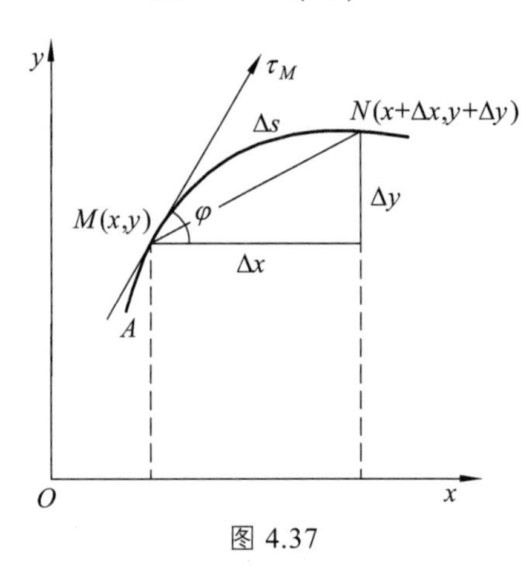

图 4.37

当 Δx 充分小时，在一些假定之下（例如这条曲线具有连续导数，参阅“曲线的弧长”相关章节），可以用弧 $\overset{\frown}{MN}$ 代替 $\overline{MN}$，再令 $\Delta x\to 0$，得到

$$\left(\frac{\mathrm{d}s}{\mathrm{d}x}\right)^2=1+\left(\frac{\mathrm{d}y}{\mathrm{d}x}\right)^2,$$

由此得到弧长微分的表达式

$$\mathrm{d}s=\pm\sqrt{1+y'^2}\,\mathrm{d}x,$$

或

$$\mathrm{d}s=\pm\sqrt{(\mathrm{d}x)^2+(\mathrm{d}y)^2},$$

$$\mathrm{d}s^2=\mathrm{d}x^2+\mathrm{d}y^2.$$

ds 正负的选取是按实际需要来确定的，这里暂不讨论.

下面给出 ds 的具体表示：

（1）若曲线方程为 $y=f(x)(a\leqslant x\leqslant b)$ ，且 $f'(x)$ 在 $[a,b]$ 连续，则

$$ds=\pm\sqrt{1+f'^2(x)}dx.$$

（2）若曲线为参数方程

$$\begin{cases}x=\varphi(t)\\y=\psi(t)\end{cases}\quad(\alpha\leqslant t\leqslant\beta),$$

且 $\varphi'(t)$， $\psi'(t)$ 在 $[\alpha,\beta]$ 上连续，且不全为 0，则

$$ds=\pm\sqrt{\varphi'^2(t)+\psi'^2(t)}dt.$$

4.7.3　曲率的计算

现在来导出曲率的计算公式，为此，需计算 $d\varphi$.

由图 4.37 看出，曲线在 M 点的切线的斜率为 $\tan\varphi$，依据导数的几何意义，就有 $\tan\varphi=y'$，所以

$$\varphi=\arctan y'.$$

两边对 x 求导数，有

$$\frac{d\varphi}{dx}=\frac{y''}{1+y'^2},$$

即

$$d\varphi=\frac{y''}{1+y'^2}dx.$$

把计算得到的 ds 和 $d\varphi$ 代入 $K=\left|\frac{d\varphi}{ds}\right|$ 中，得到

$$K=\left|\frac{d\varphi}{ds}\right|=\left|\frac{\frac{y''}{1+y'^2}dx}{\sqrt{1+y'^2}dx}\right|=\left|\frac{y''}{(1+y'^2)^{3/2}}\right|$$

这就是曲率的计算公式.

由此，不难推出曲线为参数方程 $\begin{cases}x=\varphi(t)\\y=\psi(t)\end{cases}$ 时曲率的计算公式：

$$K=\frac{|\varphi'(t)\psi''(t)-\varphi''(t)\psi'(t)|}{[\varphi'^2(t)+\psi'^2(t)]^{3/2}}.$$

由圆的参数方程

$$\begin{cases}x=R\cos\theta\\y=R\sin\theta\end{cases}\quad(0\leqslant\theta\leqslant2\pi)$$

得
$$x'(\theta)=-R\sin\theta\ ,\quad x''(\theta)=-R\cos\theta\ ;$$
$$y'(\theta)=R\cos\theta\ ,\quad y''(\theta)=-R\sin\theta\ .$$

代入曲率的计算公式
$$K=\frac{|x'(\theta)y''(\theta)-x''(\theta)y'(\theta)|}{\left[x'^2(\theta)+y'^2(\theta)\right]^{3/2}},$$
得
$$K=\frac{|(-R\sin\theta)(-R\sin\theta)-(-R\cos\theta)R\cos\theta|}{[(-R\sin\theta)^2+(R\cos\theta)^2]^{3/2}}=\frac{R^2}{R^3}=\frac{1}{R}.$$

可见，圆周上任一点的曲率是常数，它正好等于圆的半径的倒数. 也就是说，圆有这样的特点，圆的半径 R 正好是曲率的倒数，即 $R=\dfrac{1}{K}$.

一般地，我们把曲线上一点的曲率的倒数称为曲线在该点的**曲率半径**，记作
$$\rho=\frac{1}{K}.$$

下面我们来解释曲率半径的几何意义.

如图 4.38，在 A 点处作曲线的法线，并在曲线凹的一侧的法线上取一点 O，并使 $OA=\rho$（ρ 是曲线在 A 点的曲率半径）. 然后以 O 为圆心，为 ρ 半径作一个圆，这个圆称为曲线在 A 点的**曲率圆**. 此圆与曲线在 A 点具有以下关系：

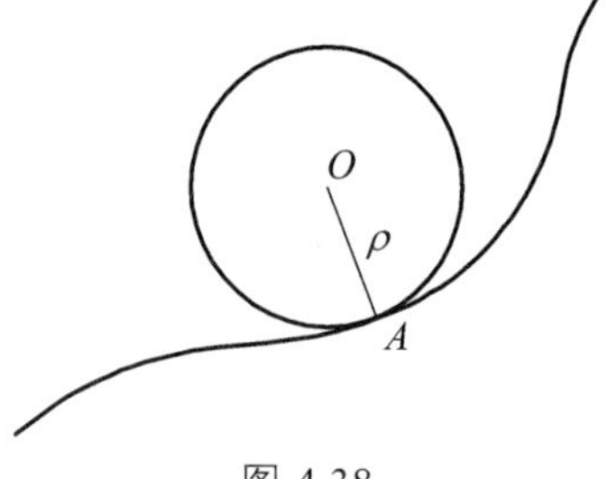

图 4.38

（1）有共同的切线，亦即圆与曲线在点 A 相切；

（2）有相同的曲率；

（3）由此，圆与曲线在点 A 具有相同的一阶和二阶导数.

这一事实表明，当我们讨论函数 $y=f(x)$ 在某点 x 的性质时，若这个性质只与 x,y,y',y'' 有关，那么我们只要讨论曲线在 x 点的曲率圆的性质，即可看出这曲线在 x 点附近的性质.

例 1 求抛物线 $y=x^2$ 上任一点处的曲率和曲率半径.

解 已知 $y'=2x$，$y''=2$，故

曲率
$$K=\left|\frac{y''}{(1+y'^2)^{3/2}}\right|=\frac{2}{|(1+4x^2)^{3/2}|},$$

曲率半径
$$\rho=\frac{1}{K}=\frac{|(1+4x^2)^{3/2}|}{2}.$$

由上面 K 的表达式可以看出，在原点处 $y=x^2$ 的曲率 K 最大，即曲率半径最小. 随着曲线 $y=x^2$ 上的 x 自原点逐渐增加或减少，K 的分母 $|(1+4x^2)^{3/2}|$ 逐渐增大，因而曲率也就逐渐减小，即曲率半径逐渐增大（图 4.39）.

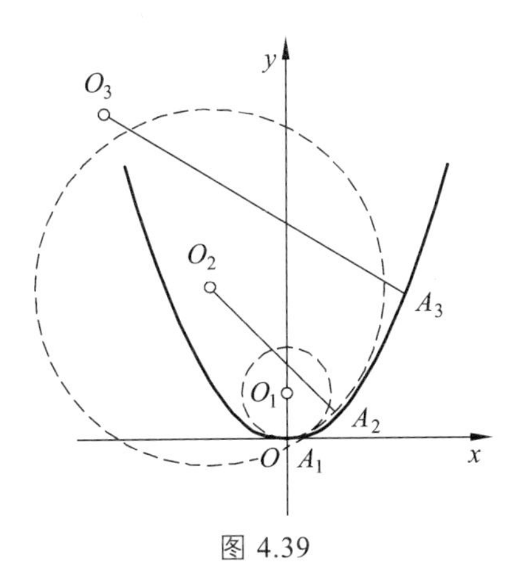

图 4.39

例 2　求椭圆 $x=a\cos t$， $y=b\sin t\ (0\leqslant t\leqslant 2\pi)$ 上曲率最大和最小的点.

解　由于

$$x'=-a\sin t,\quad x''=-a\cos t;$$

$$y'=b\cos t,\quad y''=-b\sin t.$$

按曲率的计算公式，得椭圆上任一点的曲率

$$K=\frac{ab}{(a^2\sin^2 t+b^2\cos^2 t)^{3/2}}=\frac{ab}{[(a^2-b^2)\sin^2 t+b^2]^{3/2}}.$$

当 $a>b>0$ 时，在 $t=0,\ t=\pi$（长轴端点）处曲率最大，而在 $t=\dfrac{\pi}{2},\ t=\dfrac{3\pi}{2}$（短轴端点）处曲率最小，且

$$K_{\max}=\frac{a}{b^2},\quad K_{\min}=\frac{b}{a^2}.$$

习题 4.7

1. 求下列曲线在指定点处的曲率.

（1）双曲线 $xy=4$ 在点 $(2,2)$ 处；

（2）曲线 $y=\ln(x+\sqrt{1+x^2})$ 在点 $(0,0)$ 处；

（3）悬链线 $y=\dfrac{\mathrm{e}^x+\mathrm{e}^{-x}}{2}$ 在点 $(0,1)$ 处；

（4）箕舌线 $y=\dfrac{8}{x^2+4}$ 在点 $(0,2)$ 处.

2. 求曲线 $\begin{cases}x=3t^2\\ y=3t-t^3\end{cases}$ 在 $t=1$ 的对应点处的曲率和曲率半径.

3. 求曲线 $y=\ln(1-x^2)$ 上曲率半径最小的点的坐标.

4.8 最优化问题

固定周长的矩形的长和宽应如何选择，才能使其面积最大？一定体积的圆柱形油罐，底面半径和高各为多少时才能使用料最省？如何确定能取得最大利润的生产水平？这类问题都可归结为求某一函数的最大值或最小值问题. 本节中我们将利用导数来解决数学、物理学、经济学和工商业中的典型最优化问题.

解决最优化问题的步骤为：

（1）分析实际问题中各量之间的关系，建立实际问题的数学模型.

（2）列出变量之间的函数关系 $y=f(x)$，并确定函数的定义域.

（3）求出函数的临界点（导数为零的点和不可导点）.

（4）比较函数在区间端点和临界点的函数值的大小，最大者为最大值，最小者为最小值.

（5）检验答案的合理性.

例 1 设有一块边长为 12 cm 的正方形铁皮，从其各角截去同样的小正方形，做成一个无盖的方匣，问截去多少，方能使做成的匣子之容积最大？

解 如图 4.40 所示，设截去的小正方形边长为 x，则所做成的方匣之容积为

$$V(x)=x(12-2x)^2=144x-48x^2+4x^3 \quad (0\leqslant x\leqslant 6).$$

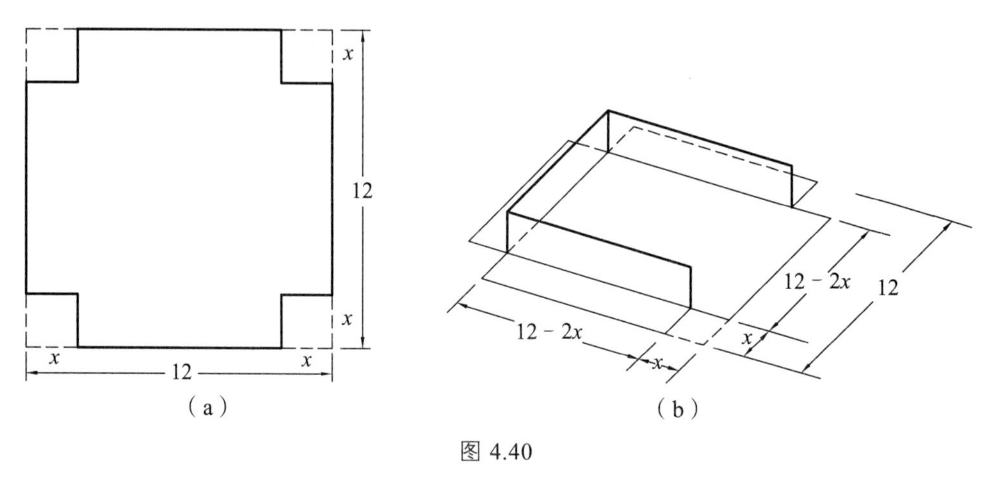

图 4.40

V 的图形（图 4.41）显示，其在 $x=0$ 和 $x=6$ 取得最小值，在 $x=2$ 附近取得最大值. 实际上，因为

$$\frac{\mathrm{d}V}{\mathrm{d}x}=144-96x+12x^2=12(x^2-8x+12)=12(x-2)(x-6),$$

导数为零的点 $x=2$ 在定义域内部，$x=6$ 在端点. 在临界点和端点处体积 V 的值分别为

临界点：$V(2)=128$，

端点：　$V(0)=0$，$V(6)=0$.

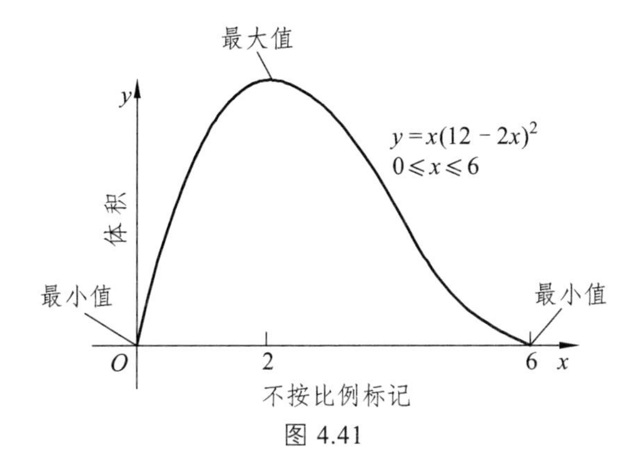

图 4.41

所以截去边长 $x=2\,\text{cm}$ 的小正方形时，所做成匣子的容积最大为 $128\,\text{cm}^3$.

例 2　建造一个 1 L 的有盖圆柱形容器（图 4.42），问这个容器的高和底半径取多大时，用料最省?

解　设容器的底半径是 r，高是 h，它的表面积为

$$A=2\pi r^2+2\pi rh.$$

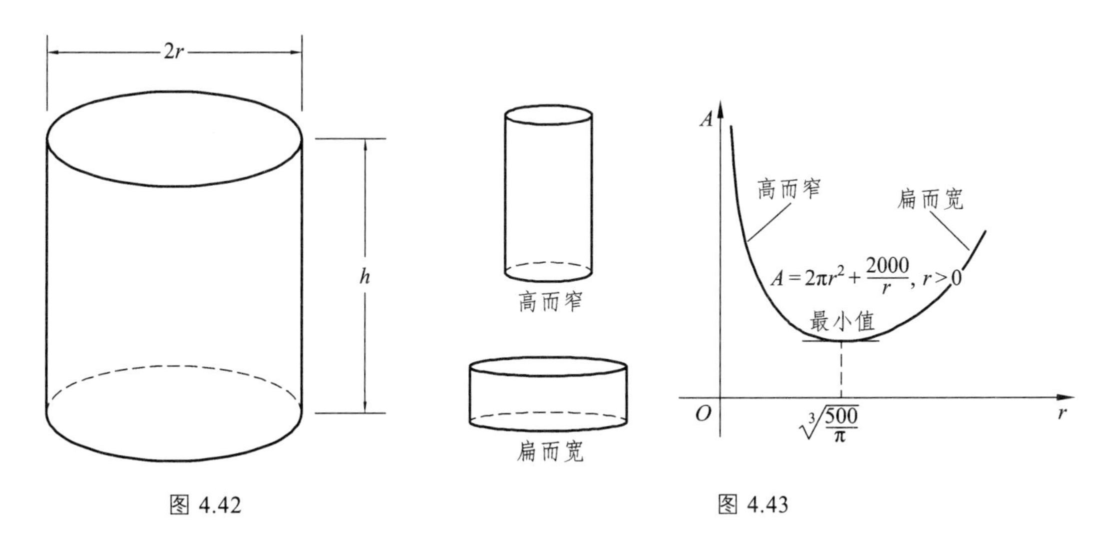

图 4.42　　　　图 4.43

此式表示 A 是变量 r 和 h 的函数. 因为体积 $V=1000\ \text{cm}^3$ 是固定的，利用

$$V=\pi r^2 h\text{，即 } h=\frac{V}{\pi r^2}=\frac{1000}{\pi r^2}$$

代入上式，便得到 A 为 r 的函数

$$A=A(r)=2\pi r^2+2\pi r\cdot\frac{1000}{\pi r^2}=2\pi r^2+\frac{2000}{r}.$$

我们的目标是找到一个 $r>0$，使 A 最小. 图 4.43 表明这样一个 r 是存在的. 因为 $A(r)$ 在开区间 $(0,\infty)$ 内可导，它只有在导数为零处取得最小值. 令

$$\frac{\mathrm{d}A}{\mathrm{d}r}=4\pi r-\frac{2000}{r^2}=0,$$

则
$$r=\sqrt[3]{\frac{500}{\pi}}\approx 5.42\,.$$

而 $A(r)$ 的二阶导数
$$\frac{d^2A}{dr^2}=4\pi+\frac{4000}{r^3}$$

在区间 $(0,\infty)$ 内均为正，所以当 $r=\sqrt[3]{500/\pi}$ 时，A 取得最小值．这时，相应的高为
$$h=\frac{1000}{\pi r^2}=2\sqrt[3]{\frac{500}{\pi}}=2r\,.$$
故 1 L 的圆柱形容器当高和直径相等时，用料最省，此时 $r\approx 5.42$ cm，$h\approx 10.84$ cm.

例 3　求抛物线 $y^2=2x$ 上到点 $(1,4)$ 的距离最近的点.

解　如图 4.44 所示，设 (x,y) 是抛物线 $y^2=2x$ 上一点，则点 (x,y) 与点 $(1,4)$ 的距离为
$$d=\sqrt{(x-1)^2+(y-4)^2}\,.$$

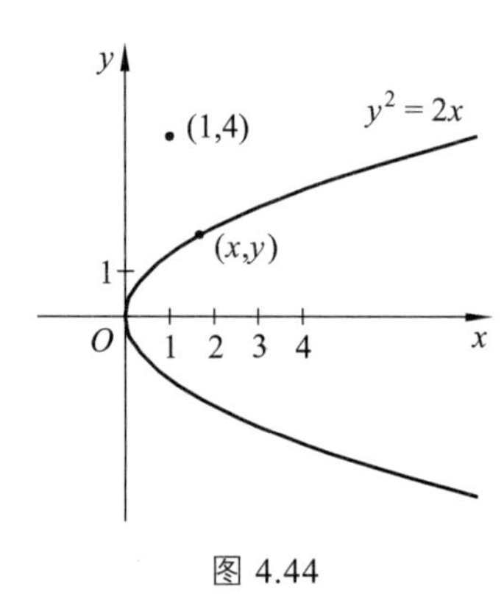

图 4.44

将 $x=\frac{1}{2}y^2$ 代入，得
$$d=\sqrt{\left(\frac{1}{2}y^2-1\right)^2+(y-4)^2}\,.$$

由于 d 和 d^2 在同一处取得最小值，因此我们转而求函数
$$d^2=f(y)=\left(\frac{1}{2}y^2-1\right)^2+(y-4)^2$$
的最小值点．一阶导数是
$$f'(y)=2\left(\frac{1}{2}y^2-1\right)y-2(y-4)=y^3-8\,.$$

当 $y=2$ 时 $f'(y)=0$．观察到当 $y<2$ 时 $f'(y)<0$，当 $y>2$ 时 $f'(y)>0$，由极值的第一判别法知，$y=2$ 时 $f(y)$ 取极小值．考虑到 y 的取值范围是 $(-\infty,\infty)$，点 $y=2$ 也是最小值点，相应

的 x 值为 $x=\frac{1}{2}y^2=2$. 于是，$y^2=2x$ 上到点 $(1,4)$ 的距离最近的点是 $(2,2)$.

例 4（经济学的例子）　假设

$$r(x)=\text{卖出 } x \text{ 件产品的收入};$$

$$c(x)=\text{生产 } x \text{ 件产品的成本};$$

$$p(x)=r(x)-c(x)=\text{卖出 } x \text{ 件产品的利润}.$$

虽然在实际应用中 x 通常是正整数，但是为了数学上处理方便，我们定义 x 为正实数且假定上述函数是可微的. 经济学家把导函数 $r'(x)$，$c'(x)$ 和 $p'(x)$ 分别称为**边际收入**、**边际成本**和**边际利润**. 我们首先考虑利润 p 和这些导函数的关系.

如果 $r(x)$ 和 $c(x)$ 是生产水平 x 的某个闭区间的可微函数，且 $p(x)=r(x)-c(x)$ 在该区间上取到最大值，那么 $p(x)$ 一定在临界点或者区间的端点处取到. 假设它取在临界点处，则 $p'(x)=r'(x)-c'(x)=0$，于是

$$r'(x)=c'(x).$$

采用经济学术语，该方程意味着**在给出最大利润的生产水平上，边际收入等于边际成本**（图 4.45）.

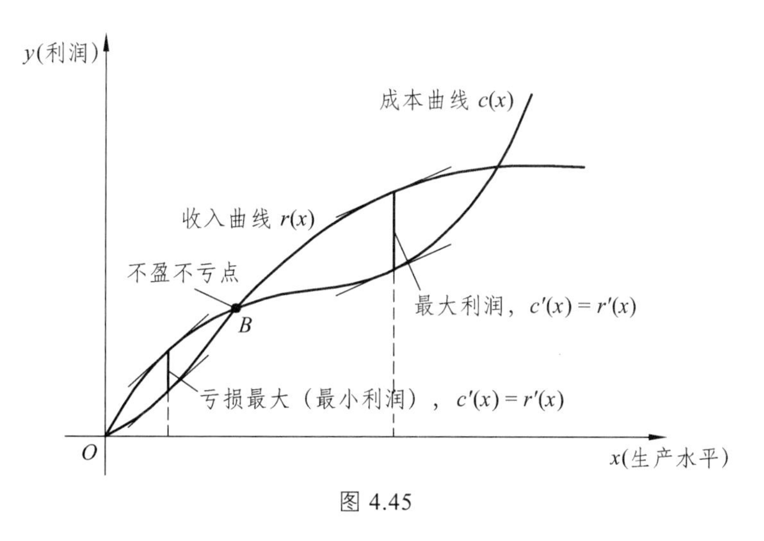

图 4.45

例 5　假设 $r(x)=9x$，$c(x)=x^3-6x^2+15x$，其中 x 表示音乐播放器的生产量（单位：百万件）. 是否存在一个能使利润最大化的生产水平？如果存在的话，它是多少？

解　注意到 $r'(x)=9$ 和 $c'(x)=3x^2-12x+15$，由 $r'(x)=c'(x)$ 有

$$x^2-4x+2=0.$$

此一元二次方程的两个解为

$$x_1=\frac{4-\sqrt{8}}{2}=2-\sqrt{2}\approx 0.586 \quad \text{和} \quad x_2=\frac{4+\sqrt{8}}{2}=2+\sqrt{2}\approx 3.414.$$

所以可能的利润最大化的生产水平为 $x\approx 0.586$（百万件）或 $x\approx 3.414$（百万件）.

$p(x)$ 的二阶导数为

$$p''(x)=-c''(x)=6x-12=6(x-2).$$

可见，$x=2+\sqrt{2}$ 时 p'' 为负，$x=2-\sqrt{2}$ 时 p'' 为正. 由极值的第二判别法知，在 $x\approx 3.414$ 处（该处收入超过成本）达到最大利润，在 $x\approx 0.586$ 处出现最大亏损. $r(x)$ 和 $c(x)$ 的图形如图 4.46 所示.

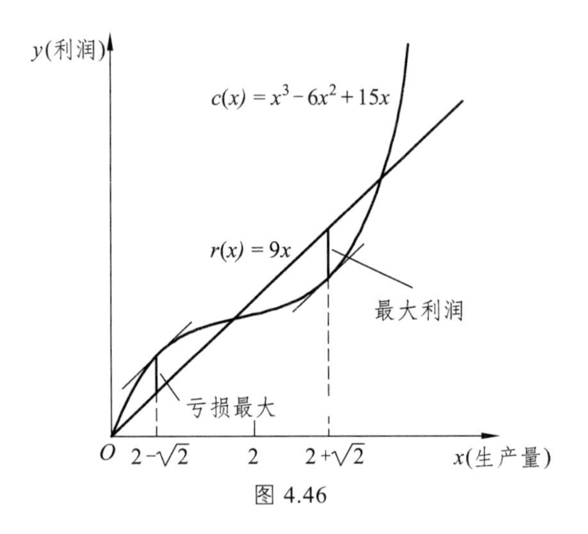

图 4.46

例 6 某家具制作者每天用红木制作 5 张桌子. 运输一次木料的费用是 5000 美元，而每天贮存 1 个单位木料的成本是 10 美元，这里单位木料是她制作一张桌子所需的木料量. 为使她在两次运输之间的制作周期内每天的平均成本最小，她每次的订货量应为多少？多长时间订一次货？

解 假设她要求每 x 天送一次货，那么为了使她在制作周期内有足够的木料，她每次的订货量必须为 $5x$ 单位木料. 由数学模型容易得出，平均贮存量大约为送货量的一半，即 $5x/2$. 因此每个周期内的运输和贮存成本大约为

$$\text{每个周期的成本}=\text{运输成本}+\text{贮存成本},$$

即

$$\text{每个周期的成本}=5000+\left(\frac{5x}{2}\right)\cdot x\cdot 10.$$

把每个周期的成本除以天数就得到每天的平均成本 $c(x)$（图 4.47）:

$$c(x)=\frac{5000}{x}+25x,\quad x>0.$$

当 $x\to 0$ 和 $x\to\infty$ 时每天的平均成本都会变大，所以我们预期最小值是存在的. 我们的目标是确定使 $c(x)$ 取最小值的天数 x.

求 $c(x)$ 的临界点:

$$c'(x)=-\frac{5000}{x^2}+25=0,$$

得
$$x=\pm\sqrt{200}=\pm10\sqrt{2}\approx\pm14.14\,.$$
只有 $x=10\sqrt{2}$ 在 $c(x)$ 的定义域内. 故每天的平均成本在临界点处的值为

$$c(10\sqrt{2})=\frac{5000}{10\sqrt{2}}+25\cdot10\sqrt{2}=500\sqrt{2}\approx707.11\,.$$

注意到 $c(x)$ 定义在开区间 $(0,\infty)$ 内，而 $c''(x)=\dfrac{10\ 000}{x^3}>0$，因此 $c(x)$ 在 $x=10\sqrt{2}\approx14.14$ 处取得最小值.

家具制作者应安排每隔 14 天送来 $5\times14=70$ 单位木料.

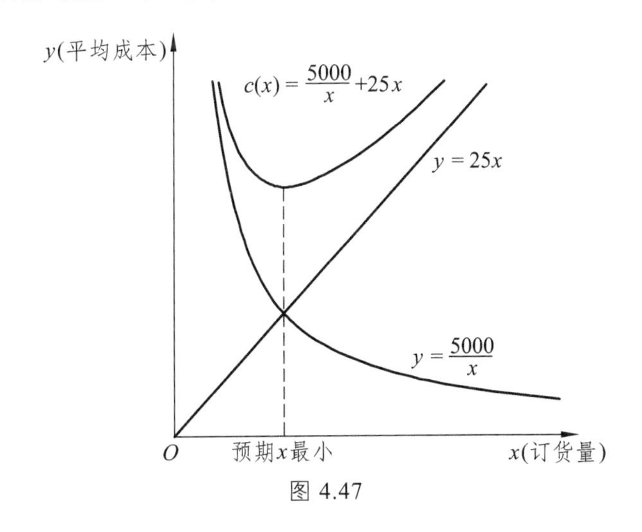

图 4.47

习题 4.8

1. 有一边长为 5 cm 和 8 cm 的长方形厚纸，在各角剪去相同的小正方形，把四边折起成一个无盖盒子，要使纸盒的容积为最大. 问剪去的小正方形的边长应为多少？

2. 设 $AB=200$ km，$\angle ABC=60^\circ$，汽车以 80 km/h 的速度由 A 向 B 行驶，同时火车以 50 km/h 的速度由 B 向 C 行驶. 问行驶几小时后，汽车与火车的距离最短？

3. 在所有过定点 $(2,5)$，且截在两坐标轴正半轴的线段中，求最短的一条线段的长.

4. 试求内接于椭圆 $\dfrac{x^2}{a^2}+\dfrac{y^2}{b^2}=1$ 而面积最大的矩形的各边的长度.

5. 设有一个圆桶其底部材料的单位面积价格与侧面材料的单位面积价格之比为 3∶2. 问在容积一定的条件下，高与底面圆半径之比为多少时，才能使造价最省？

6. 一艘渔船位于距直线海岸 9 km 处，该渔船需派人送信到距离渔船 $6\sqrt{6}$ km 处的海岸渔站. 如果送信人步行每小时 5 km，船速为 4 km/h. 问送信人应在何处登岸再步行才可使其到达渔站的时间最短？

7. 将长度为 l 的铁丝分为两段，一段弯成一个正方形，一段弯成一个圆. 问两段铁丝各为多长时，才能使所得的正方形和圆面积之和达到最小？

8. 某工厂生产某种产品，每批至少生产 5 百台，最多生产 20 百台，如果生产 x 百台，总成本为 $C(x)=\frac{1}{3}x^3-6x^2+29x+15$（万元），收入为 $R(x)=20x-x^2$（万元）. 问当每批产品生产多少时，可使工厂获得最大利润？

4.9 数学实验：导数的应用

4.9.1 泰勒展开

例 1 将 e^x 在 $x_0=0$ 点展开成 5 项，再在 $x_0=3$ 点展开成 5 项.

运行程序如下：

```
syms x
f='exp(x)';
y1=taylor(f,x,5)
y2=taylor(f,x,5,3)
```

运行结果如下：

```
y1 =
      x^4/24 + x^3/6 + x^2/2 + x + 1
y2 =
      exp(3) + exp(3)*(x - 3) + (exp(3)*(x - 3)^2)/2 + (exp(3)*(x - 3)^3)/6 +
      (exp(3)*(x - 3)^4)/24
```

例 2 将 $\sin x$ 在 $x_0=0$ 点展开成 7 项.

运行程序如下：

```
syms x
f1=taylor(sin(x),x,7)
```

运行结果如下：

```
f1 =
      x^5/120 - x^3/6 + x
```

例 3 将 $\sin x$ 在 $x_0=1$ 点展开成 6 项.

运行程序如下：

```
syms x
f2=taylor(sin(x),x,6,1)
```

运行结果如下：

```
f2 =
      sin(1) - (sin(1)*(x - 1)^2)/2 + (sin(1)*(x - 1)^4)/24 + cos(1)*(x - 1) -
      (cos(1)*(x -1)^3)/6 + (cos(1)*(x - 1)^5)/120
```

例 4　将 $\log x$ 在 $x_0=1$ 点展开成 5 项.

运行程序如下：

```
syms x
f3=taylor(log(x),x,5,1)
```

运行结果如下：

```
f3 =
     x - (x - 1)^2/2 + (x - 1)^3/3 - (x - 1)^4/4 – 1
```

例 5　将 $f=\mathrm{e}^x+2\cos x$ 在 $x_0=0$ 点展开成 4 项.

运行程序如下：

```
syms x
f='exp(x)+2*cos(x)';
f4=taylor(f,x,4)
```

运行结果如下：

```
f4 = x^3/6 - x^2/2 + x + 3
```

4.9.2　求一元函数的极小值

例 6　求 $f=x^3-x^2-x+1$ 在 $[-2,2]$ 内的极小值和极大值.

运行程序如下：

```
syms x
f1='x^3-x^2-x+1';
f2='-x^3+x^2+x-1';
[x1,minf]=fminbnd(f1,-2,2)
[x2,mf]=fminbnd(f2,-2,2)
maxf=-mf
```

运行结果如下：

```
x1 =
     1.0000
minf =
     3.5776e-010
x2 =
-0.3333
maxf =
     1.1852
```

例 7　求 $f=2\mathrm{e}^{-x}\sin x$ 的极大值和极小值.

因不知道初始点的位置，故先画曲线确定搜索的初始点.

运行程序如下：

```
syms x
f=2*exp(-x)*sin(x);
ezplot(f,[0,8])
```

运行结果如图 4.48 所示.

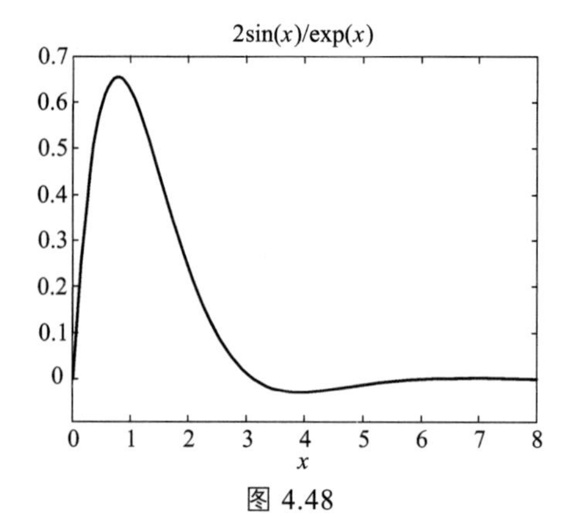

图 4.48

观察到极大值点为[0,2]，极小值点为[2,5].

继续运行程序：

```
[x1,minf]=fminbnd('2*exp(-x)*sin(x)',2,5)
[x2,mf]=fminbnd('-2*exp(-x)*sin(x)',0,2)
maxf=-mf
```

运行结果如下：

```
x1 =
     3.9270
minf =
     -0.0279
x2 =
     0.7854
maxf =
     0.6448
```

第 5 章　不定积分

初等数学中有很多的逆运算，如加法与减法、乘法与除法、乘方与开方，而在高等数学中有两大互逆的运算，即微分与积分. 在第三章中，我们讨论了如何求一个函数的导函数问题，本章将讨论它的反问题，即已知一个函数的导函数，求这个函数. 这是积分学的基本问题之一.

5.1　不定积分的概念与性质

5.1.1　原函数与不定积分的概念

定义 5.1　如果在区间 I 上，可导函数 $F(x)$ 的导函数为 $f(x)$，即对任一 $x \in I$，都有

$$F'(x) = f(x) \quad 或 \quad \mathrm{d}F(x) = f(x)\mathrm{d}x ,$$

那么函数 $F(x)$ 就称为 $f(x)$（或 $f(x)\mathrm{d}x$）在区间 I 上的一个原函数.

例如，由于 $(\tan x)' = \sec^2 x$，故 $\tan x$ 是 $\sec^2 x$ 的一个原函数，且 $\tan x + 1$ 也是 $\sec^2 x$ 的一个原函数.

又如，当 $x \in (1, +\infty)$ 时，

$$\left[\ln(x + \sqrt{x^2 - 1})\right]' = \frac{1}{x + \sqrt{x^2 - 1}}\left(1 + \frac{x}{\sqrt{x^2 - 1}}\right) = \frac{1}{\sqrt{x^2 - 1}} ,$$

故 $\ln(x + \sqrt{x^2 - 1})$ 是 $\dfrac{1}{\sqrt{x^2 - 1}}$ 在区间 $(1, +\infty)$ 内的一个原函数.

关于原函数，我们首先必须解决以下问题：

（1）什么样的函数存在原函数？

（2）如果函数存在原函数，它有多少个原函数，且各原函数之间的关系如何？

（3）如何去求原函数？

为此，我们给出如下定理.

定理 5.1（原函数存在定理）　如果函数 $f(x)$ 在区间 I 上连续，那么在区间 I 上存在可导函数 $F(x)$，使对任意 $x \in I$，都有

$$F'(x) = f(x) .$$

简单地说就是，**连续函数一定有原函数**.

注意：基本初等函数和初等函数在其定义域内都有原函数.

下面还要说明两点：

第一，如果 $f(x)$ 在区间 I 上有原函数 $F(x)$，则对任何常数 C，显然也有

$$(F(x)+C)'=f(x),$$

即对任何常数 C，函数 $F(x)+C$ 也是 $f(x)$ 的原函数. 这说明，如果 $f(x)$ 有一个原函数，那么 $f(x)$ 就有无限多个原函数.

第二，如果在区间 I 上 $F(x)$ 是 $f(x)$ 的一个原函数，那么 $f(x)$ 的其他原函数与 $F(x)$ 有什么关系？

设 $G(x)$ 是 $f(x)$ 的另一个原函数，即对任一 $x \in I$，有

$$G'(x)=f(x),$$

于是

$$[G(x)-F(x)]'=G'(x)-F'(x)=f(x)-f(x)=0.$$

在第四章中我们已经知道，在一个区间上导数恒为零的函数必为常数函数，所以

$$G(x)-F(x)=C_0,$$

其中，C_0 为某个常数. 这表明 $G(x)$ 与 $F(x)$ 只差一个常数.

因此，当 C 为任意常数时，表达式

$$F(x)+C$$

就可表示 $f(x)$ 的任意一个原函数.

由以上两点说明，我们引入下述定义.

定义 5.2 在区间 I 上，函数 $f(x)$ 的带有任意常数项的原函数称为 $f(x)$（或 $f(x)\mathrm{d}x$）在区间 I 上的**不定积分**，记作 $\int f(x)\mathrm{d}x$. 其中 $\int$ 称为**积分号**，$f(x)$ 称为**被积函数**，$f(x)\mathrm{d}x$ 称为**被积表达式**，x 称为**积分变量**.

注意：① 函数 $f(x)$ 的不定积分既不是一个数也不是一个函数，而是一族函数，记为**原函数族**；② 求 $\int f(x)\mathrm{d}x$ 时，一定要加积分常数 C，否则求出的仅是一个原函数，而非不定积分.

例 1 求 $\int \cos x\mathrm{d}x$.

解 由于 $(\sin x)'=\cos x$，所以 $\sin x$ 是 $\cos x$ 的一个原函数. 因此

$$\int \cos x\mathrm{d}x=\sin x+C.$$

例 2 求 $\int \frac{1}{x}\mathrm{d}x$.

解 当 $x>0$ 时，由于 $(\ln x)'=\frac{1}{x}$，所以 $\ln x$ 是 $\frac{1}{x}$ 在 $(0,+\infty)$ 内的一个原函数. 因此，在 $(0,+\infty)$ 内，有

$$\int \frac{1}{x}\mathrm{d}x=\ln x+C.$$

当 $x<0$ 时，由于 $[\ln(-x)]'=\frac{1}{-x}(-1)=\frac{1}{x}$，所以 $\ln(-x)$ 是 $\frac{1}{x}$ 在 $(-\infty,0)$ 内的一个原函数. 因此，在 $(-\infty,0)$ 内，有

$$\int\frac{1}{x}\mathrm{d}x=\ln(-x)+C .$$

把在 $x>0$ 及 $x<0$ 内的结果合起来，可写作

$$\int\frac{1}{x}\mathrm{d}x=\ln|x|+C .$$

例 3　设曲线通过点 $(1,2)$，且曲线上任一点处的切线斜率等于这点横坐标的两倍，求此曲线的方程.

解　设所求的曲线方程为 $y=f(x)$. 按题设，曲线上任一点 (x,y) 处的切线斜率为

$$\frac{\mathrm{d}y}{\mathrm{d}x}=2x ,$$

即 $f(x)$ 是 $2x$ 的一个原函数.

因为 $\int 2x\mathrm{d}x=x^2+C$，故必存在常数 C 使 $f(x)=x^2+C$，即曲线方程为 $y=x^2+C$. 因所求曲线通过点 $(1,2)$，故

$$2=1+C ，即 C=1 ,$$

于是所求曲线方程为

$$y=x^2+1 .$$

函数 $f(x)$ 的原函数的图形称为 $f(x)$ 的积分曲线，本例即求函数 $2x$ 的通过点 $(1,2)$ 的那条积分曲线，显然，这条积分曲线可以由另一条积分曲线（例如 $y=x^2$）经 y 轴方向平移而得.

从不定积分的定义，可知下述关系：

由于 $\int f(x)\mathrm{d}x$ 是 $f(x)$ 的原函数，所以

$$\frac{\mathrm{d}}{\mathrm{d}x}\left[\int f(x)\mathrm{d}x\right]=f(x) \quad 或 \quad \mathrm{d}\left[\int f(x)\mathrm{d}x\right]=f(x)\mathrm{d}x .$$

又由于 $F(x)$ 是 $F'(x)$ 的原函数，所以

$$\int F'(x)\mathrm{d}x=F(x)+C \quad 或 \quad \int \mathrm{d}F(x)=F(x)+C .$$

由此可见，微分运算（以记号 d 表示）与求不定积分的运算（简称积分运算，以记号 $\int$ 表示）是互逆的，当记号 $\int$ 与 d 连在一起时，相互抵消或者抵消后差一个常数.

5.1.2　基本积分表

由不定积分的定义可知，不定积分就是微分的逆运算，因此，由微分的基本公式就可以

得到如下不定积分的基本公式.

例如，因为$\left(\dfrac{x^{\mu+1}}{\mu+1}\right)'=x^{\mu}$，所以$\dfrac{x^{\mu+1}}{\mu+1}$是$x^{\mu}$的一个原函数，于是

$$\int x^{\mu}\mathrm{d}x=\frac{x^{\mu+1}}{\mu+1}+C\quad(\mu\neq-1).$$

类似地，可以得到其他积分公式. 下面我们把一些基本的积分公式列成一个表，这个表通常称**基本积分表**.

（1）$\int k\mathrm{d}x=kx+C$（k是常数）；

（2）$\int x^{\mu}\mathrm{d}x=\dfrac{x^{\mu+1}}{\mu+1}+C\quad(\mu\neq-1)$；

（3）$\int\dfrac{\mathrm{d}x}{x}=\ln|x|+C$；

（4）$\int\dfrac{\mathrm{d}x}{1+x^2}=\arctan x+C$；

（5）$\int\dfrac{\mathrm{d}x}{\sqrt{1-x^2}}=\arcsin x+C$；

（6）$\int\cos x\mathrm{d}x=\sin x+C$；

（7）$\int\sin x\mathrm{d}x=-\cos x+C$；

（8）$\int\dfrac{\mathrm{d}x}{\cos^2 x}=\int\sec^2 x\mathrm{d}x=\tan x+C$；

（9）$\int\dfrac{\mathrm{d}x}{\sin^2 x}=\int\csc^2 x\mathrm{d}x=-\cot x+C$；

（10）$\int\sec x\tan x\mathrm{d}x=\sec x+C$；

（11）$\int\csc x\cot x\mathrm{d}x=-\csc x+C$；

（12）$\int\mathrm{e}^x\mathrm{d}x=\mathrm{e}^x+C$；

（13）$\int a^x\mathrm{d}x=\dfrac{a^x}{\ln a}+C$.

例 4 求$\int\dfrac{\mathrm{d}x}{x^3}$.

解 $\int\dfrac{\mathrm{d}x}{x^3}=\int x^{-3}\mathrm{d}x=\dfrac{x^{-3+1}}{-3+1}+C=-\dfrac{1}{2x^2}+C$.

例 5 求$\int x^2\sqrt{x}\mathrm{d}x$.

解 $\int x^2\sqrt{x}\mathrm{d}x=\int x^{\frac{5}{2}}\mathrm{d}x=\dfrac{x^{\frac{5}{2}+1}}{\frac{5}{2}+1}+C=\dfrac{2}{7}x^3\sqrt{x}+C$.

例 6 $\int\dfrac{\mathrm{d}x}{x\sqrt[3]{x}}$.

解 $\int\dfrac{\mathrm{d}x}{x\sqrt[3]{x}}=\int x^{-\frac{4}{3}}\mathrm{d}x=\dfrac{x^{-\frac{4}{3}+1}}{-\frac{4}{3}+1}+C=-3x^{-\frac{1}{3}}+C=-\dfrac{3}{\sqrt[3]{x}}+C$.

上面三个例子表明，有时被积函数实际上为幂函数，可用公式或根式表示. 遇此情况，应先把它化为x^{μ}的形式，然后应用幂函数的积分公式来求不定积分.

5.1.3 不定积分的性质

根据不定积分的定义，可以推得它的如下两个性质：

性质 1　设函数 $f(x)$ 及 $g(x)$ 的原函数存在，则

$$\int[f(x)+g(x)]\,\mathrm{d}x=\int f(x)\,\mathrm{d}x+\int g(x)\,\mathrm{d}x.$$

证　将上式右端求导，得

$$\left[\int f(x)\,\mathrm{d}x+\int g(x)\,\mathrm{d}x\right]'=\left[\int f(x)\,\mathrm{d}x\right]'+\left[\int g(x)\,\mathrm{d}x\right]'=f(x)+g(x).$$

这表示，原式左端是 $f(x)+g(x)$ 的原函数，原式右端有两个积分记号，形式上含两个任意常数，由于任意常数之和仍为任意常数，故实际上含一个任意常数，因此原式右端是 $f(x)+g(x)$ 的不定积分.

性质 1 对于有限个函数都是成立的.

类似地，可以证明不定积分的第二个性质.

性质 2　设函数 $f(x)$ 的原函数存在，k 为非零函数，则

$$\int kf(x)\,\mathrm{d}x=k\int f(x)\,\mathrm{d}x.$$

利用基本积分表以及不定积分的这两个性质，可以求出一些简单函数的不定积分.

例 7　求 $\int\sqrt{x}(x^2-5)\,\mathrm{d}x$.

解　
$$\begin{aligned}\int\sqrt{x}(x^2-5)\,\mathrm{d}x&=\int(x^{\frac{5}{2}}-5x^{\frac{1}{2}})\,\mathrm{d}x=\int x^{\frac{5}{2}}\mathrm{d}x-\int 5x^{\frac{1}{2}}\mathrm{d}x\\&=\int x^{\frac{5}{2}}\mathrm{d}x-5\int x^{\frac{1}{2}}\,\mathrm{d}x=\frac{2}{7}x^{\frac{7}{2}}-5\cdot\frac{2}{3}x^{\frac{3}{2}}+C\\&=\frac{2}{7}x^3\sqrt{x}-\frac{10}{3}x\sqrt{x}+C.\end{aligned}$$

例 8　求 $\int\frac{1-x^2}{x\sqrt{x}}\mathrm{d}x$.

解　$\int\frac{1-x^2}{x\sqrt{x}}\mathrm{d}x=\int(1-x^2)x^{-\frac{3}{2}}\,\mathrm{d}x=\int x^{-\frac{3}{2}}\mathrm{d}x-\int x^{\frac{1}{2}}\mathrm{d}x=-2x^{-\frac{1}{2}}-\frac{2}{3}x^{\frac{3}{2}}+C$.

例 9　求 $\int\left(\cos x-a^x+\frac{1}{\cos^2 x}\right)\mathrm{d}x$.

解　
$$\begin{aligned}\int\left(\cos x-a^x+\frac{1}{\cos^2 x}\right)\mathrm{d}x&=\int\cos x\mathrm{d}x-\int a^x\mathrm{d}x+\int\frac{1}{\cos^2 x}\mathrm{d}x\\&=\sin x-\frac{a^x}{\ln a}+\tan x+C.\end{aligned}$$

注意：对被积函数利用积分的性质时，经过适当的变形，将其化成积分表中所列类型的积分. 当遇到求几个函数代数和的不定积分，只需要在最后不含积分号时，写出一个积分常数即可.

例 10　求 $\int 2^x\mathrm{e}^x\mathrm{d}x$.

解　$\int 2^x\mathrm{e}^x\mathrm{d}x=\int(2\mathrm{e})^x\mathrm{d}x=\frac{(2\mathrm{e})^x}{\ln(2\mathrm{e})}+C=\frac{2^x\mathrm{e}^x}{1+\ln 2}+C$.

例 11 求$\int \tan^2 x\mathrm{d}x$.

解 $\int \tan^2 x\mathrm{d}x = \int (\sec^2 x - 1)\,\mathrm{d}x = \int \sec^2 x\mathrm{d}x - \int \mathrm{d}x = \tan x - x + C$.

例 12 求$\int \sin^2 \frac{x}{2}\mathrm{d}x$.

解 $$\int \sin^2 \frac{x}{2}\mathrm{d}x = \int \frac{1}{2}(1-\cos x)\,\mathrm{d}x = \frac{1}{2}\int (1-\cos x)\,\mathrm{d}x$$
$$= \frac{1}{2}\left(\int \mathrm{d}x - \int \cos x\mathrm{d}x\right) = \frac{1}{2}(x - \sin x) + C.$$

例 13 求$\int \frac{1}{\sin^2 \frac{x}{2}\cos^2 \frac{x}{2}}\mathrm{d}x$.

解 $\int \frac{1}{\sin^2 \frac{x}{2}\cos^2 \frac{x}{2}}\mathrm{d}x = \int \frac{1}{\left(\frac{\sin x}{2}\right)^2}\mathrm{d}x = 4\int \csc^2 x\mathrm{d}x = -4\cot x + C$.

例 14 求$\int \frac{2x^4 + x^2 + 3}{x^2+1}\mathrm{d}x$.

解 被积函数的分子和分母都是多项式，通过多项式除法，可以把它转化为基本积分表所列类型的积分，然后再逐项求积分，即

$$\int \frac{2x^4 + x^2 + 3}{x^2+1}\mathrm{d}x = \int \left(2x^2 - 1 + \frac{4}{x^2+1}\right)\mathrm{d}x$$
$$= 2\int x^2\mathrm{d}x - \int 1\mathrm{d}x + 4\int \frac{1}{x^2+1}\mathrm{d}x$$
$$= \frac{2}{3}x^3 - x + 4\arctan x + C.$$

习题 5.1

1. 求函数 $f(x) = 5x^2$ 的通过点 $(\sqrt{3}, 5\sqrt{3})$ 的积分曲线.
2. 试证函数 $F(x) = (\mathrm{e}^x + \mathrm{e}^{-x})^2$ 和 $G(x) = (\mathrm{e}^x - \mathrm{e}^{-x})^2$ 是同一函数的原函数.
3. 计算下列不定积分.

（1）$\int (\sqrt{x}+1)(\sqrt{x^3} - \sqrt{x} + 1)\mathrm{d}x$；

（2）$\int \frac{\sqrt{x} - 2\sqrt[3]{x^2} + 1}{\sqrt[4]{x}}\mathrm{d}x$；

（3）$\int \frac{3x^2}{1+x^2}\mathrm{d}x$；

（4）$\int \frac{3x^2}{x^2(1+x^2)}\mathrm{d}x$；

（5）$\int \frac{2-x^4}{1+x^2}\mathrm{d}x$；

（6）$\int \frac{1+\cos^2 x}{1+\cos 2x}\mathrm{d}x$；

（7）$\int \frac{1}{\sin^2 x\cos^2 x}\mathrm{d}x$；

（8）$\int (2\tan x + 3\cot x)^2\mathrm{d}x$.

5.2　换元积分法

一般来说，用基本积分公式和积分的性质，可以求出一些简单函数的不定积分，然而这也是非常有限的. 本节把复合函数的微分法反过来用于求不定积分，利用中间变量代换的方法求复合函数的不定积分，这种方法称为**换元法**. 换元法常分为两类，即第一类换元法和第二类换元法. 下面先介绍第一类换元法.

5.2.1　第一类换元法（凑微分法）

设 $f(u)$ 具有原函数 $F(u)$，即

$$F'(u)=f(u) \quad 或 \quad \int f(u)\mathrm{d}u=F(u)+C,$$

假设 $u=\varphi(x)$ 是中间变量，且 $\varphi(x)$ 可微，那么根据复合函数微分法，有

$$\mathrm{d}F[\varphi(x)]=f[\varphi(x)]\varphi'(x)\mathrm{d}x,$$

从而根据不定积分的定义，就得

$$\int f[\varphi(x)]\varphi'(x)\mathrm{d}x=F[\varphi(x)]+C=\left[\int f(u)\mathrm{d}u\right]_{u=\varphi(x)}.$$

于是有下述定理：

定理 5.2　设 $f(u)$ 具有原函数，且 $u=\varphi(x)$ 可导，则有换元公式

$$\int f[\varphi(x)]\varphi'(x)\mathrm{d}x=\left[\int f(u)\mathrm{d}u\right]_{u=\varphi(x)}.$$

那么如何应用上式来求不定积分呢？假设要求的不定积分为 $\int g(x)\mathrm{d}x$，且函数 $g(x)$ 可以化为 $g(x)=f[\varphi(x)]\varphi'(x)$ 的形式，那么

$$\int g(x)\mathrm{d}x=\int f[\varphi(x)]\varphi'(x)\mathrm{d}x=\left[\int f(u)\mathrm{d}u\right]_{u=\varphi(x)}.$$

这样，函数 $g(x)$ 的积分便转化为函数 $f(u)$ 的原函数，也就得到了 $g(x)$ 的原函数.

例 1　求 $\int 2\cos 2x\mathrm{d}x$.

解　被积函数中，$\cos 2x$ 是一个由 $\cos 2x=\cos u, u=2x$ 复合而成的复合函数，常数因子恰好是中间变量 u 的导数. 因此，作变换 $u=2x$，便有

$$\begin{aligned}\int 2\cos 2x\mathrm{d}x&=\int \cos 2x\cdot 2\mathrm{d}x=\int \cos 2x\cdot(2x)'\mathrm{d}x\\&=\int \cos u\mathrm{d}u=\sin u+C.\end{aligned}$$

再以 $u=2x$ 代入，得

$$\int 2\cos 2x\mathrm{d}x = \sin 2x + C .$$

例 2 求 $\int 3(3x+2)^9 \mathrm{d}x$.

解 $\int 3(3x+2)^9 \mathrm{d}x = \int (3x+2)^9 (3x+2)' \mathrm{d}x = \int (3x+2)^9 \mathrm{d}(3x+2)$.

令 $3x+2=u$，则

$$\int 3(3x+2)^9 \mathrm{d}x = \int u^9 \mathrm{d}u = \frac{1}{10}u^{10} + C ,$$

将 $u=3x+2$ 回代，得

$$\int 3(3x+2)^9 \mathrm{d}x = \frac{1}{10}(3x+2)^{10} + C .$$

一般地，对于积分 $\int f(ax+b)\mathrm{d}x\ (a \neq 0)$，总可以变换为 $u=ax+b$，进而化为

$$\int f(ax+b)\mathrm{d}x = \int \frac{1}{a} f(ax+b)\mathrm{d}(ax+b) = \frac{1}{a}\left[\int f(u)\mathrm{d}u\right]_{u=ax+b} .$$

例 3 求 $\int \frac{x^2}{(x+2)^3}\mathrm{d}x$.

解 令 $u=x+2$，则 $x=u-2,\ \mathrm{d}x=\mathrm{d}u$. 于是

$$\begin{aligned}
\int \frac{x^2}{(x+2)^3}\mathrm{d}x &= \int \frac{(u-2)^2}{u^3}\mathrm{d}u = \int (u^2-4u+4)u^{-3}\mathrm{d}u \\
&= \int (u^{-1}-4u^{-2}+4u^{-3})\mathrm{d}u \\
&= \ln|u| + 4u^{-1} - 2u^{-2} + C \\
&= \ln|x+2| + \frac{4}{x+2} - \frac{2}{(x+2)^2} + C.
\end{aligned}$$

例 4 求 $\int 2x\mathrm{e}^{x^2}\mathrm{d}x$.

解 $\int 2x\mathrm{e}^{x^2}\mathrm{d}x = \int \mathrm{e}^{x^2}\mathrm{d}x^2 = \mathrm{e}^{x^2} + C$.

注意：读者在熟练之后，没有必要设中间变量 u，直接将 x^2 视为一个整体.

例 5 求 $\int x\sqrt{1-x^2}\mathrm{d}x$.

解 $\int x\sqrt{1-x^2}\mathrm{d}x = \int (1-x^2)^{\frac{1}{2}} \cdot \left(-\frac{1}{2}\right)\mathrm{d}(1-x^2)$

$$= -\frac{1}{2}\frac{(1-x^2)^{\frac{3}{2}}}{\frac{3}{2}} + C = -\frac{1}{3}(1-x^2)^{\frac{3}{2}} + C.$$

例 6 求 $\int \frac{1}{a^2+x^2}\mathrm{d}x\ (a \neq 0)$.

解　$\int \frac{1}{a^2+x^2}\mathrm{d}x=\int \frac{1}{a^2}\cdot\frac{1}{1+\left(\frac{x}{a}\right)^2}\mathrm{d}x=\frac{1}{a}\int \frac{1}{1+\left(\frac{x}{a}\right)^2}\mathrm{d}\left(\frac{x}{a}\right)=\frac{1}{a}\arctan\frac{x}{a}+C$.

例 7　求 $\int \frac{1}{\sqrt{a^2-x^2}}\mathrm{d}x \ (a>0)$.

解　$\int \frac{1}{\sqrt{a^2-x^2}}\mathrm{d}x=\int \frac{1}{a}\cdot\frac{1}{\sqrt{1-\left(\frac{x}{a}\right)^2}}\mathrm{d}x=\int \frac{\mathrm{d}\left(\frac{x}{a}\right)}{\sqrt{1-\left(\frac{x}{a}\right)^2}}=\arcsin\frac{x}{a}+C$.

例 8　求 $\int \frac{1}{x^2-a^2}\mathrm{d}x \ (a\neq 0)$.

解　$$\int \frac{1}{x^2-a^2}\mathrm{d}x=\frac{1}{2a}\left[\int\left(\frac{1}{x-a}-\frac{1}{x+a}\right)\mathrm{d}x\right]=\frac{1}{2a}\left[\int \frac{1}{x-a}\mathrm{d}(x-a)-\frac{1}{x+a}\mathrm{d}(x+a)\right]$$
$$=\frac{1}{2a}(\ln|x-a|-\ln|x+a|)+C=\frac{1}{2a}\ln\left|\frac{x-a}{x+a}\right|+C.$$

例 9　求 $\int \frac{1}{x(1+2\ln x)}\mathrm{d}x$.

解　$\int \frac{1}{x(1+2\ln x)}\mathrm{d}x=\int \frac{\mathrm{d}(\ln x)}{1+2\ln x}=\frac{1}{2}\int \frac{\mathrm{d}(1+2\ln x)}{1+2\ln x}=\frac{1}{2}\ln|1+2\ln x|+C$.

例 10　求 $\int \frac{\mathrm{e}^{3\sqrt{x}}}{\sqrt{x}}\mathrm{d}x$.

解　由于 $\mathrm{d}\sqrt{x}=\frac{1}{2}\frac{\mathrm{d}x}{\sqrt{x}}$，因此

$$\int \frac{\mathrm{e}^{3\sqrt{x}}}{\sqrt{x}}\mathrm{d}x=2\int \mathrm{e}^{3\sqrt{x}}\mathrm{d}\left(\sqrt{x}\right)=\frac{2}{3}\int \mathrm{e}^{3\sqrt{x}}\mathrm{d}\left(3\sqrt{x}\right)=\frac{2}{3}\mathrm{e}^{3\sqrt{x}}+C.$$

例 11　求 $\int \sin^3 x\mathrm{d}x$.

解　$\int \sin^3 x\mathrm{d}x=\int \sin^2 x\sin x\mathrm{d}x=-\int (1-\cos^2 x)\mathrm{d}(\cos x)=-\cos x+\frac{1}{3}\cos^3 x+C$.

例 12　求 $\int \sin^2 x\cos^5 x\mathrm{d}x$.

解　$$\int \sin^2 x\cos^5 x\mathrm{d}x=\int \sin^2 x\cos^4 x\cos x\mathrm{d}x=\int \sin^2 x(1-\sin^2 x)^2\mathrm{d}(\sin x)$$
$$=\int (\sin^2 x-2\sin^4 x+\sin^6 x)\mathrm{d}(\sin x)$$
$$=\frac{1}{3}\sin^3 x-\frac{2}{5}\sin^5 x+\frac{1}{7}\sin^7 x+C.$$

一般地，对于 $\sin^{2k+1}x\cos^n x$ 或 $\sin^n x\cos^{2k+1}x$（其中 $k\in\mathbf{N}$）型函数积分，总可以作变换 $u=\cos x$ 或 $u=\sin x$ 得出其积分结果.

例 13　求 $\int \tan x\mathrm{d}x$.

解　$\int \tan x\mathrm{d}x=\int \frac{\sin x}{\cos x}\mathrm{d}x=-\int \frac{1}{\cos x}\mathrm{d}(\cos x)=-\ln|\cos x|+C$.

类似地可得

$$\int \cot x\mathrm{d}x = \ln|\sin x| + C .$$

例 14　求 $\int \cos^2 x\mathrm{d}x$.

解　$\int \cos^2 x\mathrm{d}x = \int \frac{1+\cos 2x}{2}\mathrm{d}x = \frac{1}{2}\left(\int \mathrm{d}x + \int \cos 2x\mathrm{d}x\right)$

$$= \frac{1}{2}\int \mathrm{d}x + \frac{1}{4}\int \cos 2x\mathrm{d}(2x) = \frac{x}{2} + \frac{\sin 2x}{4} + C .$$

例 15　求 $\int \cos^4 x\sin^2 x\mathrm{d}x$.

解　$\int \cos^4 x\sin^2 x\mathrm{d}x = \frac{1}{8}\int (1-\cos 2x)(1+\cos 2x)^2\mathrm{d}x$

$$= \frac{1}{8}\int (1+\cos 2x-\cos^2 2x-\cos^3 2x)\mathrm{d}x$$

$$= \frac{1}{8}\int (\cos 2x-\cos^3 2x)\mathrm{d}x + \frac{1}{8}\int (1-\cos^2 2x)\mathrm{d}x$$

$$= \frac{1}{8}\int \sin^2 2x\cdot\frac{1}{2}\mathrm{d}(\sin 2x) + \frac{1}{8}\int \frac{1}{2}(1-\cos 4x)\mathrm{d}x$$

$$= \frac{1}{48}\sin^3 2x + \frac{x}{16} - \frac{1}{64}\sin 4x + C .$$

一般地，对于 $\sin^{2k} x\cos^{2l} x\ (k,\ l\in \mathbf{N})$ 型函数积分，总可以利用三角恒等式

$$\sin^2 x = \frac{1}{2}(1-\cos 2x), \cos^2 x = \frac{1}{2}(1+\cos 2x)$$

将其化为 $\cos 2x$ 的多项式，然后按例 15 中采用的方法求得其积分结果.

例 16　求 $\int \sec^6 x\mathrm{d}x$.

解　$\int \sec^6 x\mathrm{d}x = \int (\sec^2 x)^2\sec^2 x\mathrm{d}x = \int (1+\tan^2 x)^2\mathrm{d}(\tan x)$

$$= \int (1+2\tan^2 x+\tan^4 x)\mathrm{d}(\tan x)$$

$$= \tan x + \frac{2}{3}\tan^3 x + \frac{1}{5}\tan^5 x + C .$$

例 17　求 $\int \sec^3 x\tan^5 x\mathrm{d}x$.

解　$\int \sec^3 x\tan^5 x\mathrm{d}x = \int \sec^2 x\tan^4 x\sec x\tan x\mathrm{d}x$

$$= \int (\sec^2 x-1)^2\sec^2 x\mathrm{d}(\sec x)$$

$$= \frac{1}{7}\sec^7 x - \frac{2}{5}\sec^5 x + \frac{1}{3}\sec^3 x + C .$$

一般地，对于 $\tan^n x\sec^{2k} x$ 或 $\tan^{2k-1} x\sec^n x\ (n,k\in \mathbf{N}^+)$ 型积分，可依次作变换 $u=\tan x$ 与 $u=\sec x$ 求得其积分结果.

例 18　求 $\int \csc x\mathrm{d}x$.

解　$$\int \csc x\mathrm{d}x=\int \frac{\mathrm{d}x}{\sin x}=\int \frac{\mathrm{d}x}{2\sin \frac{x}{2}\cos \frac{x}{2}}=\int \frac{\mathrm{d}\left(\frac{x}{2}\right)}{\tan \frac{x}{2}\cos^2 \frac{x}{2}}$$

$$=\int \frac{\mathrm{d}\left(\tan \frac{x}{2}\right)}{\tan \frac{x}{2}}=\ln\left|\tan \frac{x}{2}\right|+C.$$

又由于

$$\tan \frac{x}{2}=\frac{\sin \frac{x}{2}}{\cos \frac{x}{2}}=\frac{2\sin^2 \frac{x}{2}}{\sin x}=\frac{1-\cos x}{\sin x}=\csc x-\cot x,$$

故
$$\int \csc x\mathrm{d}x=\ln|\csc x-\cot x|+C.$$

例 19　求 $\int \sec x\mathrm{d}x$.

解　$$\int \sec x\mathrm{d}x=\int \csc\left(x+\frac{\pi}{2}\right)\mathrm{d}\left(x+\frac{\pi}{2}\right)=\ln\left|\csc\left(x+\frac{\pi}{2}\right)-\cot\left(x+\frac{\pi}{2}\right)\right|+C$$

$$=\ln|\sec x+\tan x|+C.$$

例 20　求 $\int \cos 3x\cos 2x\mathrm{d}x$.

解　利用三角函数的和差化积公式，即

$$\cos A\cos B=\frac{1}{2}[\cos(A-B)+\cos(A+B)],$$

得
$$\int \cos 3x\cos 2x\mathrm{d}x=\frac{1}{2}\int(\cos x+\cos 5x)\mathrm{d}x$$

$$=\frac{1}{2}\left[\int \cos x\mathrm{d}x+\frac{1}{5}\int \cos 5x\mathrm{d}(5x)\right]$$

$$=\frac{1}{2}\sin x+\frac{1}{10}\sin 5x+C.$$

上述各例采用的都是第一类换元法，即形如 $u=\varphi(x)$ 的变量代换. 下面介绍另一种形式的变量代换 $x=\psi(t)$ 即所谓的第二类换元法.

5.2.2　第二类换元法（变量代换法）

第一类换元法是一种重要的积分方法，应用比较广泛，但对于某些积分，如 $\int \frac{1}{1+\sqrt{x+1}}\mathrm{d}x$，$\int \sqrt{a^2-x^2}\mathrm{d}x$，$\int \frac{1}{\sqrt{x^2+a^2}}\mathrm{d}x$ 等就不适用，为此介绍第二类换元法.

适当地选择变量代换 $x=\psi(t)$，将积分 $\int f(x)\mathrm{d}x$ 化为 $\int f[\psi(t)]\psi'(t)\mathrm{d}t$，这是另一种形式的变量代换，换元公式可以表达为

$$\int f(x)\mathrm{d}x=\int f[\psi(t)]\psi'(t)\mathrm{d}t.$$

这个公式的成立需要一定的条件：首先，等式右边的不定积分要存在，即 $\int f[\psi(t)]\psi'(t)\mathrm{d}t$ 有原函数；其次，$\int f[\psi(t)]\psi'(t)\mathrm{d}t$ 求出后必须用 $x=\psi(t)$ 的反函数 $t=\psi^{-1}(x)$ 回代，为了保证这反函数存在且可导，我们假定直接函数 $x=\psi(t)$ 在 t 的某一区间内是单调的、可导的，且 $\psi'(t)\neq 0$.

归纳上述，我们给出下面的定理：

定理 5.3 设 $x=\psi(t)$ 是单调的可导函数，并且 $\psi'(t)\neq 0$，又设 $\int f[\psi(t)]\psi'(t)\mathrm{d}t$ 有原函数，则有换元公式

$$\int f(x)\mathrm{d}x=\left[\int f[\psi(t)]\psi'(t)\mathrm{d}t\right]_{t=\psi^{-1}(x)}.$$

其中 $\psi^{-1}(x)$ 是 $x=\psi(t)$ 的反函数.

证 设 $\int f[\psi(t)]\psi'(t)\mathrm{d}t$ 的原函数为 $\Phi(t)$，记 $\Phi[\psi^{-1}(x)]=F(x)$，利用复合函数及反函数的求导法则，得到

$$F'(x)=\frac{\mathrm{d}\Phi}{\mathrm{d}t}\cdot\frac{\mathrm{d}t}{\mathrm{d}x}=f[\psi(t)]\psi'(t)\cdot\frac{1}{\psi'(t)}=f[\psi(t)]=f(x)$$

即 $F(x)$ 是 $f(x)$ 的原函数，所以有

$$\int f(x)\mathrm{d}x=F(x)+C=\Phi[\psi^{-1}(x)]+C=\left[\int f[\psi(t)]\psi'(t)\mathrm{d}t\right]_{t=\psi^{-1}(x)}.$$

命题得证.

例 21 求 $\int\sqrt{a^2-x^2}\mathrm{d}x\ (a>0)$.

解 要求这个积分的困难在于有根式 $\sqrt{a^2-x^2}$，但我们可以利用三角公式

$$\sin^2 t+\cos^2 t=1$$

来化去根式.

设 $x=a\sin t,\ -\dfrac{\pi}{2}<t<\dfrac{\pi}{2}$，则

$$\sqrt{a^2-x^2}=\sqrt{a^2-a^2\sin^2 t}=a\cos t,\ \mathrm{d}x=a\cos t\mathrm{d}t.$$

于是根式转化为三角式，所求积分为

$$\int\sqrt{a^2-x^2}\mathrm{d}x=\int a\cos t\cdot a\cos t\mathrm{d}t=a^2\int\cos^2 t\mathrm{d}t,$$

利用例 14 的结果得到

$$\int\sqrt{a^2-x^2}\mathrm{d}x=\frac{a^2}{2}t+\frac{a^2}{2}\sin t\cos t+C.$$

由于 $x=a\sin t$，$-\frac{\pi}{2}<t<\frac{\pi}{2}$，所以

$$t=\arcsin\frac{x}{a},$$

$$\cos t=\sqrt{1-\sin^2 t}=\sqrt{1-\left(\frac{x}{a}\right)^2}=\frac{\sqrt{a^2-x^2}}{a},$$

于是所求积分为

$$\int\sqrt{a^2-x^2}\mathrm{d}x=\frac{a^2}{2}\arcsin\frac{x}{a}+\frac{1}{2}x\sqrt{a^2-x^2}+C.$$

例 22　求 $\int\frac{\mathrm{d}x}{\sqrt{x^2+a^2}}$　$(a>0)$.

解　与例 21 类似，我们可以利用三角公式

$$1+\tan^2 t=\sec^2 t$$

来化去根式.

设 $x=a\tan t$，$-\frac{\pi}{2}<t<\frac{\pi}{2}$，则

$$\sqrt{x^2+a^2}=\sqrt{a^2\tan^2 t+a^2}=a\sqrt{\tan^2 t+1}=a\sec t,\ \mathrm{d}x=a\sec^2 t\mathrm{d}t.$$

于是

$$\int\frac{\mathrm{d}x}{\sqrt{x^2+a^2}}=\int\frac{a\sec^2 t}{a\sec t}\mathrm{d}t=\int\sec t\mathrm{d}t,$$

利用例 19 的结果得到

$$\int\frac{\mathrm{d}x}{\sqrt{x^2+a^2}}=\ln|\sec t+\tan t|+C.$$

为了把 $\sec t$ 及 $\tan t$ 换成 x 的函数，我们根据 $\tan t=\frac{x}{a}$，便有

$$\sec t=\frac{\sqrt{x^2+a^2}}{a},$$

且 $\sec t+\tan t>0$，因此

$$\begin{aligned}\int\frac{\mathrm{d}x}{\sqrt{x^2+a^2}}&=\ln\left(\frac{x}{a}+\frac{\sqrt{x^2+a^2}}{a}\right)+C\\&=\ln(x+\sqrt{x^2+a^2})+C_1.\end{aligned}$$

其中 $C_1=C-\ln a$.

例 23 求$\int\frac{\mathrm{d}x}{\sqrt{x^2-a^2}}\ (a>0)$.

解 与例 21、例 22 类似，我们可以利用三角公式

$$\tan^2 t=\sec^2 t-1$$

来化去根式.

注意：被积函数的定义域是$x>a,x<-a$两个区间，我们对两个区间分别求不定积分.

（1）当$x>a$时，设$x=a\sec t$，$0<t<\frac{\pi}{2}$，则

$$\sqrt{x^2-a^2}=\sqrt{a^2\sec^2 t-a^2}=a\sqrt{\sec^2 t-1}=a\tan t\ ,$$

$$\mathrm{d}x=a\sec t\tan t\mathrm{d}t\ .$$

于是
$$\int\frac{\mathrm{d}x}{\sqrt{x^2-a^2}}=\int\frac{a\sec t\tan t}{a\tan t}\mathrm{d}t=\int\sec t\mathrm{d}t=\ln(\sec t+\tan t)+C\ .$$

为了把$\sec t$及$\tan t$换成x的函数，我们根据$\sec t=\frac{x}{a}$，得$\tan t=\frac{\sqrt{x^2-a^2}}{a}$，因此

$$\int\frac{\mathrm{d}x}{\sqrt{x^2-a^2}}=\ln\left(\frac{x}{a}+\frac{\sqrt{x^2-a^2}}{a}\right)+C=\ln(x+\sqrt{x^2-a^2})+C_1\ .$$

其中$C_1=C-\ln a$.

（2）当$x<-a$时，令$x=-u$，那么$u>a$. 由上段结果，有

$$\begin{aligned}\int\frac{\mathrm{d}x}{\sqrt{x^2-a^2}}&=-\int\frac{\mathrm{d}u}{\sqrt{u^2-a^2}}=-\ln(x+\sqrt{u^2-a^2})+C\\&=-\ln(-x+\sqrt{x^2-a^2})+C=\ln\frac{-x-\sqrt{x^2-a^2}}{a^2}+C\\&=\ln(-x-\sqrt{x^2-a^2})+C_1\ .\end{aligned}$$

其中$C_1=C-2\ln a$.

把在$x>a,x<-a$内的结果合起来，写作

$$\int\frac{\mathrm{d}x}{\sqrt{x^2-a^2}}=\ln\left|x+\sqrt{x^2-a^2}\right|+C\ .$$

从上面的三个例子可以看出：

（1）如果被积函数含有$\sqrt{a^2-x^2}$，可以代换为$x=a\sin t$化去根式；

（2）如果被积函数含有$\sqrt{a^2+x^2}$，可以代换为$x=a\tan t$化去根式；

（3）如果被积函数含有$\sqrt{x^2-a^2}$，可以代换为$x=a\sec t$化去根式.

在本节的例题中，有几个积分是以后经常会遇到的，所以它们通常也被当作公式使用. 这样，常用的积分公式，除了基本积分表所列之外，再添加以下几个$(a>0)$：

（14）$\int \tan x\mathrm{d}x = -\ln|\cos x| + C$；

（15）$\int \cot x\mathrm{d}x = \ln|\sin x| + C$；

（16）$\int \sec x\mathrm{d}x = \ln|\sec x + \tan x| + C$；

（17）$\int \csc x\mathrm{d}x = \ln|\csc x - \cot x| + C$；

（18）$\int \frac{\mathrm{d}x}{x^2 + a^2} = \frac{1}{a}\arctan\frac{x}{a} + C$；

（19）$\int \frac{\mathrm{d}x}{x^2 - a^2} = \frac{1}{2a}\ln\left|\frac{x-a}{x+a}\right| + C$；

（20）$\int \frac{\mathrm{d}x}{\sqrt{a^2 - x^2}} = \arcsin\frac{x}{a} + C$；

（21）$\int \frac{\mathrm{d}x}{\sqrt{a^2 + x^2}} = \ln(x + \sqrt{a^2 + x^2}) + C$；

（22）$\int \frac{\mathrm{d}x}{\sqrt{x^2 - a^2}} = \ln\left|x + \sqrt{x^2 - a^2}\right| + C$.

例 24　求 $\int \frac{\mathrm{d}x}{\sqrt{4x^2 + 9}}$.

解　$\int \frac{\mathrm{d}x}{\sqrt{4x^2+9}} = \int \frac{\mathrm{d}x}{\sqrt{(2x)^2 + 3^2}} = \frac{1}{2}\int \frac{\mathrm{d}(2x)}{\sqrt{(2x)^2 + 3^2}} = \frac{1}{2}\ln(2x + \sqrt{4x^2+9}) + C$.

例 25　求 $\int \frac{\mathrm{d}x}{\sqrt{-x^2 + x + 1}}$.

解　$\int \frac{\mathrm{d}x}{\sqrt{-x^2+x+1}} = \int \frac{\mathrm{d}\left(x - \frac{1}{2}\right)}{\sqrt{\left(\frac{\sqrt{5}}{2}\right)^2 - \left(x - \frac{1}{2}\right)^2}} = \arcsin\frac{2x-1}{\sqrt{5}} + C$.

习题 5.2

计算下列不定积分.

（1）$\int (2x+1)^9 \mathrm{d}x$；

（2）$\int 5^{3x-1}\mathrm{d}x$；

（3）$\int \frac{1}{2+3x^2}\mathrm{d}x$；

（4）$\int \frac{1}{3x^2-2}\mathrm{d}x$；

（5）$\int \frac{1}{\sqrt{2-3x^2}}\mathrm{d}x$；

（6）$\int \frac{1}{\sqrt{3x^2-2}}\mathrm{d}x$；

（7）$\int \sin^2 x\cos^2 x\mathrm{d}x$；

（8）$\int \sin^3 x\cos^5 x\mathrm{d}x$；

（9）$\int \tan^4 x\cdot\sec^4 x\mathrm{d}x$；

（10）$\int \frac{\cos x}{\sqrt{2+\cos 2x}}\mathrm{d}x$；

（11）$\int \frac{\sin 2x}{\sqrt{3-\cos^4 x}}\mathrm{d}x$；

（12）$\int \frac{1}{\sin^2 x + 2\cos^2 x}\mathrm{d}x$；

（13）$\int \frac{x^2}{x^6+4}\mathrm{d}x$；

（14）$\int \frac{1}{(1+x^2)^{3/2}}\mathrm{d}x$；

（15）$\int \frac{\sqrt{4-x^2}}{x^2}\mathrm{d}x$；

（16）$\int \frac{1}{x^2\sqrt{x^2+1}}\mathrm{d}x$；

（17）$\int \frac{1}{\sqrt{5+4x-x^2}}\mathrm{d}x$；

（18）$\int \frac{1}{\sqrt{x^2-2x+5}}\mathrm{d}x$；

（19）$\int \frac{1}{\sqrt{x^2-2x-3}}\mathrm{d}x$；

（20）$\int \frac{\mathrm{e}^{2x}}{1+\mathrm{e}^x}\mathrm{d}x$；

（21）$\int \frac{1}{\mathrm{e}^{2x}-\mathrm{e}^{-2x}}\mathrm{d}x$；

（22）$\int \frac{1}{x(1+\ln^2 x)}\mathrm{d}x$；

（23）$\int \frac{\ln x}{x\sqrt{1+\ln x}}\mathrm{d}x$；

（24）$\int \frac{1}{\sqrt{x}(1+x)}\mathrm{d}x$；

（25）$\int \frac{1}{\sqrt{x(1-x)}}\mathrm{d}x$；

（26）$\int \sqrt{\frac{x}{4-x^3}}\mathrm{d}x$.

5.3　分部积分法

本节我们利用两个函数乘积的求导法则来推出另一个求积分的方法——分部积分法.

设函数 $u=u(x), v=v(x)$ 具有连续导数，则两个函数乘积的导数公式为

$$(uv)'=u'v+uv',$$

移项得

$$uv'=(uv)'-u'v,$$

对这个等式两边同时求不定积分，得

$$\int uv'\mathrm{d}x = uv-\int u'v\mathrm{d}x.$$

以上公式称为**分部积分公式**. 当积分 $\int uv'\mathrm{d}x$ 不易计算，而求 $\int u'v\mathrm{d}x$ 比较容易时，就可以应用分部积分法.

为了方便应用，我们一般将分部积分公式改写为

$$\int u\mathrm{d}v = uv-\int v\mathrm{d}u.$$

例 1　求 $\int x\mathrm{e}^x\mathrm{d}x$.

解　设 $u=x, \mathrm{d}v=\mathrm{e}^x\mathrm{d}x, \mathrm{d}u=\mathrm{d}x, v=\mathrm{e}^x$，于是

$$\int x\mathrm{e}^x\mathrm{d}x = x\mathrm{e}^x-\int \mathrm{e}^x\mathrm{d}x = x\mathrm{e}^x-\mathrm{e}^x+C=(x-1)\mathrm{e}^x+C.$$

运用分部积分公式，例 1 的求解过程也可表述为

$$\int x\mathrm{e}^x\mathrm{d}x=\int x\mathrm{d}\mathrm{e}^x = x\mathrm{e}^x-\int \mathrm{e}^x\mathrm{d}x = x\mathrm{e}^x-\mathrm{e}^x+C=(x-1)\mathrm{e}^x+C.$$

例 2　求 $\int x\ln x\mathrm{d}x$.

解　设 $u=\ln x, \mathrm{d}v=x\mathrm{d}x$，于是

$$\int x\ln x\mathrm{d}x=\int \ln x\mathrm{d}\left(\frac{x^2}{2}\right)=\frac{x^2}{2}\ln x-\int\frac{x^2}{2}\mathrm{d}(\ln x)$$
$$=\frac{x^2}{2}\ln x-\frac{1}{2}\int x\mathrm{d}x=\frac{x^2}{2}\ln x-\frac{1}{4}x^2+C.$$

例 3　求 $\int \arccos x\mathrm{d}x$.

解　设 $u=\arccos x,\mathrm{d}v=\mathrm{d}x$ ，于是

$$\int \arccos x\mathrm{d}x=x\arccos x-\int x\mathrm{d}(\arccos x)$$
$$=x\arccos x+\int\frac{x}{\sqrt{1-x^2}}\mathrm{d}x$$
$$=x\arccos x-\frac{1}{2}\int\frac{1}{(1-x^2)^{\frac{1}{2}}}\mathrm{d}(1-x^2)$$
$$=x\arccos x-\sqrt{1-x^2}+C.$$

在比较熟练掌握分部积分运用以后，就不必再写出哪一部分选作 u ，哪一部分选作 $\mathrm{d}v$ ，只需把被积表达式凑成 $\varphi(x)\mathrm{d}\psi(x)$ 的形式，便可使用分部积分法.

例 4　求 $\int x\arctan x\mathrm{d}x$.

解　$\int x\arctan x\mathrm{d}x=\frac{1}{2}\int \arctan x\mathrm{d}x^2=\frac{x^2}{2}\arctan x-\frac{1}{2}\int\frac{x^2}{1+x^2}\mathrm{d}x$
$$=\frac{x^2}{2}\arctan x-\frac{1}{2}\int\frac{1+x^2-1}{1+x^2}\mathrm{d}x=\frac{x^2}{2}\arctan x-\frac{1}{2}\int\left(1-\frac{1}{1+x^2}\right)\mathrm{d}x$$
$$=\frac{x^2}{2}\arctan x+\frac{1}{2}\arctan x-\frac{1}{2}x+C.$$

例 5　求 $\int \mathrm{e}^x\sin x\mathrm{d}x$.

解　$\int \mathrm{e}^x\sin x\mathrm{d}x=\int \sin x\mathrm{d}\mathrm{e}^x=\mathrm{e}^x\sin x-\int \mathrm{e}^x\cos x\mathrm{d}x$.

等式右端的积分与等式左端的积分是同一类型，对右端的积分再用一次分部积分法，得

$$\int \mathrm{e}^x\sin x\mathrm{d}x=\mathrm{e}^x\sin x-\int\cos x\mathrm{d}\mathrm{e}^x=\mathrm{e}^x\sin x-\mathrm{e}^x\cos x-\int \mathrm{e}^x\sin x\mathrm{d}x.$$

由于上式右端的第三项就是所求的积分 $\int \mathrm{e}^x\sin x\mathrm{d}x$ ，把它移到等式左端，等式两端同时除以 2，便得

$$\int \mathrm{e}^x\sin x\mathrm{d}x=\frac{1}{2}(\mathrm{e}^x\sin x-\mathrm{e}^x\cos x)+C.$$

因上式右端已不包含积分项，所以必须加上任意常数 C .

注意：通过以上几个例子可以看出，当不定积分的被积函数具有以下类型时，一般用分部积分法解决，并且函数 u 和 $\mathrm{d}v$ 的选取方法如下：

（1）当被积函数是多项式函数 $p_n(x)$ 与指数类函数、正余弦函数类型的乘积，即不定积分为

$$\int p_n(x)\mathrm{e}^{ax}\mathrm{d}x, \int p_n(x)\sin ax\mathrm{d}x, \int p_n(x)\cos ax\mathrm{d}x$$

时，可取 $u = p_n(x)$，将指数类函数或正余弦函数与 $\mathrm{d}x$ 结合凑成 $\mathrm{d}v$.

（2）当被积函数是多项式函数 $p_n(x)$ 与自然对数类函数或反三角函数类型的乘积，即不定积分为

$$\int p_n(x)\ln(ax+b)\mathrm{d}x, \int p_n(x)\arcsin x\mathrm{d}x, \int p_n(x)\arccos x\mathrm{d}x,$$

$$\int p_n(x)\arctan x\mathrm{d}x, \int p_n(x)\operatorname{arccot} x\mathrm{d}x$$

时，将多项式 $p_n(x)$ 与 $\mathrm{d}x$ 结合凑成 $\mathrm{d}v$.

（3）当被积函数是指数类函数与正余弦函数类型的乘积，即不定积分为

$$\int \mathrm{e}^{ax}\sin bx\mathrm{d}x, \int \mathrm{e}^{ax}\cos bx\mathrm{d}x$$

时，可取其中一个作为 u，但一经取定，再次积分时必须按照原来的选择，且这一类的积分往往需要解方程才能求出最后的结果.

下面几个例子中所用的方法也是比较典型的.

例 6 求 $\int \sin(\ln x)\mathrm{d}x$.

解 $\int \sin(\ln x)\mathrm{d}x = x\sin(\ln x) - \int x\mathrm{d}[\sin(\ln x)] = x\sin(\ln x) - \int x\cos(\ln x)\frac{1}{x}\mathrm{d}x$

$$= x\sin(\ln x) - x\cos(\ln x) + \int x\mathrm{d}[\cos(\ln x)]$$

$$= x[\sin(\ln x) - \cos(\ln x)] - \int \sin(\ln x)\mathrm{d}x,$$

所以
$$\int \sin(\ln x)\mathrm{d}x = \frac{x}{2}[\sin(\ln x) - \cos(\ln x)] + C.$$

例 7 求 $\int \frac{x\arctan x}{\sqrt{1+x^2}}\mathrm{d}x$.

解 由于 $(\sqrt{1+x^2})' = \frac{x}{\sqrt{1+x^2}}$，所以

$$\int \frac{x\arctan x}{\sqrt{1+x^2}}\mathrm{d}x = \int \arctan x\mathrm{d}(\sqrt{1+x^2})$$

$$= \sqrt{1+x^2}\arctan x - \int \sqrt{1+x^2}\mathrm{d}(\arctan x)$$

$$= \sqrt{1+x^2}\arctan x - \int \frac{1}{\sqrt{1+x^2}}\mathrm{d}x.$$

因为 $\int \frac{1}{\sqrt{1+x^2}}\mathrm{d}x = \ln(x+\sqrt{1+x^2}) - C$，所以

$$\int \frac{x\arctan x}{\sqrt{1+x^2}}\mathrm{d}x = \sqrt{1+x^2}\arctan x - \ln(x+\sqrt{1+x^2}) + C.$$

我们在求积分的过程中往往要兼用换元法与分部积分法.

习题 5.3

1. 计算下列不定积分.

（1）$\int x\ln x\mathrm{d}x$；

（2）$\int x^2\ln(1+x)\mathrm{d}x$；

（3）$\int \ln(x^2+4)\mathrm{d}x$；

（4）$\int \frac{\ln x}{x^3}\mathrm{d}x$；

（5）$\int x\ln(x^2+4)\mathrm{d}x$；

（6）$\int \frac{\ln(x+1)}{\sqrt{x+1}}\mathrm{d}x$；

（7）$\int \frac{\ln\cos x}{\cos^2 x}\mathrm{d}x$；

（8）$\int \ln(\sqrt{1+x}+\sqrt{1-x})\mathrm{d}x$；

（9）$\int x^5\mathrm{e}^{x^3}\mathrm{d}x$；

（10）$\int (x+\ln x)^2\mathrm{d}x$.

2. 设 $f(x)=\frac{\sin x}{x}$，求 $\int x\cdot f''(x)\mathrm{d}x$.

3. 设 $f(x)=x\mathrm{e}^x$，求 $\int \ln x\cdot f'(x)\mathrm{d}x$.

5.4　有理函数积分法

前面已经介绍了求不定积分的两个基本方法——换元积分法和分部积分法，下面简要地介绍有理函数的积分及可化为有理函数的积分.

5.4.1　有理函数的积分

所谓有理函数，就是两个多项式的商 $\frac{P(x)}{Q(x)}$ 所表示的函数，又称为有理分式. 当分子多项式 $P(x)$ 的次数小于分母多项式 $Q(x)$ 的次数时，称这有理数为真分式，否则为假分式.

对于假分式，总可以将其化成一个多项式与一个真分式之和，例如被积函数

$$\frac{2x^4+x^2+3}{x^2+1}=2x^2-1+\frac{4}{x^2+1}.$$

对于真分式 $\frac{P(x)}{Q(x)}$，如果分母可以分解为两个多项式的乘积 $Q(x)=Q_1(x)Q_2(x)$，且 $Q_1(x)$ 与 $Q_2(x)$ 没有公因式，那么它可拆分为两个真分式之和，例如

$$\frac{P(x)}{Q(x)}=\frac{P_1(x)}{Q_1(x)}+\frac{P_2(x)}{Q_2(x)}.$$

上述步骤称为**把真分式化成部分分式之和**，如果$Q_1(x)$或$Q_2(x)$还能再分解为两个没有公因式的多项式乘积，那么就可再拆分成更简单的部分分式，最后有理函数的分解式中只出现多项式、$\dfrac{P_1(x)}{(x-a)^k}$、$\dfrac{P_2(x)}{(x^2+px+q)^l}$等三类函数（这里$p^2-4q<0, P_1(x)$为小于$k$次多项式，$P_2(x)$为小于$2l$次多项式），多项式的积分容易求得.

例 1 $\displaystyle\int\frac{x+1}{x^2-5x+6}\mathrm{d}x$.

解 被积函数分母可分解成$(x-3)(x-2)$，故可设

$$\frac{x+1}{x^2-5x+6}=\frac{A}{x-3}+\frac{B}{x-2},$$

其中A, B为待定系数. 上式两端去分母后，得

$$x+1=A(x-2)+B(x-3),$$

即

$$x+1=(A+B)x-2A-3B.$$

比较上式两端同次幂的系数，有

$$\begin{cases}A+B=1\\2A+3B=-1\end{cases},$$

从而解得$A=4, B=-3$. 于是

$$\int\frac{x+1}{x^2-5x+6}\mathrm{d}x=\int\frac{4}{x-3}-\frac{3}{x-2}\mathrm{d}x=4\ln|x-3|-3\ln|x-2|+C.$$

例 2 $\displaystyle\int\frac{x+2}{(x^2+x+1)(2x+1)}\mathrm{d}x$.

解 设$\dfrac{x+2}{(x^2+x+1)(2x+1)}=\dfrac{A}{2x+1}+\dfrac{Bx+D}{x^2+x+1}$，则

$$x+2=A(x^2+x+1)+(Bx+D)(2x+1),$$

即

$$x+2=(A+2B)x^2+(A+B+2D)x+A+D.$$

比较上次两端同次幂的系数，既有

$$\begin{cases}A+2B=0\\A+2B+2D=1,\\A+D=2\end{cases}$$

从而解得$D=0, B=-1, A=2$. 于是

$$\int\frac{x+2}{(x^2+x+1)(2x+1)}\mathrm{d}x=\int\frac{2}{2x+1}-\frac{x}{x^2+x+1}\mathrm{d}x=\ln|2x+1|-\frac{1}{2}\int\frac{2x+1-1}{x^2+x+1}\mathrm{d}x$$

$$=\ln|2x+1|-\frac{1}{2}\int\frac{\mathrm{d}(x^2+x+1)}{x^2+x+1}+\frac{1}{2}\int\frac{1}{\left(x+\frac{1}{2}\right)^2+\frac{3}{4}}\mathrm{d}x$$

$$=\ln|2x+1|-\frac{1}{2}\ln(x^2+x+1)+\frac{1}{\sqrt{3}}\arctan\frac{2x+1}{\sqrt{3}}+C.$$

例 3　$\int\frac{x-3}{(x^2-1)(x-1)}\mathrm{d}x$.

解　被积函数分母的两个因式 x^2-1 和 $x-1$ 有公因式，故需要再分解成 $(x-1)^2(x+1)$. 设

$$\frac{x-3}{(x^2-1)(x-1)}=\frac{Ax+B}{(x-1)^2}+\frac{D}{x+1},$$

则

$$x-3=(Ax+B)(x+1)+D(x-1)^2.$$

比较上式两端同次幂的系数，即有

$$\begin{cases}A+D=0\\A+B-2D=1,\\B+D=-3\end{cases}$$

从而解得 $D=-1,\ B=-2,\ A=1$. 于是

$$\int\frac{x-3}{(x^2-1)(x-1)}\mathrm{d}x=\int\frac{x-3}{(x-1)^2(x+1)}\mathrm{d}x=\int\left[\frac{x-2}{(x-1)^2}-\frac{1}{x+1}\right]\mathrm{d}x$$
$$=\int\frac{x-1-1}{(x-1)^2}\mathrm{d}x-\ln|x+1|=\ln|x-1|+\frac{1}{x-1}-\ln|x+1|+C.$$

5.4.2　可化为有理函数的积分

例 4　$\int\frac{\sqrt{x-1}}{x}\mathrm{d}x$.

解　为了去掉根号，可设 $\sqrt{x-1}=u$，于是 $x=u^2+1,\ \mathrm{d}x=2u\mathrm{d}u$，从而所求积分为

$$\int\frac{\sqrt{x-1}}{x}\mathrm{d}x=\int\frac{u}{u^2+1}\cdot 2u\mathrm{d}u=2\int\frac{u^2}{u^2+1}\mathrm{d}u$$
$$=2\int\left(1-\frac{1}{u^2+1}\right)\mathrm{d}u=2(u-\arctan u)+C$$
$$=2(\sqrt{x-1}-\arctan\sqrt{x-1})+C.$$

例 5　$\int\frac{1}{1+\sqrt[3]{x+2}}\mathrm{d}x$.

解　为了去掉根号，可设 $\sqrt[3]{x+2}=u$，于是 $x=u^3-2,\ \mathrm{d}x=3u^2\mathrm{d}u$，从而所求积分为

$$\int\frac{1}{1+\sqrt[3]{x+2}}\mathrm{d}x=\int\frac{3u^2}{u+1}\mathrm{d}u=3\int\left(u-1+\frac{1}{u+1}\right)\mathrm{d}u=3\left(\frac{u^2}{2}u+\ln|1+u|\right)+C$$
$$=\frac{3}{2}\sqrt[3]{(x+2)^2}-3\sqrt[3]{x+2}+3\ln\left|1+\sqrt[3]{x+2}\right|+C.$$

例 6 $\int\frac{1}{(1+\sqrt[3]{x})\sqrt{x}}\mathrm{d}x$.

解 被积函数中出现两个根式 $\sqrt[3]{x}$ 和 $\sqrt{x}$，为了能同时消去这两个根式，可令 $x=u^6$，于是 $\mathrm{d}x=6u^5\mathrm{d}u$，从而所求积分为

$$\int\frac{1}{(1+\sqrt[3]{x})\sqrt{x}}\mathrm{d}x=\int\frac{6u^5}{(u^2+1)\ \ u^3}\mathrm{d}u=6\int\frac{u^2}{u^2+1}\mathrm{d}u=6\int\left(1-\frac{1}{u^2+1}\right)\mathrm{d}u$$
$$=6(u-\arctan u)+C=6(\sqrt[6]{x}-\arctan\sqrt[6]{x})+C.$$

例 7 $\int\frac{1}{x}\sqrt{\frac{1+x}{x}}\mathrm{d}x$.

解 为了去掉根号，可设 $\sqrt{\frac{1+x}{x}}=u$，于是 $x=\frac{1}{u^2-1}$, $\mathrm{d}x=-\frac{2u\mathrm{d}u}{(u^2-1)^2}$，从而所求积分为

$$\int\frac{1}{x}\sqrt{\frac{1+x}{x}}\mathrm{d}x=\int(u^2-1)u\cdot\frac{-2u}{(u^2-1)^2}\mathrm{d}u=-2\int\frac{u^2}{u^2-1}\mathrm{d}u$$
$$=-2\int\left(1+\frac{1}{u^2-1}\right)\mathrm{d}u=-2u-\ln\left|\frac{u-1}{u+1}\right|+C$$
$$=-2u+2\ln(u+1)-\ln\left|u^2-1\right|+C$$
$$=-2\sqrt{\frac{1+x}{x}}+2\ln\left(\sqrt{\frac{1+x}{x}}+1\right)+\ln\left|\frac{1}{x}\right|+C.$$

以上四个例子表明，如果被积函数中含有简单根式 $\sqrt[n]{ax+b}$, $\sqrt[n]{\frac{ax+b}{cx+d}}$，可以令这个简单根式为 u，由于被积函数经这样的变换具有反函数，且反函数是 u 的有理函数，因此原积分即可化为有理函数积分.

在本章结束之前，我们还要指出：对初等函数来说，在其定义区间上，它的原函数一定存在，但原函数不一定是初等函数，如

$$\int\mathrm{e}^{-x^2}\mathrm{d}x,\ \int\frac{\sin x}{x}\mathrm{d}x,\ \int\frac{\mathrm{d}x}{\ln x},\ \int\frac{\mathrm{d}x}{\sqrt{1+x^4}}$$

等，它们的原函数就不是初等函数.

习题 5.4

1. 计算下列不定积分.

（1）$\int\frac{4x+3}{(x-2)^3}\mathrm{d}x$；　　（2）$\int\frac{x+1}{x^2+4x+13}\mathrm{d}x$；

（3）$\int\frac{x^3-1}{4x^3-4x}\mathrm{d}x$；　　（4）$\int\frac{x^3+1}{x^3-x^2}\mathrm{d}x$；

（5）$\int\frac{x^2+1}{x^2-2x+2}\mathrm{d}x$；　　（6）$\int\frac{x}{x^3-1}\mathrm{d}x$.

2. 计算下列不定积分.

（1）$\int\frac{x}{\sqrt[3]{1-3x}}\mathrm{d}x$；　　（2）$\int\frac{\mathrm{d}x}{\sqrt{x}(1+\sqrt[4]{x})^3}$；

（3）$\int\frac{x}{\sqrt{1+x}+\sqrt[3]{1+x}}\mathrm{d}x$；　　（4）$\int\frac{x}{\sqrt{1+\sqrt[3]{x^2}}}\mathrm{d}x$；

（5）$\int\frac{\sqrt{2x+1}}{x^2}\mathrm{d}x$；　　（6）$\int\frac{x+1}{\sqrt{x^2+x+1}}\mathrm{d}x$.

5.5　数学实验：不定积分的计算

计算不定积分的命令格式

int(f)　　　　%计算不定积分 $\int f(x)\mathrm{d}x$

int(f(x, y), x)　　　　%计算不定积分 $\int f(x,y)\mathrm{d}x$

例　求下列函数的一个原函数.

（1）$\frac{1}{1+\cos 2x}$；　　（2）$\arcsin x$；　　（3）$\mathrm{e}^x\sin x$.

解　（1）输入命令

```
x = sym('x');
f = 1/(1+cos(2*x));
int(f).
```

输出结果为

```
ans = 1/2*tan(x)
```

（2）输入命令

```
x = sym('x');
f = asin(x);
int(f).
```

输出结果为

```
ans =x*asin(x)+(1-x^2)^(1/2)
```

（3）输入命令

```
x = sym('x');
f = exp(x)*sin(x);
int(f).
```

输出结果为

```
ans = -1/2*exp(x)*cos(x)+1/2*exp(x)*sin(x)
```

注：（1）使用 int 命令可以一次求多个函数的不定积分，每一个分量即对应函数的原函数.

（2）若定义了两个或两个以上符号变量，在求不定积分时需要指明哪个是积分变量，默认状态下 x 是积分变量.

第 6 章　定积分

定积分是积分学中一个重要的概念，它是一种特定形式的和式极限．由于许多工程问题可以归结为这种类型的和式极限，因此定积分应用广泛．定积分概念产生的重要背景之一是计算不规则图形的面积问题．有关这个问题的探索可以追溯到古希腊学者阿基米德的“穷竭法”．数学家们曾经运用不少技巧计算出平面图形的面积，但是直到 17 世纪中期牛顿和莱布尼兹各自独立地发现定积分计算和求原函数的联系之后，计算不规则平面图形的问题才有了统一的方法．本章我们先从几何和力学问题出发引入定积分的定义，然后再讨论它的性质与计算方法．

6.1　定积分的概念与性质

6.1.1　定积分问题举例

1．曲边梯形的面积

在平面直角坐标系中，由曲线 $y=f(x)$ 和直线 $x=a, x=b$ 以及 $y=0$ 所围成的封闭图形称为**曲边梯形**，如图 6.1 所示．

考虑曲线 $f(x)=x^2$ 和直线 $x=0, x=1$ 以及 $y=0$ 所围成的封闭图形（图 6.2）的面积，我们用极限的思想求此图形的面积问题．

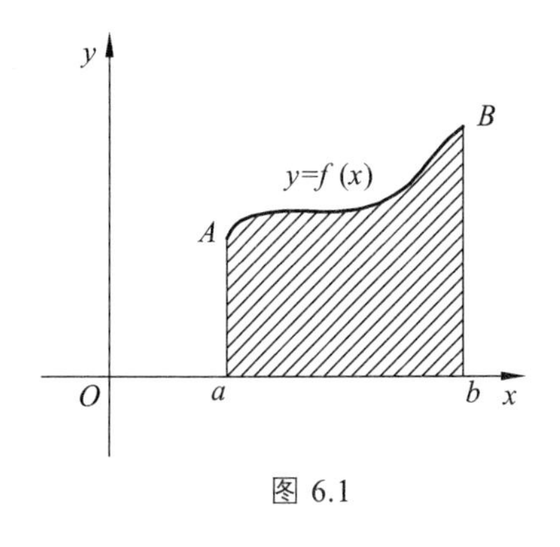

图 6.1

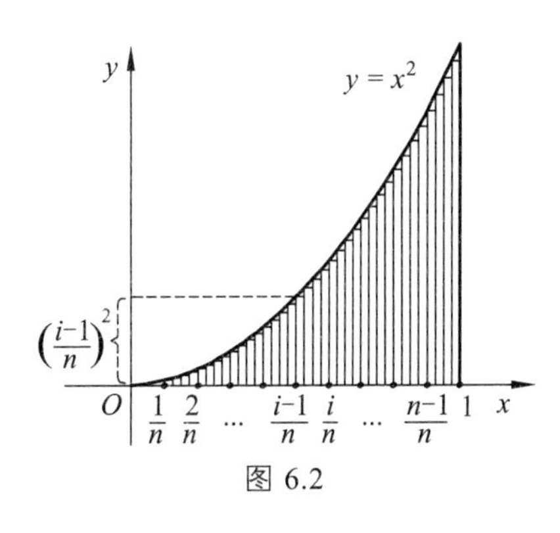

图 6.2

（1）分割：将区间 $[0,1]$ 分成 n 个相等的小区间，这些小区间的长度均为 $\frac{1}{n}$．直线 $x=\frac{i}{n}$ $(i=1,2,\cdots,n-1)$ 把图形分成 n 个小的曲边梯形．用 S 表示曲边梯形的面积，ΔS_i 表示第 i 个小

曲边梯形的面积，则有

$$S=\Delta S_1+\Delta S_2+\cdots+\Delta S_n=\sum_{i=1}^{n}\Delta S_i.$$

（2）近似：取小曲边梯形的左端点 $x=\dfrac{i-1}{n}(i=1,\cdots,n)$，以区间长 $\dfrac{1}{n}$ 为矩形底，$f\left(\dfrac{i-1}{n}\right)=\left(\dfrac{i-1}{n}\right)^2(i=1,\cdots,n)$ 为矩形高，以这个矩形的面积作为 ΔS_i 的近似值，则

$$\Delta S_i\approx\frac{1}{n}\cdot\left(\frac{i-1}{n}\right)^2\ (i=1,2,3,\cdots,n).$$

（3）求和：所有小矩形的面积和

$$S_n=0\cdot\frac{1}{n}+\frac{1}{n}\cdot\left(\frac{1}{n}\right)^2+\frac{1}{n}\cdot\left(\frac{2}{n}\right)^2+\cdots+\frac{1}{n}\cdot\left(\frac{n-1}{n}\right)^2=\frac{1}{3}\left(1-\frac{1}{n}\right)\left(1-\frac{1}{2n}\right),$$

则 S_n 是 S 的一个近似值，即 $S\approx S_n$.

（4）取极限：当 n 无穷大时图形被无限细分，这时 $S=S_n$，即

$$S=\lim_{n\to\infty}S_n=\lim_{n\to\infty}\frac{1}{3}\left(1-\frac{1}{n}\right)\left(1-\frac{1}{2n}\right)=\frac{1}{3}.$$

对于一般的曲边梯形，求其面积的基本步骤如下：

（1）分割：任取分点

$$a=x_0<x_1<x_2<\cdots<x_{i-1}<x_i<\cdots<x_n=b,$$

将区间 $[a,b]$ 分成 n 个小区间 $[x_0,x_1],[x_1,x_2],[x_2,x_3],\cdots,[x_{i-1},x_i],\cdots,[x_{n-1},x_n]$，这些小区间的长度分别为

$$\Delta x_1=x_1-x_0,\Delta x_2=x_2-x_1,\cdots,\Delta x_i=x_i-x_{i-1},\cdots,\Delta x_n=x_n-x_{n-1}.$$

过每个分点 $x_i(i=1,2,3,\cdots,n-1)$ 作 x 轴的垂线，把曲边梯形分成 n 个小曲边梯形.

用 S 表示曲边梯形的面积，ΔS_i 表示第 i 个小曲边梯形的面积，则有

$$S=\Delta S_1+\Delta S_2+\cdots+\Delta S_n=\sum_{i=1}^{n}\Delta S_i.$$

（2）近似：在每个小区间 $[x_{i-1},x_i]$ 内取一点 $\xi_i(x_{i-1}\leqslant\xi_i\leqslant x_i,\ i=1,2,3,\cdots,n)$，过点 ξ_i 作 x 轴的垂线与曲线 $y=f(x)$ 交于点 $P_i(\xi_i,f(\xi_i))$，以 Δx_i 为底、$f(\xi_i)$ 为高作矩形，取这个矩形的面积 $f(\xi_i)\Delta x_i$ 作为 ΔS_i 的近似值，即

$$\Delta S_i\approx f(\xi_i)\Delta x_i\quad(i=1,2,3,\cdots,n).$$

（3）求和：

$$S_n=f(\xi_1)\Delta x_1+f(\xi_2)\Delta x_2+\cdots+f(\xi_n)\Delta x_n=\sum_{i=1}^{n}f(\xi_i)\Delta x_i,$$

则 S_n 是 S 的一个近似值，即 $S\approx S_n$.

（4）取极限：用 λ 表示所有区间长度中的最大者，即 $\lambda = \max\{\Delta x_1, \Delta x_2, \cdots, \Delta x_n\}$. 如果当分点 n 无限增加而 $\lambda \to 0$ 时，S_n 的极限存在，我们就把这个极限值称为曲边梯形的面积. 即

$$S = \lim_{\lambda \to 0} \sum_{i=1}^{n} f(\xi_i) \Delta x_i .$$

2. 变速直线运动的路程

设一个物体作直线运动，已知速度 $v = v(t)$ 是时间 t 的连续函数，且 $v(t) \geqslant 0$，求物体在 $t = a$ 到 $t = b$ 这段时间内所经过的路程 S.

在匀速直线运动中，路程等于速度与时间的乘积. 但是现在速度是变量，就不能直接用速度乘以时间来计算路程. 由于速度 $v = v(t)$ 是连续变化的，在很短的时间内变化很小，而且时间间隔越小，速度变化也越小，所以在很短的时间间隔内可用匀速直线运动来代替变速直线运动，计算出这一小段时间内路程的近似值. 由此，可以用类似于求曲边梯形面积的方法和步骤来计算路程 S.

（1）分割：任取分点 $a = t_0 < t_1 < t_2 \cdots < t_{i-1} < t_i < \cdots < t_n = b$，将区间 $[a,b]$ 分成 n 个小区间 $[t_0,t_1],[t_1,t_2],[t_2,t_3],\cdots,[t_{i-1},t_i],\cdots,[t_{n-1},t_n]$，这些小区间的长度分别为

$$\Delta t_1 = t_1 - t_0, \Delta t_2 = t_2 - t_1, \cdots, \Delta t_i = t_i - t_{i-1}, \cdots, \Delta t_n = t_n - t_{n-1}.$$

（2）近似：在每个小区间 $[t_{i-1}, t_i]$ 内取一点 $\xi_i (t_{i-1} \leqslant \xi_i \leqslant t_i,\ i = 1,2,3,\cdots,n)$，以 $v(\xi_i)\Delta t_i$ 作为物体从时刻 t_{i-1} 到时刻 t_i 所经过的路程 ΔS_i 的近似值，即

$$\Delta S_i \approx v(\xi_i)\Delta t_i \quad (i = 1,2,3,\cdots,n).$$

（3）求和：将每一个小区间内物体所经过的路程的近似值相加，得到物体从 $t = a$ 到 $t = b$ 这段时间内所经过的路程的近似值，即

$$S \approx v(\xi_1)\Delta t_1 + v(\xi_2)\Delta t_2 + \cdots + v(\xi_n)\Delta t_n = \sum_{i=1}^{n} v(\xi_i)\Delta t_i .$$

（4）取极限：用 λ 表示所有区间长度中的最大者，即 $\lambda = \max\{\Delta t_1, \Delta t_2, \cdots, \Delta t_n\}$. 如果当分点 n 无限增加而 $\lambda \to 0$ 时，上面的和式存在极限，那么极限值就是物体从 $t = a$ 到 $t = b$ 这段时间内所经过的路程 S，即

$$S = \lim_{\lambda \to 0} \sum_{i=1}^{n} v(\xi_i)\Delta t_i.$$

以上两个例子可以看出，虽然它们的实际意义截然不同，但解决问题的方法步骤是相同的，即**分割、近似、求和、取极限**. 在实际生活中，类似的问题还有很多，因此我们抛开问题的实际意义，抓住它们在数量关系上的本质，来概括抽象出定积分的定义.

6.1.2　定积分的概念

定义 6.1　如果函数 $y = f(x)$ 在区间 $[a,b]$ 上连续，任取分点

$$a = x_0 < x_1 < x_2 < \cdots < x_{i-1} < x_i < \cdots < x_n = b,$$

将区间 $[a,b]$ 分成若干个小区间 $[x_0,x_1],[x_1,x_2],[x_2,x_3],\cdots,[x_{i-1},x_i],\cdots,[x_{n-1},x_n]$，这些小区间的长度分别记为

$$\Delta x_1 = x_1 - x_0, \Delta x_2 = x_2 - x_1, \cdots, \Delta x_i = x_i - x_{i-1}, \cdots, \Delta x_n = x_n - x_{n-1}.$$

在每个小区间 $[x_{i-1},x_i]$ 上任取一点 $\xi_i(x_{i-1} \leqslant \xi_i \leqslant x_i)$，令 λ 表示所有区间长度中的最大者，即 $\lambda = \max\{\Delta x_1, \Delta x_2, \cdots, \Delta x_n\}$. 如果当分点 n 无限增加而 $\lambda \to 0$ 时，和式存在极限，则此极限值称为函数 $y = f(x)$ 在区间 $[a,b]$ 上的定积分（简称积分），记作 $\int_a^b f(x)\mathrm{d}x$，即

$$\int_a^b f(x)\,\mathrm{d}x = \lim_{\lambda \to 0}\sum_{i=1}^{n} f(\xi_i)\Delta x_i .$$

其中 $f(x)$ 称为**被积函数**，区间 $[a,b]$ 称为**积分区间**，x 称为**积分变量**，$f(x)\mathrm{d}x$ 称为**被积表达式**，b, a 分别称为**积分上、下限**.

由定积分的定义可知，当 $f(x) \geqslant 0$ 时，函数在区间 $[a,b]$ 上的定积分就是曲线 $y = f(x)$ 和直线 $x = a, x = b$ 以及 $y = 0$ 所围成的封闭图形的面积，即

$$S = \int_a^b f(x)\mathrm{d}x .$$

而在时间间隔 $[a,b]$ 上，变速直线运动物体的路程 S 是它的变化率（速度）$v(t)$ 在区间 $[a,b]$ 上的定积分，即

$$S = \int_a^b v(t)\mathrm{d}t .$$

注意： 定积分是一个数值（和式的极限），这个值只与被积函数 $f(x)$ 和积分区间 $[a,b]$ 有关，而与积分变量用什么字母表示无关，即

$$\int_a^b f(x)\mathrm{d}x = \int_a^b f(t)\mathrm{d}t = \int_a^b f(u)\mathrm{d}u.$$

那么，当函数 $f(x)$ 满足什么条件时，$\lim\limits_{\lambda \to 0}\sum\limits_{i=1}^{n} f(\xi_i)\Delta x_i$ 存在，即函数 $f(x)$ 可积？定理 6.1、定理 6.2 回答了该问题.

定理 6.1 设函数 $y = f(x)$ 在区间 $[a,b]$ 上连续，则 $y = f(x)$ 在区间 $[a,b]$ 上可积.

定理 6.2 设函数 $y = f(x)$ 在区间 $[a,b]$ 上有界，且只有有限个间断点，则 $y = f(x)$ 在区间 $[a,b]$ 上可积.

由此可知，初等函数在其定义区间内都是可积的.

定积分定义的叙述较长，可以把它概括成四步：“**分割区间，以常代变，求近似和，取极限**”.

6.1.3 定积分的几何意义

（1）当 $f(x) \geqslant 0$ 时，$\int_a^b f(x)\mathrm{d}x$ 在几何上表示由曲线 $y = f(x)$ 与直线 $x = a, x = b$ 以及 $y = 0$ 所围成的封闭图形（图 6.3）的面积.

（2）当 $f(x)<0$ 时，$\int_a^b f(x)\mathrm{d}x$ 在几何上表示由曲线 $y=f(x)$ 与直线 $x=a,x=b$ 以及 $y=0$ 所围成的封闭图形（图 6.4）的面积的负值.

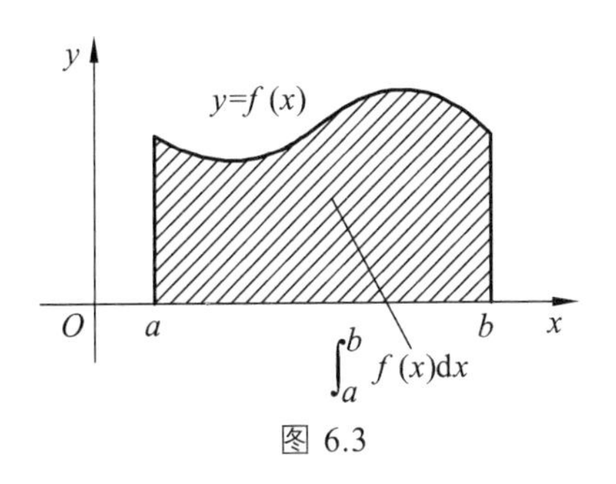

图 6.3

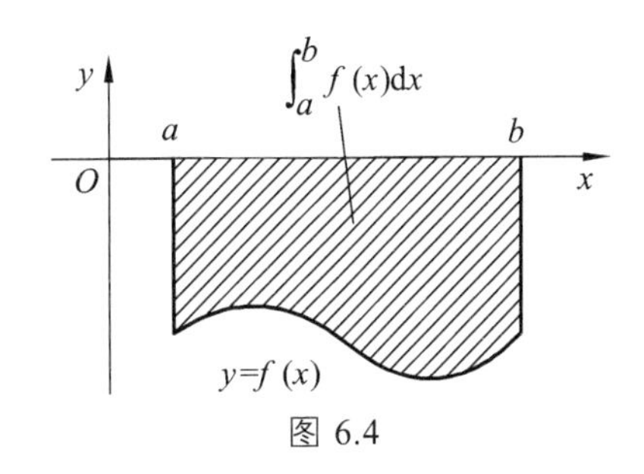

图 6.4

（3）当 $f(x)$ 在区间 $[a,b]$ 上为任意值，即 $f(x)$ 既取得正值又取得负值时，定积分 $\int_a^b f(x)\,\mathrm{d}x$ 等于在 x 轴上方图形面积减去 x 轴下方图形面积所得之差.

注意：① 定积分的上、下限相等时其值为零，即 $\int_a^a f(x)\,\mathrm{d}x=0$.

② 定积分的上、下值互换，定积分变号，即 $\int_a^b f(x)\,\mathrm{d}x=-\int_b^a f(x)\,\mathrm{d}x$.

例 1　利用定积分的几何意义计算定积分 $\int_0^1\sqrt{1-x^2}\mathrm{d}x$.

解　由定积分的几何意义可知，$\int_0^1\sqrt{1-x^2}\mathrm{d}x$ 等于由曲线 $y=\sqrt{1-x^2},x=0,x=1$ 及 x 轴所围成的曲边梯形（图 6.5）的面积，即一个半径为 1 的圆的面积的四分之一，故有

$$\int_0^1\sqrt{1-x^2}\mathrm{d}x=\frac{\pi}{4}.$$

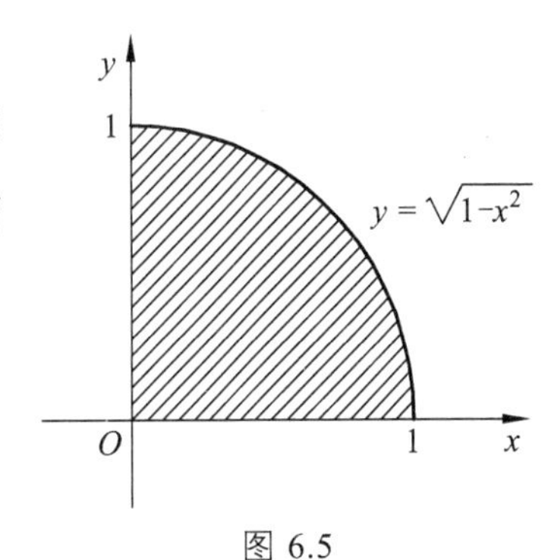

图 6.5

6.1.4　定积分的性质

性质 1（常倍数法则）　常数因子可以提到定积分符号之外，即

$$\int_a^b kf(x)\mathrm{d}x=k\int_a^b f(x)\mathrm{d}x\text{（ }k\text{ 为任意常数）.}$$

性质 2　两个函数代数和的定积分等于定积分的代数和，即

$$\int_a^b[f(x)\pm g(x)]\mathrm{d}x=\int_a^b f(x)\mathrm{d}x\pm\int_a^b g(x)\mathrm{d}x.$$

性质 3　若在区间 $[a,b]$ 上，$f(x)=c$（c 为常数)，则

$$\int_a^b f(x)\mathrm{d}x=\int_a^b c\mathrm{d}x=c(b-a).$$

特别地，当 $f(x)=1$ 时，

$$\int_a^b \mathrm{d}x=b-a.$$

性质 4（区间可加性） 对于任意三个实数 a,b,c，有

$$\int_a^b f(x)\mathrm{d}x=\int_a^c f(x)\mathrm{d}x+\int_c^b f(x)\mathrm{d}x.$$

性质 5（定积分的保号性） 若在区间 $[a,b]$ 上，函数 $f(x)\geqslant 0$（或 $f(x)\leqslant 0$），则

$$\int_a^b f(x)\mathrm{d}x\geqslant 0\ （或 \int_a^b f(x)\mathrm{d}x\leqslant 0）.$$

推论（定积分的保序性） 若在区间 $[a,b]$ 上有 $f(x)\leqslant g(x)$，则

$$\int_a^b f(x)\mathrm{d}x\leqslant\int_a^b g(x)\mathrm{d}x.$$

性质 6（估值定理） 设 m,M 分别为函数 $f(x)$ 在区间 $[a,b]$ 上的最小值和最大值，则

$$m(b-a)\leqslant\int_a^b f(x)\mathrm{d}x\leqslant M(b-a).$$

性质 7（积分中值定理） 如果函数 $y=f(x)$ 在区间 $[a,b]$ 上连续，则至少存在一点 $\xi\in[a,b]$，使得

$$\int_a^b f(x)\mathrm{d}x=f(\xi)(b-a).$$

我们称 $f(\xi)=\dfrac{1}{b-a}\displaystyle\int_a^b f(x)\mathrm{d}x$ 为函数 $y=f(x)$ 在区间 $[a,b]$ 上的**平均值**.

积分中值定理的几何意义：设 $f(x)\geqslant 0$，则由曲线 $y=f(x)$，直线 $x=a$，$x=b$ 以及 x 轴所围成的曲边梯形的面积等于以区间 $[a,b]$ 的长度为底、以 $f(\xi)$ 为高的矩形的面积.

例 2 不计算定积分，比较下列各组积分值的大小.

（1）$\int_1^2\ln x\mathrm{d}x$ 和 $\int_1^2\ln x^2\mathrm{d}x$；　　（2）$\int_0^{\frac{\pi}{4}}\sin x\mathrm{d}x$ 和 $\int_0^{\frac{\pi}{4}}\cos x\mathrm{d}x$.

解 （1）由于当 $x\in[1,2]$ 时，$\ln x\leqslant\ln x^2$，由定积分的性质 5 可知

$$\int_1^2\ln x\mathrm{d}x\leqslant\int_1^2\ln x^2\mathrm{d}x.$$

（2）由于当 $x\in\left[0,\dfrac{\pi}{4}\right]$ 时，$\sin x\leqslant\cos x$，由定积分的性质 5 可知

$$\int_0^{\frac{\pi}{4}}\sin x\mathrm{d}x\leqslant\int_0^{\frac{\pi}{4}}\cos x\mathrm{d}x.$$

例 3 利用定积分的性质，估计积分 $\int_0^2 x(x-2)\mathrm{d}x$ 的取值范围.

解 由题可知，函数 $f(x)=x(x-2)$ 在 $[0,2]$ 上取得最大值 $M=0$，最小值 $m=-1$，根据定积分的性质 6 可知

$$(-1)\times(2-0)\leqslant\int_0^2 x(x-2)\mathrm{d}x\leqslant 0\times(2-0),$$

即

$$-2\leqslant\int_0^2 x(x-2)\mathrm{d}x\leqslant 0.$$

习题 6.1

1. 利用定积分的几何意义，证明下列等式.

（1）$\int_0^1 2x\mathrm{d}x = 1$；　　（2）$\int_0^1 \sqrt{1-x^2}\,\mathrm{d}x = \frac{\pi}{4}$；

（3）$\int_0^{2\pi} \sin x\mathrm{d}x = 0$；　　（4）$\int_{-\frac{\pi}{2}}^{\frac{\pi}{2}} \cos x\mathrm{d}x = 2\int_0^{\frac{\pi}{2}} \cos x\mathrm{d}x$.

2. 利用定积分的几何意义，求下列积分.

（1）$\int_{-2}^4 \left(\frac{x}{2}+3\right)\mathrm{d}x$；　　（2）$\int_{-3}^3 \sqrt{9-x^2}\,\mathrm{d}x$；

（3）$\int_{-2}^1 |x|\mathrm{d}x$；　　（4）$\int_a^b 2s\mathrm{d}s \ (0<a<b)$.

3. 估计下列各积分的值.

（1）$\int_1^4 (x^2-3x+2)\mathrm{d}x$；　　（2）$\int_0^{\frac{\pi}{2}} \mathrm{e}^{\sin x}\,\mathrm{d}x$；

（3）$\int_{\frac{\pi}{4}}^{\frac{\pi}{2}} \frac{\sin x}{x}\mathrm{d}x$；　　（4）$\int_0^2 \frac{5-x}{9-x^2}\mathrm{d}x$.

4. 比较下列定积分的大小.

（1）$\int_0^1 \mathrm{e}^{-x}\,\mathrm{d}x$ 与 $\int_0^1 (1+x)\mathrm{d}x$；　　（2）$\int_0^{\frac{\pi}{2}} \sin x\mathrm{d}x$ 与 $\int_0^{\frac{\pi}{2}} x\mathrm{d}x$；

（3）$\int_1^{\mathrm{e}} (x-1)\mathrm{d}x$ 与 $\int_1^{\mathrm{e}} \ln x\mathrm{d}x$；　　（4）$\int_0^1 \frac{x}{1+x}\mathrm{d}x$ 与 $\int_0^1 \ln(1+x)\mathrm{d}x$.

5. 设 $f(x)$ 在 $[0,1]$ 上连续. 证明 $\int_0^1 f^2(x)\mathrm{d}x \geqslant \left(\int_0^1 f(x)\mathrm{d}x\right)^2$.

6. 设 $f(x)$ 是周期为 T 的周期函数，且 $f(x)$ 在任一有限区间上可积. 根据定积分的几何意义，说明

$$\int_a^{a+T} f(x)\mathrm{d}x = \int_0^T f(x)\mathrm{d}x \text{（} a \text{ 为任一常数）.}$$

6.2　牛顿-莱布尼兹公式

上节我们给出了定积分的概念，讨论了定积分的一系列重要性质. 但用定积分的定义求一个函数的定积分，即便是最简单的被积函数也是相当麻烦的. 下面将进一步讨论如何用较简便的方法计算定积分.

6.2.1　变动积分上限函数

定义 6.2　设函数 $f(x)$ 在区间 $[a,b]$ 上连续，点 x 为区间 $[a,b]$ 上任意一点，则定积分

$\int_a^x f(x)\mathrm{d}x$ 一定存在．如果上限 x 在 $[a,b]$ 上任意变动，则对于每一个取定的 x 值，定积分 $\int_a^x f(x)\mathrm{d}x$ 就有唯一的值与它对应．因此，定积分 $\int_a^x f(x)\mathrm{d}x$ 是上限 x 的函数，我们称它为**变动积分上限的函数**，简称**变上限函数**．记作 $\varPhi(x)$，即

$$\varPhi(x)=\int_a^x f(x)\mathrm{d}x, x\in[a,b].$$

为了避免混淆，将积分变量 x 换成 t（定积分的值与积分变量用什么字母表示无关），于是

$$\varPhi(x)=\int_a^x f(t)\mathrm{d}t, x\in[a,b].$$

例如，变动积分上限的函数 $\varPhi(x)=\int_0^x \mathrm{e}^{2t}\mathrm{d}t=\frac{1}{2}(\mathrm{e}^{2x}-1)$，在 $x=1$ 时的函数值为

$$\varPhi(1)=\frac{1}{2}(\mathrm{e}^2-1).$$

6.2.2　积分上限函数的导数

定理 6.3　如果函数 $f(x)$ 在区间 $[a,b]$ 上连续，则积分上限的函数 $\varPhi(x)=\int_a^x f(t)\mathrm{d}t$ 在区间 $[a,b]$ 上可导，且

$$\varPhi'(x)=\left[\int_a^x f(t)\mathrm{d}t\right]'=f(x), x\in[a,b].$$

证　若 $x\in(a,b)$，设 x 取得增量 Δx，其绝对值足够的小，使得 $x+\Delta x\in(a,b)$，则 $\varPhi(x)$（图 6.6）在 $x+\Delta x$ 处的函数值为 $\varPhi(x+\Delta x)=\int_a^{x+\Delta x} f(t)\mathrm{d}t$．

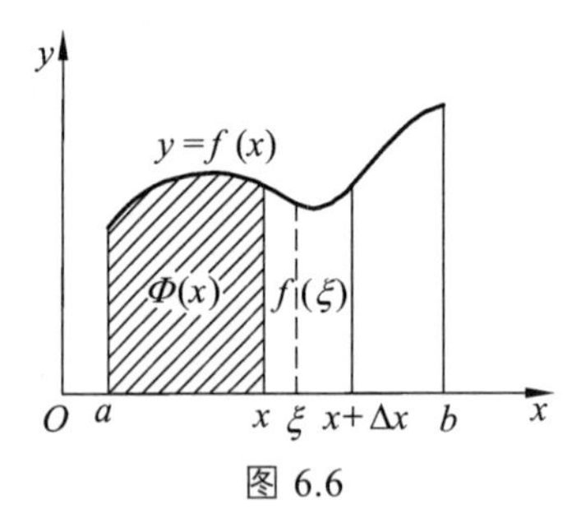

图 6.6

由此，得函数的增量

$$\begin{aligned}\Delta\varPhi(x)&=\varPhi(x+\Delta x)-\varPhi(x)\\&=\int_a^{x+\Delta x} f(t)\mathrm{d}t-\int_a^x f(t)\mathrm{d}t\\&=\int_a^x f(t)\mathrm{d}t+\int_x^{x+\Delta x} f(t)\mathrm{d}t-\int_a^x f(t)\mathrm{d}t\\&=\int_x^{x+\Delta x} f(t)\mathrm{d}t.\end{aligned}$$

再应用积分中值定理，即有等式

$$\Delta\Phi(x)=f(\xi)\Delta x.$$

这里，$\xi\in(x,x+\Delta x)$，把上式两端各除以 Δx，得函数增量与自变量增量的比值

$$\frac{\Delta\Phi}{\Delta x}=f(\xi).$$

由于假设 $f(x)$ 在 $[a,b]$ 上连续，而 $\Delta x\to 0$ 时，$\xi\to x$，因此 $\lim\limits_{\Delta x\to 0}f(\xi)=f(x)$. 于是，令 $\Delta x\to 0$ 对上式两端取极限时，左端的极限也应该存在且等于 $f(x)$. 这就是说，函数 $\Phi(x)$ 的导数存在，并且 $\Phi'(x)=f(x)$.

若 $x=a$，取 $\Delta x>0$，同理可证 $\Phi_+'(a)=f(a)$；若 $x=b$，取 $\Delta x<0$，则同理可证 $\Phi_-'(b)=f(b)$.

注意： 定理 6.3 说明，如果函数 $f(x)$ 在区间 $[a,b]$ 上连续，则函数 $\Phi(x)=\int_a^x f(t)\mathrm{d}t$ 就是 $f(x)$ 在区间 $[a,b]$ 上的一个原函数.

如果 $f(x)$ 是正函数，等式 $\Phi'(x)=[\int_a^x f(t)\,\mathrm{d}t]'=f(x)$，$x\in[a,b]$ 的几何解释是：$f(x)$ 从 a 到 x 的积分是夹在 $f(x)$ 的图像以及从 a 到 x 的 x 轴之间的面积. 设想公共汽车挡风玻璃上被清除雨滴的刷扫过的区域. 当雨刷移动通过 x 时，被清洗区域的速率正是垂直刷片的高度 $f(t)$（图 6.7）.

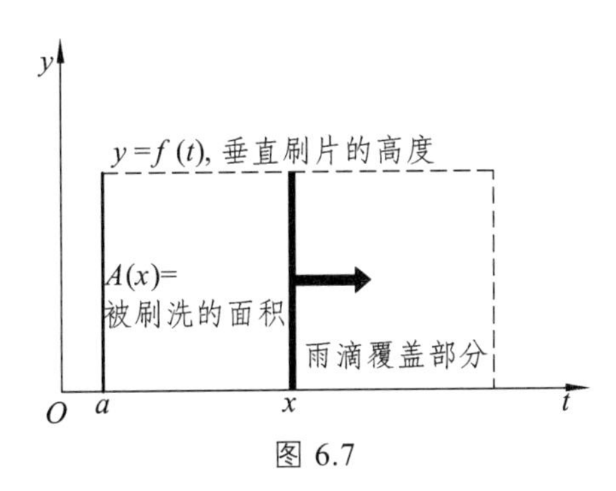

图 6.7

例 1　设 $\Phi(x)=\int_0^x \sin t^2\mathrm{d}t$，求 $\Phi(x)$ 在 $x=\sqrt{\frac{\pi}{3}}$ 处的导数值.

解　由于 $\Phi'(x)=\left[\int_0^x \sin t^2\mathrm{d}t\right]'=\sin x^2$，所以

$$\Phi'\left(\sqrt{\frac{\pi}{3}}\right)=\sin\frac{\pi}{3}=\frac{\sqrt{3}}{2}.$$

例 2　设 $\Phi(x)=\int_x^5 2t\sin t\mathrm{d}t$，求 $\Phi(x)$ 的导数.

解　因为

$$\Phi(x)=\int_x^5 2t\sin t\mathrm{d}t=-\int_5^x 2t\sin t\mathrm{d}t,$$

所以

$$\Phi'(x)=-2x\sin x.$$

这里，$\Phi(x)=\int_x^a f(t)\mathrm{d}t$ 被称为**变动积分下限函数**. 由于**变动积分下限函数**可转化为**变动积分上限函数**，故不再另做讨论.

例 3 设 $y=\int_1^{x^2}\cos t\mathrm{d}t$，求 y 的导数.

解 积分上限不是 x 而是 x^2，这使得 $\Phi(x)$ 可以视为由 $y=\int_1^u \cos t\mathrm{d}t$ 和 $u=x^2$ 复合而成. 因此必须用链式法则求 y 的导数，即

$$\begin{aligned}y'=\frac{\mathrm{d}y}{\mathrm{d}x}&=\frac{\mathrm{d}y}{\mathrm{d}u}\cdot\frac{\mathrm{d}u}{\mathrm{d}x}=\left(\frac{\mathrm{d}}{\mathrm{d}u}\int_1^u\cos t\mathrm{d}t\right)\cdot\frac{\mathrm{d}u}{\mathrm{d}x}\\&=\cos u\cdot\frac{\mathrm{d}u}{\mathrm{d}x}=\cos(x^2)\cdot 2x\\&=2x\cos x^2\end{aligned}$$

例 4 求 $\lim\limits_{x\to0}\dfrac{\int_0^x\ln(1+t)\mathrm{d}t}{x^2}$.

解 这是一个"$\dfrac{0}{0}$"型的未定式，利用洛必达法则，有

$$\lim_{x\to0}\frac{\int_0^x\ln(1+t)\,\mathrm{d}t}{x^2}=\lim_{x\to0}\frac{\ln(1+x)}{2x}=\lim_{x\to0}\frac{\frac{1}{1+x}}{2}=\frac{1}{2}.$$

定理 6.4（原函数存在定理） 如果函数 $f(x)$ 在区间 $[a,b]$ 上连续，则函数 $f(x)$ 的原函数一定存在，且其中的一个原函数就是 $\Phi(x)=\int_a^x f(t)\mathrm{d}t$.

定理 6.4 不仅说明了原函数的存在问题，也揭示了积分学中定积分与原函数之间的联系，为研究牛顿-莱布尼兹公式奠定了基础.

6.2.3 牛顿-莱布尼兹公式

定理 6.5 若函数 $f(x)$ 在区间 $[a,b]$ 上连续，且 $F(x)$ 是 $f(x)$ 的一个原函数，则

$$\int_a^b f(x)\mathrm{d}x=F(b)-F(a).$$

这个公式称为**牛顿（Newton）–莱布尼兹（Leibniz）公式**.

证 已知函数 $F(x)$ 是连续函数 $f(x)$ 的一个原函数，根据定理 6.3 可知，积分上限函数 $\Phi(x)=\int_a^x f(t)\mathrm{d}t$ 也是 $f(x)$ 的一个原函数. 于是这两个原函数之差在 $[a,b]$ 上必定是某一个常数 C，即

$$F(x)-\Phi(x)=C,\ a\leqslant x\leqslant b.$$

在上式中令 $x=a$，得 $F(a)-\Phi(a)=C$，即 $C=F(a)$，从而有

$$\int_a^x f(t)\mathrm{d}t=F(x)-F(a)$$

再令 $x=b$，就得到所要的证明.

如果引入记号 $F(b)-F(a)=F(x)\big|_a^b$，则牛顿-莱布尼兹公式又可以表示为如下形式：

$$\int_a^b f(x)\mathrm{d}x = F(x)\Big|_a^b .$$

这个公式是积分学中的一个基本公式，它表明一个连续函数的定积分等于这个函数的一个原函数在积分上、下限处对应的函数值之差. 这就给定积分提供了一个有效而简便的计算方法，也大大简化了定积分的计算.

例 5　计算定积分 $\int_0^1 x^2\mathrm{d}x$.

解　由于 $\frac{x^3}{3}$ 是 x^2 的一个原函数，所以按牛顿-莱布尼兹公式，有

$$\int_0^1 x^2\,\mathrm{d}x = \frac{x^3}{3}\Big|_0^1 = \frac{1^3}{3} - \frac{0^3}{3} = \frac{1}{3} - 0 = \frac{1}{3} .$$

例 6　计算正弦曲线 $y=\sin x$ 在 $[0, \pi]$ 上与 x 轴所围成的平面图形（图 6.8）的面积.

解　$A = \int_0^{\pi} \sin x\mathrm{d}x$.

由于 $-\cos x$ 是 $\sin x$ 的一个原函数，所以

$$A = \int_0^{\pi} \sin x\mathrm{d}x = -\cos x|_0^{\pi} = -(-1) - (-1) = 2 .$$

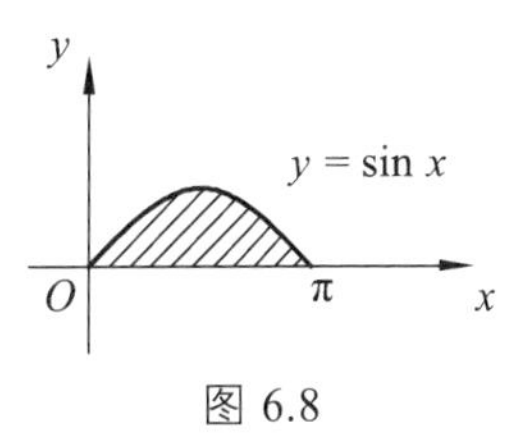

图 6.8

例 7　已知 $f(x) = \begin{cases} \dfrac{x}{3}, & -1 \leqslant x \leqslant 0 \\ \sqrt{x}, & 0 < x \leqslant 1 \end{cases}$，求 $\int_{-1}^1 f(x)\,\mathrm{d}x$.

解　已知被积函数为分段函数，由分段函数性质和定积分的区间可加性，得

$$\begin{aligned} \int_{-1}^1 f(x)\mathrm{d}x &= \int_{-1}^0 f(x)\,\mathrm{d}x + \int_0^1 f(x)\,\mathrm{d}x \\ &= \int_{-1}^0 \frac{x}{3}\mathrm{d}x + \int_0^1 \sqrt{x}\mathrm{d}x \\ &= \frac{x^2}{6}\Big|_{-1}^0 + \frac{2}{3}x^{\frac{3}{2}}\Big|_0^1 = \frac{1}{2}. \end{aligned}$$

例 8　设函数 $f(x) = \frac{1}{x} + \mathrm{e}^x$，求该函数在区间 $[1,2]$ 上的平均值.

解　由积分中值定理可知，函数 $f(x)$ 在区间 $[1,2]$ 上的平均值为

$$f(\xi) = \frac{1}{2-1}\int_1^2 f(x)\mathrm{d}x ,$$

所以

$$f(\xi) = \int_1^2 \left(\mathrm{e}^x + \frac{1}{x}\right)\mathrm{d}x = \mathrm{e}^x\Big|_1^2 + \ln|x|\Big|_1^2 = \mathrm{e}^2 - \mathrm{e} + \ln 2 .$$

习题 6.2

1. 求函数 $y = \int_0^x \cos t\mathrm{d}t$ 当 $x=0$ 及 $x=\frac{\pi}{3}$ 时的导数.

2. 求由方程 $\int_0^y e^t dt + \int_0^x \sin t dt = 0$ 所确定的隐函数 $y = y(x)$ 的导数.

3. 求下列变限函数的导数.

（1）$y = \int_0^x \cos t dt$；（2）$y = \int_1^x \frac{1}{t} dt$；

（3）$y = \int_x^0 \sin^2 t dt$；（4）$y = \int_0^{x^2} \cos\sqrt{t} dt$；

（5）$y = \int_1^{\sin x} 4t^3 dt$；（6）$y = \int_{\tan x}^{x^2} t^2 dt$.

4. 求下列函数的极限.

（1）$\lim\limits_{x\to 0} \dfrac{\int_0^x \sin t^2 dt}{x^3}$；（2）$\lim\limits_{x\to 0} \dfrac{(\int_0^x e^{t^2} dt)^2}{\int_0^x t e^{2t^2} dt}$；

（3）$\lim\limits_{x\to 0} \dfrac{x - \int_0^x e^{t^2} dt}{x^2 \sin 2x}$；（4）$\lim\limits_{x\to 0} \dfrac{\int_0^{x^2} \sin t^2 dt}{\int_x^0 t[\ln(1+t^2)]^2 dt}$.

5. 计算下列定积分.

（1）$\int_1^2 \left(x + \frac{1}{x}\right)^2 dx$；（2）$\int_a^b (x-a)(x-b) dx$；

（3）$\int_1^4 \frac{(1-x)^3}{x\sqrt{x}} dx$；（4）$\int_{\frac{1}{\sqrt{3}}}^1 \frac{1+2x^2}{x^2(1+x^2)} dx$；

（5）$\int_0^1 \frac{x^4}{1+x^2} dx$；（6）$\int_{-\frac{\pi}{4}}^{\frac{\pi}{4}} \frac{1}{1+\cos 2x} dx$；

（7）$\int_{\frac{\pi}{6}}^{\frac{\pi}{3}} \frac{1}{\sin^2 x \cos^2 x} dx$；（8）$\int_0^2 \sqrt{x^3 - 2x^2 + x} dx$；

（9）$\int_{-2}^4 e^{|x|} dx$；（10）$\int_0^{\frac{\pi}{2}} \sqrt{1 - \sin 2x} dx$.

6.3 定积分的积分方法

由牛顿-莱布尼兹公式可知，计算定积分要分两步：首先求被积函数的原函数；其次按照牛顿-莱布尼兹公式计算. 由于定积分是一个数值，它与积分变量用什么字母表示无关，所以，通常在应用换元法求原函数的同时，也相应变换积分的上、下限，这样可以适当简化计算.

6.3.1 定积分的换元法

定理 6.6 若函数 $f(x)$ 在区间 $[a,b]$ 上连续，且函数 $x = \varphi(t)$ 在区间 $[\alpha, \beta]$ 上具有连续导数，当 $\alpha \leqslant t \leqslant \beta$ 时，有 $a \leqslant \varphi(t) \leqslant b$，又 $\varphi(\alpha) = a, \varphi(\beta) = b$，则有

$$\int_a^b f(x) dx = \int_\alpha^\beta f[\varphi(t)]\varphi'(t) dt .$$

上式叫作定积分的**换元积分式**.

定积分 $\int_a^b f(x)\mathrm{d}x$ 中的 $\mathrm{d}x$，本来是整个定积分记号中不可分割的一部分，但由上述定理可知，在一定条件下，它确实可以作为微分记号来对待. 这就是说，应用换元公式时，如果把 $\int_a^b f(x)\mathrm{d}x$ 中的 x 换成 $\varphi(t)$，则 $\mathrm{d}x$ 就换成 $\varphi'(t)\mathrm{d}t$，这刚好是 $x=\varphi(t)$ 的微分 $\mathrm{d}x$.

应用换元公式时应该注意以下两点：

（1）若用 $x=\varphi(t)$ 把原来变量 x 代换成新变量 t，积分限也要换成相应于新变量 t 的积分限.

（2）求出 $f[\varphi(t)]\varphi'(t)$ 的一个原函数 $\varphi(t)$ 后，不必像计算不定积分那样再把 $\varphi(t)$ 变换成原来变量 x 的函数，而只要把新变量 t 的上、下限分别代入 $\varphi(t)$ 中然后相减即可.

例 1　计算 $\int_0^3 \frac{x}{\sqrt{1+x}}\mathrm{d}x$.

解　令 $\sqrt{1+x}=t$，有 $x=t^2-1,\ \mathrm{d}x=2t\mathrm{d}t$，则当 $x=0$ 时，$t=1$；$x=3$ 时，$t=2$. 于是

$$\int_0^3 \frac{x}{\sqrt{1+x}}\mathrm{d}x=\int_1^2 \frac{t^2-1}{t}\cdot 2t\mathrm{d}t=2\int_1^2 (t^2-1)\,\mathrm{d}t=2\left[\frac{1}{3}t^3-t\right]_1^2=\frac{8}{3}.$$

例 2　求 $\int_0^a \sqrt{a^2-x^2}\mathrm{d}x$.

解　令 $x=a\sin t$，有 $\mathrm{d}x=a\cos t\mathrm{d}t$，则当 $x=0$ 时，$t=0$；当 $x=a$ 时，$t=\frac{\pi}{2}$. 于是

$$\int_0^a \sqrt{a^2-x^2}\mathrm{d}x=a^2\int_0^{\frac{\pi}{2}}\cos^2 t\mathrm{d}t=\frac{a^2}{2}\left[t+\frac{\sin 2t}{2}\right]_0^{\frac{\pi}{2}}=\frac{\pi a^2}{4}.$$

例 3　计算 $\int_0^{\frac{\pi}{2}}\cos^5 x\sin x\mathrm{d}x$.

解　设 $t=\cos x$，有 $\mathrm{d}t=-\sin x\mathrm{d}x$，则当 $x=0$ 时，$t=1$；当 $x=\frac{\pi}{2}$ 时，$t=0$. 于是

$$\int_0^{\frac{\pi}{2}}\cos^5 x\sin x\mathrm{d}x=-\int_1^0 t^5\mathrm{d}t=\int_0^1 t^5\mathrm{d}t=\left[\frac{t^6}{6}\right]_0^1=\frac{1}{6}.$$

注意：在例 3 中，如果我们不明显地写出新变量 t，那么定积分的上、下限就不要变更. 我们用这种记法写出计算过程：

$$\int_0^{\frac{\pi}{2}}\cos^5 x\sin x\mathrm{d}x=-\int_0^{\frac{\pi}{2}}\cos^5 x\mathrm{d}(\cos x)=-\left[\frac{\cos^6 x}{6}\right]_0^{\frac{\pi}{2}}=\frac{1}{6}.$$

例 4　证明：

（1）若函数 $f(x)$ 在 $[-a,a]$ 上连续且是奇函数，则 $\int_{-a}^a f(x)\mathrm{d}x=0$.

（2）若函数 $f(x)$ 在 $[-a,a]$ 上连续且是偶函数，则 $\int_{-a}^a f(x)\mathrm{d}x=2\int_0^a f(x)\mathrm{d}x$.

证　因为

$$\int_{-a}^a f(x)\mathrm{d}x=\int_{-a}^0 f(x)\mathrm{d}x+\int_0^a f(x)\mathrm{d}x,$$

对于定积分 $\int_{-a}^{0} f(x)\mathrm{d}x$，作变量代换 $x=-t$，则有

$$\int_{-a}^{0} f(x)\,\mathrm{d}x = -\int_{a}^{0} f(-t)\,\mathrm{d}t = \int_{0}^{a} f(-t)\,\mathrm{d}t = \int_{0}^{a} f(-x)\,\mathrm{d}x .$$

于是

$$\int_{-a}^{a} f(x)\mathrm{d}x = \int_{-a}^{0} f(x)\mathrm{d}x + \int_{0}^{a} f(x)\mathrm{d}x = \int_{0}^{a} [f(x)+f(-x)]\mathrm{d}x .$$

（1）若 $f(x)$ 是奇函数，必有 $f(x)+f(-x)=0$，从而有

$$\int_{-a}^{a} f(x)\mathrm{d}x = \int_{0}^{a} 0\mathrm{d}x = 0 .$$

（2）若 $f(x)$ 是偶函数，必有 $f(x)+f(-x)=2f(x)$，从而有

$$\int_{-a}^{a} f(x)\mathrm{d}x = 2\int_{0}^{a} f(x)\mathrm{d}x .$$

利用例 4 的结论常可以简化计算偶函数、奇函数在对称于原点的区间上的定积分.

例 5 计算 $\int_{-2}^{2} \frac{x^2}{1+x^2+x^8}\sin x\mathrm{d}x$.

解 因为函数 $f(x)=\frac{x^2}{1+x^2+x^8}\sin x$ 在 $[-2,2]$ 上为连续的奇函数，所以由例 4 结论可知

$$\int_{-2}^{2} \frac{x^2}{1+x^2+x^8}\sin x\mathrm{d}x = 0.$$

6.3.2 定积分的分部积分法

设函数 $u(x), v(x)$ 在 $[a,b]$ 上有连续导数，则

$$\int_{a}^{b} u(x)v'(x)\,\mathrm{d}x = u(x)v(x)\Big|_a^b - \int_{a}^{b} v(x)u'(x)\mathrm{d}x ,$$

或

$$\int_{a}^{b} u(x)\mathrm{d}v(x) = u(x)v(x)\Big|_a^b - \int_{a}^{b} v(x)\mathrm{d}u(x) .$$

我们将上述公式称为定积分的**分部积分公式**.

例 6 计算 $\int_{1}^{\mathrm{e}} \ln x\mathrm{d}x$.

解 令 $u=\ln x,\ v=x$，则 $\mathrm{d}u=\frac{\mathrm{d}x}{x},\ \mathrm{d}v=\mathrm{d}x$．故

$$\int_{1}^{\mathrm{e}} \ln x\mathrm{d}x = [x\ln x]_1^{\mathrm{e}} - \int_{1}^{\mathrm{e}} x\cdot\frac{\mathrm{d}x}{x} = (\mathrm{e}-0)-(\mathrm{e}-1)=1 .$$

例 7 计算 $\int_{0}^{\pi} x\cos 3x\mathrm{d}x$.

解 由题可知

$$\int_{0}^{\pi} x\cos 3x\mathrm{d}x = \frac{1}{3}\int_{0}^{\pi} x\mathrm{d}(\sin 3x) = \frac{1}{3}\left(x\sin 3x\Big|_0^{\pi} - \int_{0}^{\pi}\sin 3x\mathrm{d}x\right)$$

$$=\frac{1}{3}\left[0+\frac{1}{3}\cos 3x\right]_0^{\pi} = -\frac{2}{9}.$$

例 8　计算 $\int_0^{\ln 2} xe^{-x}dx$.

解　由题可知

$$\begin{aligned}\int_0^{\ln 2} xe^{-x}dx &= \int_0^{\ln 2} xd(-e^{-x}) = -xe^{-x}\Big|_0^{\ln 2} + \int_0^{\ln 2} e^{-x}dx \\ &= -xe^{-x}\Big|_0^{\ln 2} - e^{-x}\Big|_0^{\ln 2} = -\ln 2\cdot e^{-\ln 2} - e^{-\ln 2} + 1 \\ &= \frac{1}{2}\ln\frac{e}{2}.\end{aligned}$$

例 9　计算 $\int_0^{\frac{\pi}{4}} \frac{x}{1+\cos 2x}dx$.

解　由题可知

$$\begin{aligned}\int_0^{\frac{\pi}{4}} \frac{x}{1+\cos 2x}dx &= \int_0^{\frac{\pi}{4}} \frac{x}{2\cos^2 x}dx = \frac{1}{2}\int_0^{\frac{\pi}{4}} xd(\tan x) \\ &= \frac{1}{2}\left(x\tan x\Big|_0^{\frac{\pi}{4}} - \int_0^{\frac{\pi}{4}}\tan xdx\right) = \frac{1}{2}\left(\frac{\pi}{4} + \ln\cos x\Big|_0^{\frac{\pi}{4}}\right) \\ &= \frac{\pi}{8} - \frac{1}{4}\ln 2.\end{aligned}$$

例 10　计算 $\int_0^{\frac{\pi}{4}} \sec^3 xdx$.

解　由题可知

$$\begin{aligned}\int_0^{\frac{\pi}{4}} \sec^3 xdx &= \int_0^{\frac{\pi}{4}} \sec x\cdot\sec^2 xdx = \int_0^{\frac{\pi}{4}} \sec xd(\tan x) \\ &= \sec x\tan x\Big|_0^{\frac{\pi}{4}} - \int_0^{\frac{\pi}{4}} \tan x\cdot\sec x\tan xdx \\ &= \sqrt{2} - \int_0^{\frac{\pi}{4}} (\sec^2 x - 1)\sec xdx \\ &= \sqrt{2} - \int_0^{\frac{\pi}{4}} \sec^3 xdx + \int_0^{\frac{\pi}{4}} \sec xdx \\ &= \sqrt{2} - \int_0^{\frac{\pi}{4}} \sec^3 xdx + \ln(\sec x + \tan x)\Big|_0^{\frac{\pi}{4}} \\ &= \sqrt{2} - \int_0^{\frac{\pi}{4}} \sec^3 xdx + \ln(\sqrt{2}+1).\end{aligned}$$

即有

$$2\int_0^{\frac{\pi}{4}} \sec^3 xdx = \sqrt{2} + \ln(\sqrt{2}+1).$$

故

$$\int_0^{\frac{\pi}{4}} \sec^3 xdx = \frac{\sqrt{2}}{2} + \frac{1}{2}\ln(\sqrt{2}+1).$$

例 11　计算 $\int_0^1 e^{\sqrt{x}}dx$.

解　先用换元法，令 $\sqrt{x} = t$，有 $x = t^2$，$dx = 2tdt$，则当 $x = 0$ 时，$t = 0$；当 $x = 1$ 时，$t = 1$．于是

$$\int_0^1 e^{\sqrt{x}}dx = 2\int_0^1 te^t dt .$$

再用分部积分法，可得

$$\int_0^1 e^{\sqrt{x}}dx = 2\int_0^1 t de^t = 2\left(te^t\Big|_0^1 - \int_0^1 e^t dt\right) = 2[e-(e-1)] = 2 .$$

例 12 证明定积分公式：

$$I_n = \int_0^{\frac{\pi}{2}} \sin^n x dx \left(= \int_0^{\frac{\pi}{2}} \cos^n x dx\right) = \begin{cases} \dfrac{n-1}{n}\cdot\dfrac{n-3}{n-2}\cdot\cdots\cdot\dfrac{3}{4}\cdot\dfrac{1}{2}\cdot\dfrac{\pi}{2}, & n \text{ 为正偶数} \\ \dfrac{n-1}{n}\cdot\dfrac{n-3}{n-2}\cdot\cdots\cdot\dfrac{4}{5}\cdot\dfrac{2}{3}, & n \text{ 为大于1的正奇数} \end{cases}$$

习题 6.3

1. 计算下列定积分.

（1）$\int_0^{\frac{\pi}{4}} \frac{1-\cos^4 x}{2} dx$；（2）$\int_0^{\frac{\pi}{2}} \cos^5 x \sin 2x dx$；

（3）$\int_0^1 \frac{1}{1+e^x} dx$；（4）$\int_0^1 \frac{1}{e^{-x}+e^x} dx$；

（5）$\int_{\ln 2}^{\ln 3} \frac{1}{e^x - e^{-x}} dx$；（6）$\int_0^1 \frac{1}{8e^{-x}+e^x+4} dx$；

（7）$\int_1^3 \frac{1}{x+x^2} dx$；（8）$\int_1^{\sqrt{3}} \frac{1}{x\sqrt{x^2+1}} dx$；

（9）$\int_0^{\frac{1}{\sqrt{2}}} \sqrt{1-2x^2} dx$；（10）$\int_0^1 \sqrt{(1-x^2)^3} dx$；

（11）$\int_0^{\frac{\pi}{4}} \cos^7 2x dx$；（12）$\int_0^{\frac{\pi}{2}} \frac{1}{2+\sin x} dx$；

（13）$\int_1^2 \frac{1}{x+x^3} dx$；（14）$\int_0^1 \frac{x-x^2}{x^2+1} dx$；

（15）$\int_0^1 \sqrt{1+\sqrt{x}} dx$；（16）$\int_0^{-\ln 2} \sqrt{1-e^{2x}} dx$.

2. 计算下列定积分.

（1）$\int_0^{2\pi} x\sin^2 x dx$；（2）$\int_0^{\frac{\pi}{4}} \frac{x\sin x}{\cos^2 x} dx$；

（3）$\int_0^{\pi} x^3 \sin x dx$；（4）$\int_1^{e} \ln^3 x dx$；

（5）$\int_0^{\frac{1}{2}} (\arcsin x)^2 dx$；（6）$\int_0^1 x\arctan x dx$.

3. 利用对称区间上定积分的性质，求下列积分.

（1）$\int_{-1}^{1}\frac{2+\sin x}{1+x^2}dx$；　　（2）$\int_{-\frac{1}{2}}^{\frac{1}{2}}(x^7+\sin x+x^2)dx$；

（3）$\int_{-a}^{a}\frac{x^3\cos x}{x^4+2x^2+1}dx$；　　（4）$\int_{-\frac{\pi}{4}}^{\frac{\pi}{4}}\frac{1}{1+\sin x}dx$.

4. 设函数 $f(x)$ 在 $[0,1]$ 上连续，证明

$$\int_0^{\pi}f(\sin x)dx=2\int_0^{\frac{\pi}{2}}f(\sin x)dx=2\int_0^{\frac{\pi}{2}}f(\cos x)dx,$$

并由此计算 $\int_0^{\pi}\frac{1}{1+\sin^2 x}dx$.

5. 设函数 $f(x)$ 在 $[0,2a]$ 上连续，证明

$$\int_0^{2a}f(x)dx=\int_0^{a}[f(x)+f(2a-x)]dx,$$

并由此计算 $\int_0^{\pi}\frac{x\sin x}{1+\cos^2 x}dx$.

6.4　广义积分

在实际问题中，我们会经常遇到积分区间为无穷区间的积分，或者被积函数为无界函数的积分，我们将这两类积分叫作**广义积分**.

6.4.1　无穷区间上的广义积分

定义 6.3　设函数 $f(x)$ 在区间 $[a,+\infty)$ 上连续，取 $b>a$，如果极限 $\lim\limits_{b\to+\infty}\int_a^b f(x)dx$ 存在，则称此极限为函数 $f(x)$ 在无穷区间 $[a,+\infty)$ 上的广义积分，记作

$$\int_a^{+\infty}f(x)dx=\lim_{b\to+\infty}\int_a^b f(x)dx.$$

这时，我们称广义积分 $\int_a^{+\infty}f(x)dx$ 是**收敛的**；如果极限 $\lim\limits_{b\to+\infty}\int_a^b f(x)dx$ 不存在，则称广义积分 $\int_a^{+\infty}f(x)dx$ 是**发散的**.

类似地，我们可以定义 $f(x)$ 在区间 $(-\infty,b]$ 上的广义积分

$$\int_{-\infty}^{b}f(x)dx=\lim_{a\to-\infty}\int_a^b f(x)dx.$$

如果极限 $\lim\limits_{a\to-\infty}\int_a^b f(x)dx$ 存在，称广义积分 $\int_{-\infty}^{b}f(x)dx$ 收敛；否则，就称广义积分 $\int_{-\infty}^{b}f(x)dx$ 发散.

如果 $f(x)$ 在区间 $(-\infty,+\infty)$ 内连续，且对任一常数 $c\in(-\infty,+\infty)$，$\int_{-\infty}^{c}f(x)\mathrm{d}x$ 与 $\int_{c}^{+\infty}f(x)\mathrm{d}x$ 都收敛，则称**广义积分** $\int_{-\infty}^{+\infty}f(x)\mathrm{d}x$ **收敛**.

例 1　求 $\int_{0}^{+\infty}\frac{x\mathrm{d}x}{1+x^2}$.

解　由题可知

$$\int_{0}^{+\infty}\frac{x\mathrm{d}x}{1+x^2}=\lim_{b\to+\infty}\int_{0}^{b}\frac{x\mathrm{d}x}{1+x^2}=\lim_{b\to+\infty}\frac{1}{2}\int_{0}^{b}\frac{\mathrm{d}(1+x^2)}{1+x^2}$$
$$=\frac{1}{2}\lim_{b\to+\infty}[\ln(1+x^2)]_0^b=\frac{1}{2}\lim_{b\to+\infty}\ln(1+b^2)=+\infty.$$

因此，该广义积分发散.

例 2 求 $\int_{-\infty}^{0}x\mathrm{e}^x\mathrm{d}x$.

解　由题可知

$$\int_{-\infty}^{0}x\mathrm{e}^x\mathrm{d}x=\lim_{a\to-\infty}\int_{a}^{0}x\mathrm{e}^x\mathrm{d}x=\lim_{a\to-\infty}\left(x\mathrm{e}^x\Big|_a^0-\int_{a}^{0}\mathrm{e}^x\mathrm{d}x\right)$$
$$=\lim_{a\to-\infty}(-a\mathrm{e}^a-1+\mathrm{e}^a)=-1.$$

例 3　讨论 $\int_{1}^{+\infty}\frac{\mathrm{d}x}{x^p}$ 的收敛性.

解　由题可知，当 $p=1$ 时，

$$\int_{1}^{+\infty}\frac{\mathrm{d}x}{x^p}=\lim_{b\to+\infty}\int_{1}^{b}\frac{\mathrm{d}x}{x}=\lim_{b\to+\infty}(\ln b-\ln 1)=+\infty;$$

当 $p\neq1$ 时，

$$\int_{1}^{+\infty}\frac{\mathrm{d}x}{x^p}=\lim_{b\to+\infty}\int_{1}^{b}\frac{\mathrm{d}x}{x^p}=\left[\frac{x^{1-p}}{1-p}\right]_1^{+\infty}=\begin{cases}+\infty, & p<1\\ 0, & p>1\end{cases}.$$

综上可知，广义积分 $\int_{1}^{+\infty}\frac{\mathrm{d}x}{x^p}$ 在 $p>1$ 时收敛，在 $p\leqslant1$ 时发散.

注意：有时为了书写简便，把 $\lim\limits_{b\to+\infty}[F(x)]_a^b$ 记作 $[F(x)]_a^{+\infty}$.

6.4.2　无界函数的广义积分

如果函数 $f(x)$ 在点 a 的任一邻域内都无界，那么点 a 称为函数 $f(x)$ 的瑕点（也称为无界间断点）. 无界函数的广义积分又称为**瑕积分**.

定义 6.4　设函数 $f(x)$ 在 $[a,b]$ 上连续，a 为 $f(x)$ 的瑕点，如果极限 $\lim\limits_{\varepsilon\to0^+}\int_{a+\varepsilon}^{b}f(x)\mathrm{d}x$ 存在，则称此极限为函数 $f(x)$ 在区间 $(a,b]$ 上的**广义积分（瑕积分）**，记作 $\int_{a}^{b}f(x)\mathrm{d}x$，即

$$\int_a^b f(x)\mathrm{d}x = \lim_{\varepsilon \to 0^+}\int_{a+\varepsilon}^b f(x)\mathrm{d}x .$$

此时，称广义积分 $\int_a^b f(x)\,\mathrm{d}x$ **收敛**；如果极限 $\lim\limits_{\varepsilon \to 0^+}\int_{a+\varepsilon}^b f(x)\,\mathrm{d}x$ 不存在，称广义积分 $\int_a^b f(x)\,\mathrm{d}x$ **发散**.

类似地，设函数 $f(x)$ 在 $[a,b]$ 上连续，点 b 为 $f(x)$ 的瑕点，如果极限 $\lim\limits_{\varepsilon \to 0^+}\int_a^{b-\varepsilon} f(x)\mathrm{d}x$ 存在，则定义瑕积分

$$\int_a^b f(x)\mathrm{d}x = \lim_{\varepsilon \to 0^+}\int_a^{b-\varepsilon} f(x)\mathrm{d}x.$$

此时，称广义积分 $\int_a^b f(x)\mathrm{d}x$ **收敛**；如果极限 $\lim\limits_{\varepsilon \to 0^+}\int_a^{b-\varepsilon} f(x)\mathrm{d}x$ 不存在，称广义积分 $\int_a^b f(x)\mathrm{d}x$ **发散**.

定义 6.5　设函数 $f(x)$ 在 $[a,b]$ 上除 $c\ (a<c<b)$ 点外连续，点 c 为 $f(x)$ 的瑕点，如果两个广义积分

$$\int_a^c f(x)\mathrm{d}x \text{ 与 } \int_c^b f(x)\mathrm{d}x$$

都收敛，则定义

$$\begin{aligned}\int_a^b f(x)\,\mathrm{d}x &= \int_a^c f(x)\,\mathrm{d}x + \int_c^b f(x)\mathrm{d}x \\ &= \lim_{\varepsilon_1 \to 0^+}\int_{a+\varepsilon_1}^c f(x)\mathrm{d}x + \lim_{\varepsilon_2 \to 0^+}\int_c^{b-\varepsilon_2} f(x)\mathrm{d}x.\end{aligned}$$

并且称积分 $\int_a^b f(x)\mathrm{d}x$ 收敛；当两个广义积分中有一个发散时，称积分 $\int_a^b f(x)\mathrm{d}x$ 发散.

例 4　讨论积分 $\int_0^2 \frac{1}{\sqrt{4-x^2}}\mathrm{d}x$ 的敛散性.

解　由题可知，$x=2$ 是函数 $\frac{1}{\sqrt{4-x^2}}$ 的瑕点，则

$$\begin{aligned}\int_0^2 \frac{1}{\sqrt{4-x^2}}\mathrm{d}x &= \lim_{\varepsilon \to 0^+}\int_0^{2-\varepsilon} \frac{1}{\sqrt{4-x^2}}\mathrm{d}x = \lim_{\varepsilon \to 0^+}\left[\arcsin\frac{x}{2}\right]_0^{2-\varepsilon} \\ &= \lim_{\varepsilon \to 0^+}\arcsin\left(1-\frac{\varepsilon}{2}\right) = \frac{\pi}{2}.\end{aligned}$$

因此，广义积分 $\int_0^2 \frac{1}{\sqrt{4-x^2}}\mathrm{d}x$ 是收敛的.

例 5　计算反常积分 $\int_0^1 \frac{x^2\mathrm{d}x}{\sqrt{1-x^2}}$.

解　由题可知

$$\int_0^1 \frac{x^2\mathrm{d}x}{\sqrt{1-x^2}} = \lim_{t \to 1^-}\int_0^t \frac{x^2\mathrm{d}x}{\sqrt{1-x^2}} \xlongequal{x=\sin u} \lim_{t \to 1^-}\int_0^{\arcsin t} \frac{\sin^2 u\cos u}{\cos u}\mathrm{d}u = \int_0^{\frac{\pi}{2}}\sin^2 u\mathrm{d}u = \frac{\pi}{4}.$$

本题若直接用换元 $x=\sin u$ 也可得出同样结果．事实上，在计算反常积分时也可以使用类似定积分计算中使用的换元法和分部积分法，但要注意验证所涉及的极限 $\lim\limits_{t\to 1^-}\arcsin t$ 的存在性．

例 6 计算反常积分 $\int_0^1 \ln x\mathrm{d}x$．

解 由于 $\lim\limits_{x\to 0} x\ln x=0$（洛必达法则），所以

$$\int_0^1 \ln x\mathrm{d}x=[x\ln x]_0^1-\int_0^1 \mathrm{d}x=0-1=-1.$$

习题 6.4

1．讨论下列无穷限反常积分是否收敛？若收敛，求其值．

（1）$\int_0^{+\infty} x\mathrm{e}^{-x^2}\mathrm{d}x$；（2）$\int_{-\infty}^{+\infty} x\mathrm{e}^{-x^2}\mathrm{d}x$；

（3）$\int_0^{+\infty} \frac{1}{\sqrt{\mathrm{e}^x}}\mathrm{d}x$；（4）$\int_1^{+\infty} \frac{\mathrm{d}x}{x^2(1+x)}$；

（5）$\int_{-\infty}^{+\infty} \frac{\mathrm{d}x}{4x^2+4x+5}$；（6）$\int_0^{+\infty} \mathrm{e}^{-x}\sin x\mathrm{d}x$；

（7）$\int_{-\infty}^{+\infty} \mathrm{e}^{x}\sin x\mathrm{d}x$；（8）$\int_0^{+\infty} \frac{\mathrm{d}x}{\sqrt{1+x^2}}$．

2．讨论下列瑕积分是否收敛？若收敛，求其值．

（1）$\int_a^b \frac{\mathrm{d}x}{\sqrt{(x-a)^p}}\ (p>0)$；（2）$\int_0^1 \frac{\mathrm{d}x}{1-x^2}$；

（3）$\int_0^2 \frac{\mathrm{d}x}{\sqrt{|x-1|}}$；（4）$\int_0^1 \frac{x}{\sqrt{1-x^2}}\mathrm{d}x$；

（5）$\int_0^2 \ln x\mathrm{d}x$；（6）$\int_0^1 \sqrt{\frac{x}{1-x}}\mathrm{d}x$；

（7）$\int_0^1 \frac{\mathrm{d}x}{\sqrt{x-x^2}}$；（8）$\int_0^1 \frac{\mathrm{d}x}{x(\ln x)^p}$．

6.5 数学实验：定积分的计算

计算定积分的命令格式

在 MATLAB 软件中，调用计算定积分函数的格式有如下两种：

int(f, a, b)　　%对 f 关于符号变量 x 从 a 到 b 求定积分 $\int_a^b f(x)\mathrm{d}x$

int(f, v, a, b)　　%对 f 关于变量 v 从 a 到 b 求定积分 $\int_a^b f(v)\mathrm{d}v$

例 1　求定积分 $y_3=\int_0^{2\pi} ax\sin x\mathrm{d}x$，$y_4=\int_1^6 (x^2\cos 3t+4t^3)\,\mathrm{d}t$.

解　输入命令

```
Syms x a t
f1=a*x*sin(x);
f2=x^2*cos(3*t)+4*t^3;
y3=int(f1,0,2*pi)          %积分变量为 x 的定积分
y4=int(f2,t,1,6)           %积分变量为 t 的定积分
```

运行结果为

```
y3=pi*a
y4=1295-x^2(sin3/3-sin18/3)
```

例 2　计算广义积分 $\int_{-\infty}^{+\infty} \mathrm{e}^{-x^2}\mathrm{d}x$.

解　这是一个概率积分，虽然被积函数没有初等函数形式的原函数，但是依然可使用积分函数 int()求解.

输入命令

```
Syms x;
f = exp(-x^2);
int(f, x, -inf, inf)
```

运行结果为

```
ans = pi^(1/2)
```

第 7 章　定积分的应用

定积分是为了解决几何与物理学等学科中提出的问题而抽象出来的概念. 本章将应用前面学过的定积分的理论来分析和解决一些几何、物理学等学科中的问题.

7.1　定积分的元素法

微元法是运用定积分解决实际问题的常用方法. 下面我们通过实例给出微元法的使用方法. 我们以计算曲边梯形面积的四个步骤，说明怎样用微元法将实际问题化成定积分.

在定积分的引例中，我们计算由区间 $[a,b]$ 上连续曲线 $y=f(x)\geqslant 0$，直线 $x=a$ 与 $x=b$ 以及 x 轴所围成的曲边梯形的面积 A（图 7.1），其关键是确定 $\Delta A_i \approx f(\xi_i)\Delta x_i$. 在实际运用中，用 ΔA 表示任一小区间 $[x,x+\mathrm{d}x]$ 上窄曲边梯形的面积.

再取 $[x,x+\mathrm{d}x]$ 的左端点 x 为 ξ，以点 x 处的函数值 $f(x)$ 为高、$\mathrm{d}x$ 为宽的矩形面积为 ΔA 的近似值，即 $\Delta A \approx f(x)\mathrm{d}x$, 则面积微元 $\mathrm{d}A$ 就是高为 $f(x)$、宽为微分 $\mathrm{d}x$ 的矩形面积，即

$$\mathrm{d}A = f(x)\mathrm{d}x\,.$$

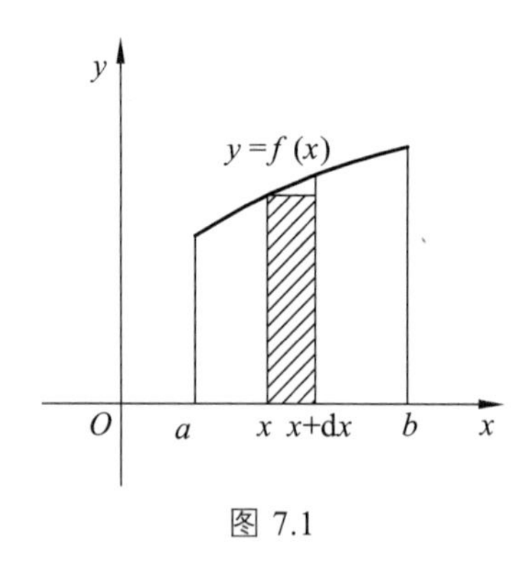

图 7.1

于是，面积 A 就是将这些元素在区间 $[a,b]$ 上的“无限累加”，即

$$A=\int_a^b \mathrm{d}A=\int_a^b f(x)\mathrm{d}x.$$

通过上述过程，对一般的定积分问题，所求量 A 的积分表达式可按以下步骤确定：

（1）根据问题的实际情况，建立适当的直角坐标系，并选定一个变量（如 x）作为积分变量，确定它的变化区间 $[a,b]$.

（2）找出 A 在区间 $[a,b]$ 内任意小区间 $[x,x+\mathrm{d}x]$ 上部分量 ΔA 的近似值

$$\mathrm{d}A=f(x)\mathrm{d}x\,.$$

（3）将 $\mathrm{d}A=f(x)\mathrm{d}x$ 在 $[a,b]$ 上求定积分，即

$$A=\int_a^b \mathrm{d}A=\int_a^b f(x)\mathrm{d}x\,.$$

利用定积分按上述步骤解决实际问题的方法通常叫作**定积分的微元法**.

应用**微元法**解决实际问题时，用定积分所表示的量 A 应具有以下三个特征：

（1）A 是与一个变量 x 的变化区间 $[a,b]$ 有关的量.

（2）A 对于区间 $[a,b]$ 具有**可加性**，即如果把区间 $[a,b]$ 分成许多部分区间，则 A 相应地分为许多部分量，而 A 等于所有部分量之和.

（3）部分量 ΔA_i 的近似值可表示为 $f(\xi_i)\Delta x_i$，那么就可考虑用定积分来表达这个量 A.

7.2　定积分在几何中的应用

7.2.1　平面图形的面积

由于围成平面图形的曲线可用不同的形式表示，我们在这里分别介绍直角坐标系和极坐标系下由曲线所围成平面图形的面积计算公式.

1. 直角坐标系下平面图形的面积

由定积分的几何意义可知，在区间 $[a,b]$ 上的非负连续曲线 $y=f(x)$，x 轴及两直线 $x=a$ 与 $x=b$ 所围成的曲边梯形的面积 A 应为

$$A=\int_a^b f(x)\mathrm{d}x\,.$$

被积表达式 $f(x)\mathrm{d}x$ 就是直角坐标系下对于曲边梯形的面积元素，它表示高为 $f(x)$、宽为 $\mathrm{d}x$ 的一个矩形的面积. 应用定积分，不但可以计算曲边梯形的面积，还可以计算一些比较复杂的平面图形的面积.

（1）设平面图形（图 7.2）由连续函数 $y=f(x)$，$y=g(x)$ 及直线 $x=a$，$x=b$ 围成 $(a<b)$，且在 $[a,b]$ 上 $f(x)\geqslant g(x)$.

利用定积分的元素法，选定 x 为积分变量，其变化区间为 $[a,b]$. 在区间 $[a,b]$ 上任取一个小区间 $[x,x+\mathrm{d}x]$，则该区间上的面积近似等于高为 $f(x)-g(x)$、底为 $\mathrm{d}x$ 的小矩形的面积，从而得到面积元素

$$\mathrm{d}A=[f(x)-g(x)]\mathrm{d}x\,.$$

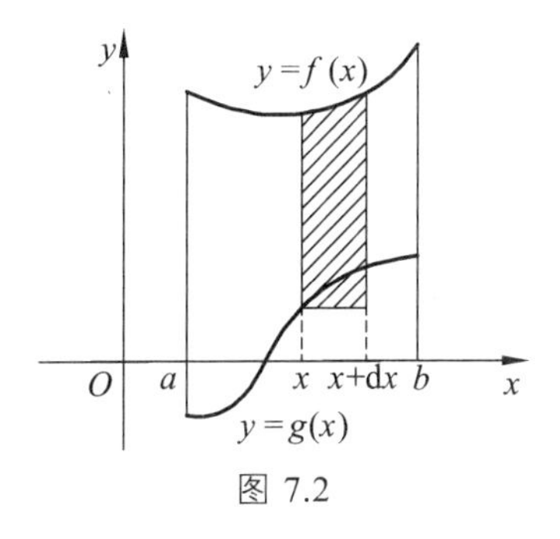

图 7.2

以面积元素 $\mathrm{d}A$ 为被积表达式，在区间 $[a,b]$ 上积分，得所求平面图形的面积为

$$A=\int_a^b[f(x)-g(x)]\mathrm{d}x .$$

（2）设平面图形（图 7.3）由连续曲线 $x=\varphi(y)$， $x=\psi(y)$ 及直线 $y=c, y=d$ 围成 $(c<d)$，且在 $[c,d]$ 上 $\varphi(y)\geqslant\psi(y)$.

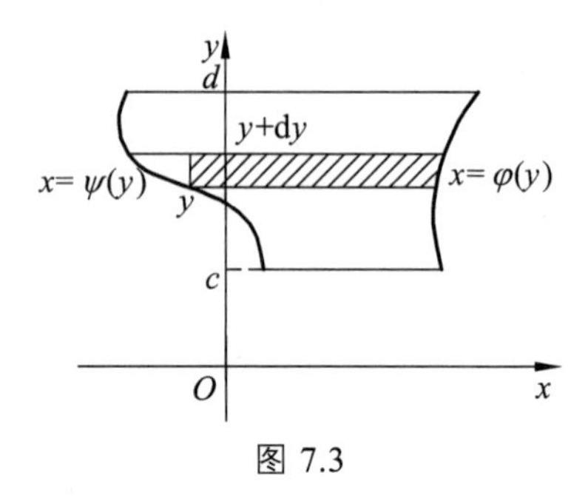

图 7.3

利用定积分的元素法，选 y 为积分变量，其变化区间为 $[c,d]$. 在区间 $[c,d]$ 上任取一个小区间 $[y,y+\mathrm{d}y]$，则该区间上的面积近似等于以 $\varphi(y)-\psi(y)$ 为底、$\mathrm{d}y$ 为高的小矩形的面积，从而得到面积元素

$$\mathrm{d}A=[\varphi(y)-\psi(y)]\mathrm{d}y .$$

以面积元素 $\mathrm{d}A$ 为被积表达式，在区间 $[c,d]$ 上积分，得所求平面图形的面积为

$$A=\int_c^d[\varphi(y)-\psi(y)]\mathrm{d}y .$$

例 1 计算由两条抛物线 $y^2=x$， $y=x^2$ 所围成的图形的面积.

解 这两条抛物线所围成的图形如图 7.4 所示. 为了具体定出图形的所在范围，先求出这两条抛物线的交点. 为此，解方程组

$$\begin{cases}y^2=x\\y=x^2\end{cases},$$

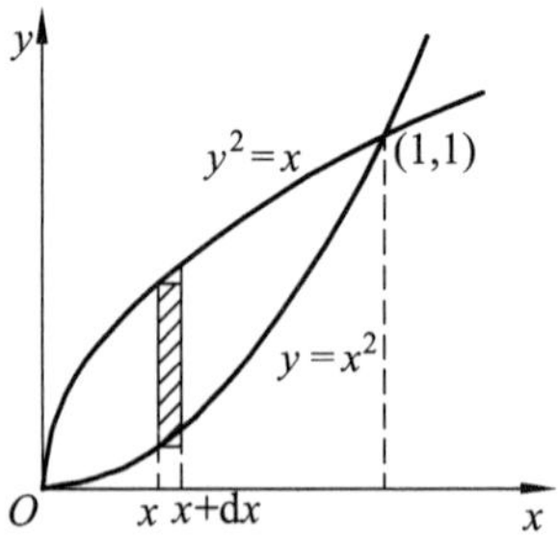

图 7.4

求得方程组的两个解为

$$\begin{cases}x=0\\y=0\end{cases} \text{及} \begin{cases}x=1\\y=1\end{cases}.$$

即这两条抛物线的交点为 $(0,0)$ 及 $(1,1)$，因而该图形位于直线 $x=0$ 与 $x=1$ 之间.

取横坐标 x 为积分变量，它的变化区间为 $[0,1]$．相应于 $[0,1]$ 上的任一小区间 $[x,x+\mathrm{d}x]$ 的窄条的面积近似于高为 $\sqrt{x}-x^2$、底为 $\mathrm{d}x$ 的窄矩形的面积，从而得到面积元素

$$\mathrm{d}A=(\sqrt{x}-x^2)\mathrm{d}x .$$

以 $(\sqrt{x}-x)\mathrm{d}x$ 为被积表达式，在闭区间 $[0,1]$ 上作定积分，便得所求图形的面积为

$$A=\int_0^1(\sqrt{x}-x^2)\mathrm{d}x=\left[\frac{2}{3}x^{\frac{3}{2}}-\frac{1}{3}x^3\right]_0^1=\frac{1}{3}.$$

例 2　求由抛物线 $y^2=x$ 与直线 $y=x-2$ 所围成的图形的面积.

解　为确定图形所在范围，先求解方程组

$$\begin{cases}y^2=x\\y=x-2\end{cases},$$

得抛物线与直线的交点为 $A(4,2),B(1,-1)$.

解法 1　如图 7.5 所示.

（1）取积分变量为 y，积分区间为 $[-1,2]$；

（2）在区间 $[-1,2]$ 上的面积元素为

$$\mathrm{d}A=[(y+2)-y^2]\mathrm{d}y ,$$

所求图形的面积为

$$A=\int_{-1}^2[(y+2)-y^2]\,\mathrm{d}y=\left[\frac{1}{2}y^2+2y-\frac{1}{3}y^3\right]_{-1}^2=\frac{9}{2}.$$

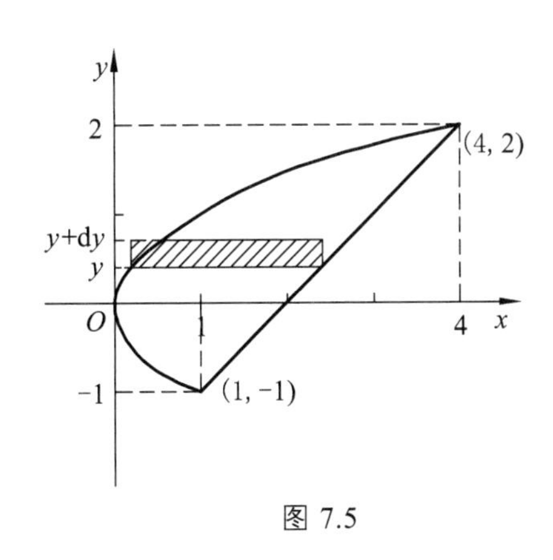

图 7.5

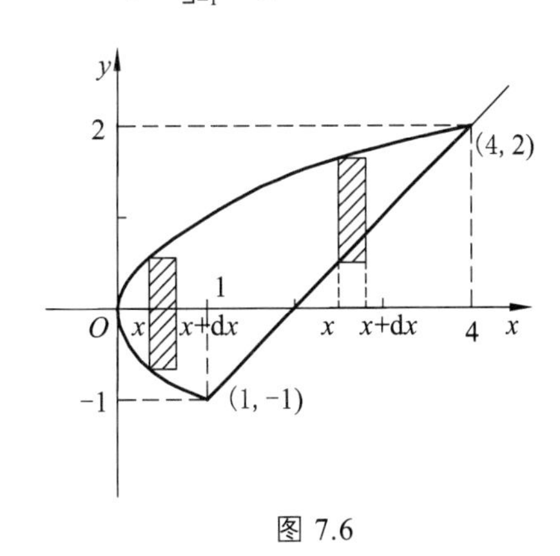

图 7.6

解法 2　如图 7.6 所示.

（1）取积分变量为 x，积分区间 $[0,4]$ 应分为两个区间 $[0,1]$ 和 $[1,4]$.

（2）在区间 $[0,1]$ 上的面积元素为

$$\mathrm{d}A=[\sqrt{x}-(-\sqrt{x})]\mathrm{d}x ,$$

在区间$[1,4]$上的面积元素为

$$dA=[\sqrt{x}-(x-2)]dx.$$

（3）所求图形的面积为

$$\begin{aligned}A&=\int_0^1 2\sqrt{x}dx+\int_1^4[\sqrt{x}-(x-2)]dx\\&=\left[\frac{1}{3}x^{\frac{3}{2}}\right]_0^1+\left[\frac{2}{3}x^{\frac{3}{2}}-\frac{x^2}{2}+2x\right]_1^4=\frac{9}{2}.\end{aligned}$$

如果边界曲线的表达式在一个或多个点发生改变，我们把区域分割为不同表达式的子区域，并且对每个子区域应用求平面图形面积的公式.

2. 极坐标系下平面图形的面积

如果图形是由极坐标曲线$r=r(\theta)$与矢径$\theta=\alpha$，$\theta=\beta$所围成的平面图形（图 7.7），也可以用微元分析法来计算此图形的面积. 下面我们来推导计算公式.

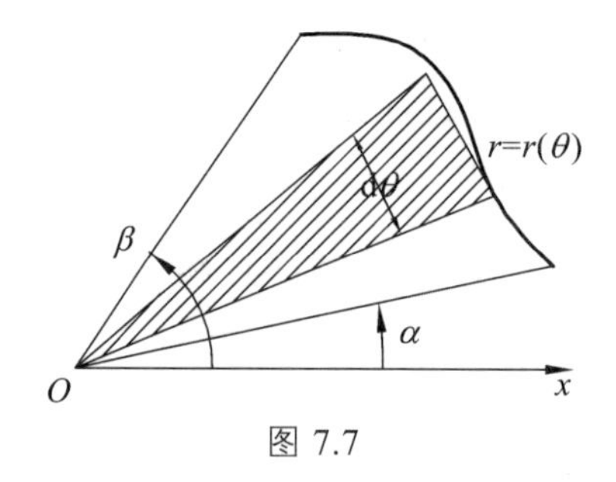

图 7.7

在$[\alpha,\beta]$中任取一θ，在角θ处，矢径为$r=r(\theta)$，角θ处的微分是$d\theta$. 由扇形面积公式，得

$$dA=\frac{1}{2}r^2d\theta=\frac{1}{2}[r(\theta)]^2d\theta.$$

再将扇形面积微元dA从α到β连续累加起来，就得到此平面图形的面积，即

$$A=\int_\alpha^\beta dA=\frac{1}{2}\int_\alpha^\beta[r(\theta)]^2d\theta.$$

例 3 计算阿基米德螺线$r=a\theta(a>0)$上相应于θ从 0 到2π的一段弧与极轴所围成的图形的面积（图 7.8）.

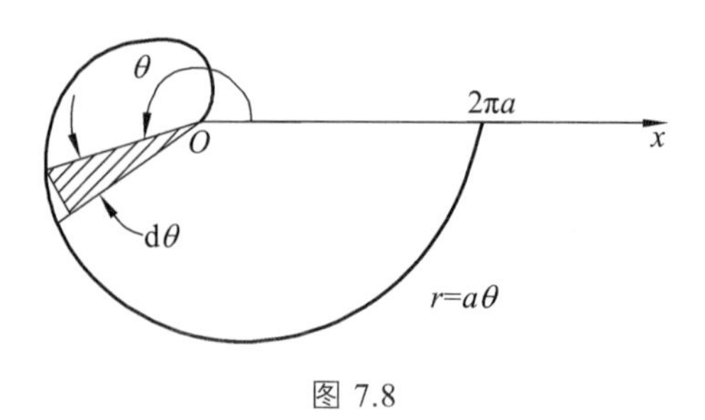

图 7.8

解　在指定的这段螺线上，θ 的变化区间为 $[0,2\pi]$．相应于 $[0,2\pi]$ 上任意一小区间 $[\theta,\theta+\mathrm{d}\theta]$ 的窄曲边扇形的面积近似于半径为 $r=a\theta$ 、中心角为 $\mathrm{d}\theta$ 的扇形的面积，从而得到面积元素为

$$\mathrm{d}A=\frac{1}{2}(a\theta)^2\,\mathrm{d}\theta\ ,$$

于是所求图形面积为

$$A=\frac{1}{2}\int_0^{2\pi}(a\theta)^2\mathrm{d}\theta=\frac{a^2}{2}\left[\frac{1}{3}\theta^3\right]_0^{2\pi}=\frac{4}{3}\pi^3a^2.$$

例 4　计算心形线 $r=a(1+\cos\theta)$ $(a>0)$ 所围成的图形的面积.

解　心形线围成的图形如图 7.9 所示．该图形关于极轴对称，因此所求图形的面积 A 是极轴以上部分图形面积 A_1 的 2 倍.

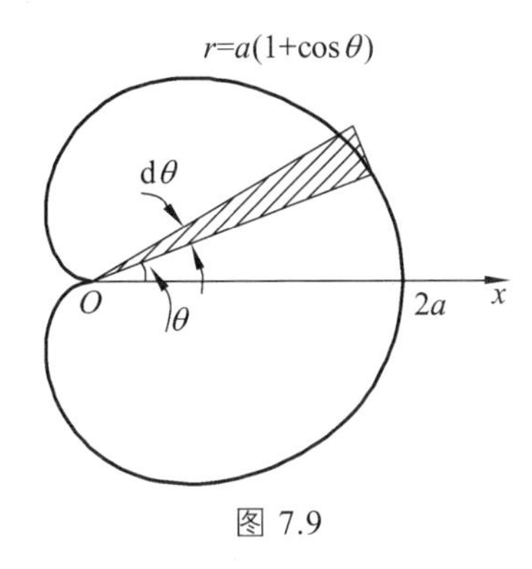

图 7.9

对于极轴以上部分的图形，θ 的变化区间为 $[0,\pi]$．相应于 $[0,\pi]$ 上任意一小区间 $[\theta,\theta+\mathrm{d}\theta]$ 的窄曲边扇形的面积近似于半径为 $r=a(1+\cos\theta)$、中心角为 $\mathrm{d}\theta$ 的扇形的面积，从而得到面积元素为

$$\mathrm{d}A_1=\frac{1}{2}a^2(1+\cos\theta)^2\,\mathrm{d}\theta\ ,$$

于是

$$A_1=\int_0^{\pi}\left[\frac{1}{2}a^2(1+\cos\theta)^2\right]\mathrm{d}\theta=\frac{a^2}{2}\left[\frac{3}{2}\theta+2\sin\theta+\frac{1}{4}\sin 2\theta\right]_0^{\pi}=\frac{3}{4}\pi a^2.$$

因而所求面积为

$$A=2A_1=\frac{3}{2}\pi a^2.$$

7.2.2　体　积

1. 旋转体的体积

一个平面图形绕该平面上的一条直线旋转一周而生成的空间立体称为**旋转体**，这条直线称为**旋转轴**.

我们现在来求由曲线 $y=f(x)\ (f(x)\geqslant 0)$，直线 $x=a, x=b\ (a<b)$ 和 x 轴所围成的曲边梯形绕 x 轴旋转一周而生成的旋转体的体积.

首先用微元法确定旋转体的体积 V 的微元 $\mathrm{d}V$.

取横坐标 x 为积分变量，在它的变化区间 $[a,b]$ 上任取一个小区间 $[x,x+\mathrm{d}x]$，以区间 $[x,x+\mathrm{d}x]$ 为底的小曲边梯形绕 x 轴旋转一周可生成一个薄片形的旋转体. 它的体积可以用一个与它同底的小矩形绕 x 轴旋转一周而生成的薄片形的圆柱体的体积近似代替. 这个圆柱体以 $f(x)$ 为底半径、$\mathrm{d}x$ 为高（图 7.10）.

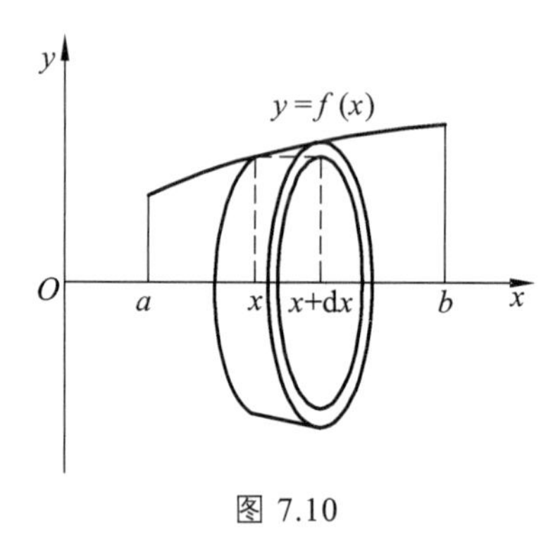

图 7.10

由此，体积 V 的微元为

$$\mathrm{d}V=\pi[f(x)]^2\,\mathrm{d}x,$$

于是所求旋转体的体积为

$$V_x=\pi\int_a^b[f(x)]^2\mathrm{d}x=\pi\int_a^b y^2\mathrm{d}x.$$

用同样的方法可以推出，由曲线 $x=\varphi(y)\ (\varphi(y)\geqslant 0)$，直线 $y=c, y=d\ (c<d)$ 和 y 轴所围成的曲边梯形绕 y 轴旋转一周而生成的旋转体的体积（图 7.11），即

$$V_y=\pi\int_c^d[\varphi(y)]^2\mathrm{d}y=\pi\int_c^d x^2\mathrm{d}y.$$

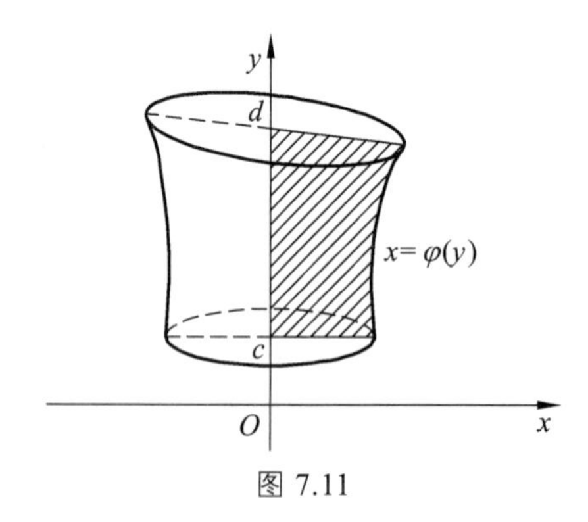

图 7.11

例 5 曲线 $y=\sqrt{x}\ (0\leqslant x\leqslant 4)$ 与 x 轴之间的区域绕 x 轴旋转一周形成一个立体，求该立体的体积 V_x.

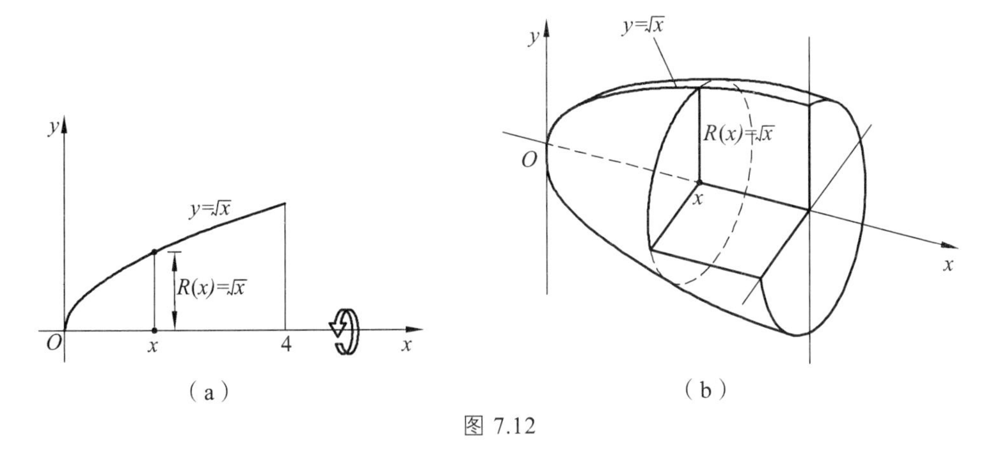

图 7.12

解　首先画出这个区域，一个典型的半径和所产生的立体的草图如图 7.12 所示．其体积为

$$V_x=\int_0^4\pi[f(x)]^2\mathrm{d}x=\int_0^4\pi(\sqrt{x})^2\mathrm{d}x=\pi\int_0^4 x\mathrm{d}x=8\pi .$$

例 6　求由 $y=\sqrt{x}$ 和直线 $y=1$，$x=4$ 所围成的区域绕直线 $y=1$ 旋转一周而成的立体的体积.

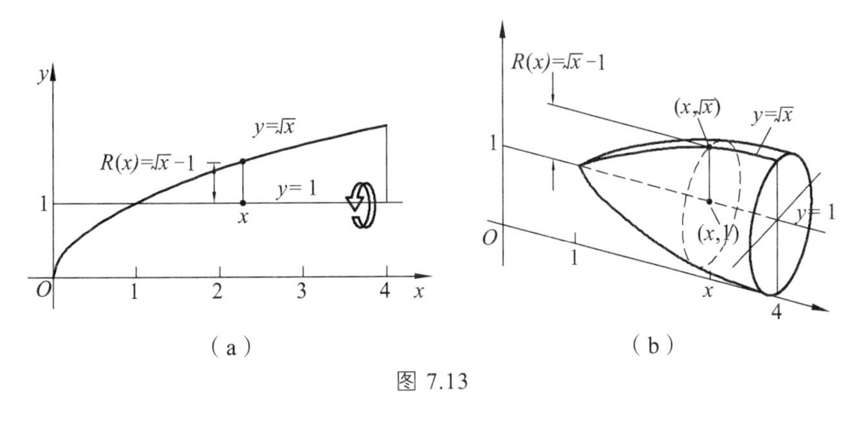

图 7.13

解　首先画出这个区域，一个典型的半径和所产生的立体的草图如图 7.13 所示．其体积为

$$V=\int_1^4\pi[f(x)]^2\mathrm{d}x=\int_1^4\pi(\sqrt{x}-1)^2\mathrm{d}x=\pi\int_1^4(x-2\sqrt{x}+1)\,\mathrm{d}x=\frac{7}{6}\pi .$$

例 7　试计算由摆线 $x=a(t-\sin t)$，$y=a(1-\cos t)$ 相应于 $0\leqslant t\leqslant 2\pi$ 的一拱与直线 $y=0$ 所围成的图形分别绕 x 轴、y 轴旋转而成的旋转体的体积.

解　按旋转体的体积公式，所述图形（图 7.14）绕 x 轴旋转而成的旋转体的体积为

$$\begin{aligned}V_x&=\int_0^{2\pi a}\pi y^2\mathrm{d}x=\pi\int_0^{2\pi}a^2(1-\cos t)^2\cdot a(1-\cos t)\mathrm{d}t\\&=\pi a^3\int_0^{2\pi}(1-3\cos t+3\cos^2 t-\cos^3 t)\,\mathrm{d}t\\&=5\pi^2a^3 .\end{aligned}$$

所述图形绕 y 轴旋转而成的旋转体的体积可看成平面图形 $OABC$ 与 OBC 分别绕 y 轴旋转而成的旋转体的体积之差，即所求的体积为

$$\begin{aligned}V_y &= \int_0^{2a}\pi x_2^2(y)\,\mathrm{d}y-\int_0^{2a}\pi x_1^2(y)\,\mathrm{d}y\\ &=\pi\int_{2\pi}^{\pi}a^2(t-\sin t)^2\cdot a\sin t\mathrm{d}t-\pi\int_0^{\pi}a^2(t-\sin t)^2\cdot a\sin t\mathrm{d}t\\ &=-\pi a^3\int_0^{2\pi}(t-\sin t)^2\sin t\mathrm{d}t=6\pi^3a^3 .\end{aligned}$$

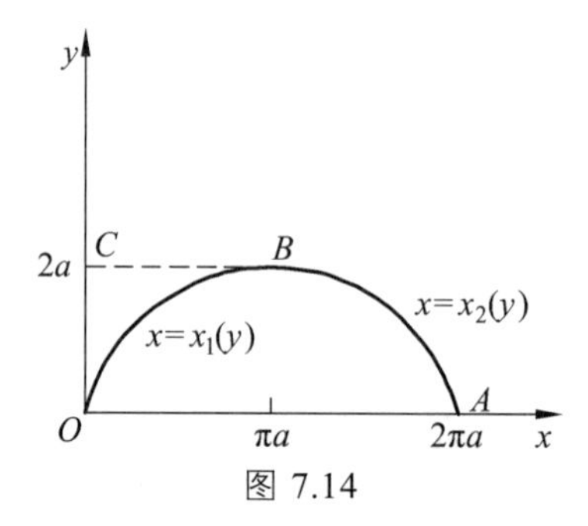

图 7.14

2. 平行截面面积为已知的立体的体积

从计算旋转体体积的过程中可以看出：如果一个立体不是旋转体，但已知该立体上垂直于一定轴的各个截面的面积，那么该立体的体积也可以用定积分来计算.

如图 7.15 所示，取上述 x 轴为定轴，设该立体在过点 $x=a$，$x=b$ 且垂直于 x 轴的两个平面之间，以 $A(x)$ 表示过点 x 且垂直于 x 轴的截面面积，假定 $A(x)$ 为已知的关于 x 的连续函数，取 x 为积分变量，它的变化区间为 $[a,b]$；该立体中相应于 $[a,b]$ 上任意小区间 $[x,x+\mathrm{d}x]$ 的一薄片的体积，近似于底面积为 $A(x)$、高为 $\mathrm{d}x$ 的扁柱体的体积，即体积元素为

$$\mathrm{d}V=A(x)\mathrm{d}x .$$

以 $A(x)\mathrm{d}x$ 为被积表达式，在闭区间 $[a,b]$ 上作定积分，可得所求立体的体积为

$$V=\int_a^b A(x)\mathrm{d}x .$$

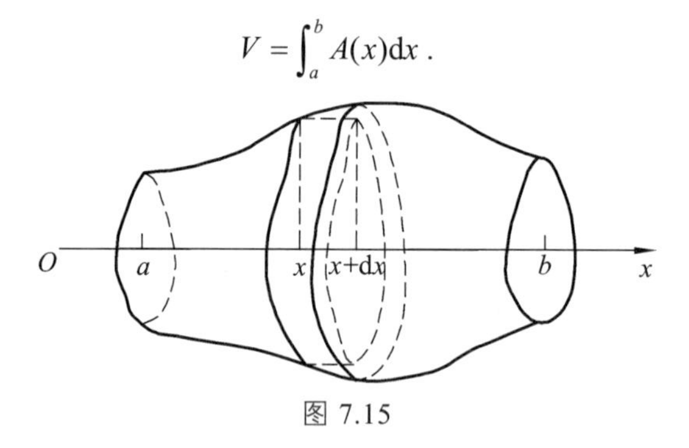

图 7.15

例 8 一平面经过半径为 R 的圆柱体的底面中心，并与底面交成角 α（图 7.16），计算这平面截圆柱体所得立体的体积.

解 取这平面与圆柱体的底面的交线为 x 轴，底面上过圆中心且垂直于 x 轴的直线为 y 轴，则底圆的方程为 $x^2+y^2=R^2$. 立体中过 x 轴上的点 x 且垂直于 x 轴的截面是一个直角三角形，它的两条直角边的长分别为 y 及 $y\tan\alpha$，

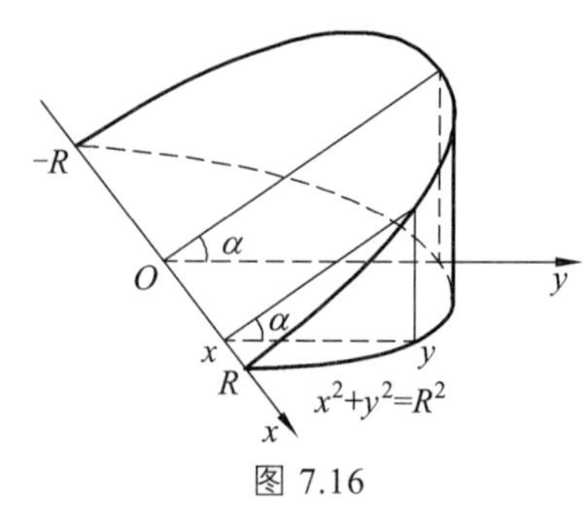

图 7.16

即 $\sqrt{R^2-x^2}$ 及 $\sqrt{R^2-x^2}\tan\alpha$．因而截面积为

$$A(x)=\frac{1}{2}(R^2-x^2)\tan\alpha ,$$

于是所求立体体积为

$$\begin{aligned}V&=\int_{-R}^{R}\frac{1}{2}(R^2-x^2)\tan\alpha\mathrm{d}x=\int_{0}^{R}(R^2-x^2)\tan\alpha\mathrm{d}x\\&=\tan\alpha\left[R^2x-\frac{1}{3}x^3\right]_0^R=\frac{2}{3}R^3\tan\alpha .\end{aligned}$$

例 9　一个锥体高 3 m、底是边长为 3 m 的正方形．锥体的顶点下方 x m 处垂直于高的横截面是边长为 x m 的正方形．求该锥体的体积．

解　（1）画草图．首先画一个高度沿 x 轴、顶点在原点的锥体的草图，其中包含一个典型的横截面（图 7.17）．

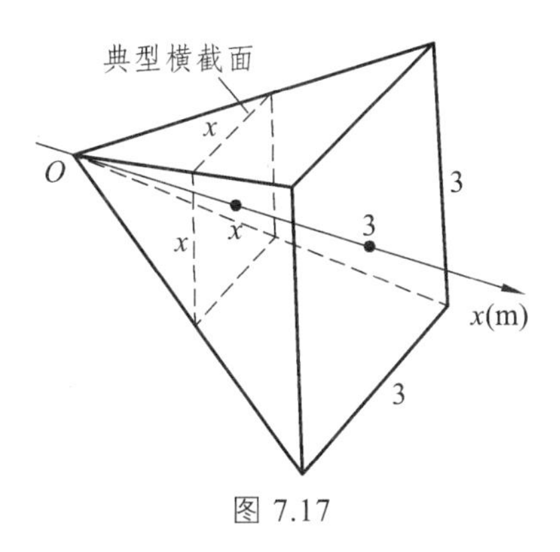

图 7.17

（2）$A(x)$ 的公式．在 x 处的横截面是一个边长为 x m 的正方形，所以它的面积是

$$A(x)=x^2 .$$

（3）积分限．正方形变化从 $x=0$ 到 $x=3$．

（4）积分求体积．

$$V=\int_0^3 A(x)\mathrm{d}x=\int_0^3 x^2\mathrm{d}x=\left.\frac{x^3}{3}\right|_0^3=9 .$$

7.2.3　平面曲线的弧长

圆的周长可利用圆的内接正多边形周长当边数无限增多时的极限来确定．现在用类似的方法来建立平面的连接曲线弧长的概念，从而应用定积分来计算弧长．

设 A，B 是一段可求长度曲线弧的两个端点．为求出该曲线弧的弧长，在弧 $\overset{\frown}{AB}$ 上依次任取分点 $M_0,M_1,M_2,\cdots,M_{i-1},M_i,\cdots,M_{n-1},M_n$，并依次连接相邻的分点得一折线（图 7.18），当分

点的数量无限增加且每个小段$\widehat{M_{i-1}M_i}$都缩向一点时，如果此折线的长$\sum_{i=1}^{n}|M_{i-1}M_i|$的极限存在，那么称此极限为曲线弧$\widehat{AB}$的弧长，并称此曲线弧$\widehat{AB}$是可求长的.

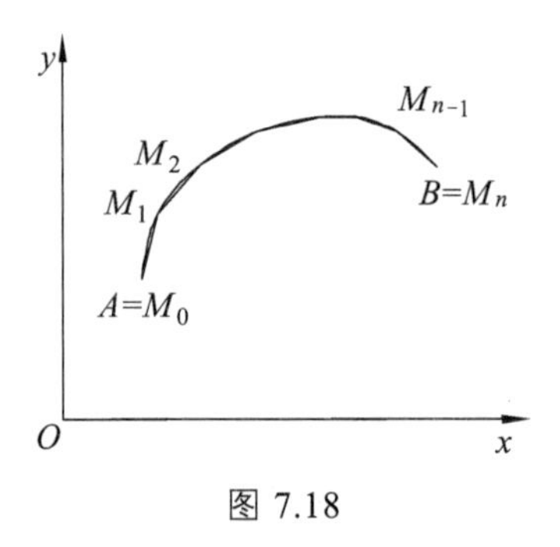

图 7.18

定理　光滑曲线弧是可求长的.

这个定理我们不加证明. 由于光滑曲线弧是可求长的，故可应用定积分来计算弧长. 下面我们利用定积分的元素法来讨论平面光滑曲线弧弧长的计算公式.

（1）设曲线弧由参数方程

$$\begin{cases} x=\varphi(t) \\ y=\psi(t) \end{cases} \quad (\alpha \leqslant t \leqslant \beta)$$

给出，其中$\varphi(t),\psi(t)$在$[\alpha,\beta]$上具有连续导数，且$\varphi'(t),\psi'(t)$不同时为零. 现在来计算这曲线弧的长度.

取参数t为积分变量，它的变化区间为$[\alpha,\beta]$. 相应于$[\alpha,\beta]$上任一小区间$[t,t+\mathrm{d}t]$的小弧段的长度Δs近似等于对应的弦的长度$\sqrt{(\Delta x)^2+(\Delta y)^2}$，因为

$$\Delta x=\varphi(t+\mathrm{d}t)-\varphi(t)\approx \mathrm{d}x=\varphi'(t)\mathrm{d}t ,$$

$$\Delta y=\psi(t+\mathrm{d}t)-\psi(t)\approx \mathrm{d}y=\psi'(t)\mathrm{d}t ,$$

所以，Δs的近似值（弧微分）即弧长元素为

$$\begin{aligned} \mathrm{d}s&=\sqrt{(\mathrm{d}x)^2+(\mathrm{d}y)^2}=\sqrt{\varphi'^2(t)(\mathrm{d}t)^2+\psi'^2(t)(\mathrm{d}t)^2} \\ &=\sqrt{\varphi'^2(t)+\psi'^2(t)}\mathrm{d}t, \end{aligned}$$

于是所求弧长为

$$s=\int_{\alpha}^{\beta}\sqrt{\varphi'^2(t)+\psi'^2(t)}\mathrm{d}t .$$

（2）设曲线弧由直角坐标方程

$$y=f(x) \quad (a \leqslant x \leqslant b)$$

给出，其中$f(x)$在$[a,b]$上具有一阶连续导数，这时曲线弧有参数方程

$$\begin{cases} x = x \\ y = f(x) \end{cases} \quad (a \leqslant x \leqslant b).$$

从而所求弧长为

$$s = \int_a^b \sqrt{1 + y'^2} \mathrm{d}x.$$

（3）设曲线弧由极坐标方程

$$\rho = \rho(\theta) \quad (\alpha \leqslant \theta \leqslant \beta)$$

给出，其中 $\rho(\theta)$ 在 $[\alpha, \beta]$ 上具有连续导数，则由直角坐标与极坐标的关系可得

$$\begin{cases} x = \rho(\theta)\cos\theta \\ y = \rho(\theta)\sin\theta \end{cases} \quad (\alpha \leqslant \theta \leqslant \beta).$$

这就是以极角 θ 为参数的曲线弧的参数方程，于是弧长元素为

$$\mathrm{d}s = \sqrt{x'^2(\theta) + y'^2(\theta)}\, \mathrm{d}\theta = \sqrt{\rho^2(\theta) + \rho'^2(\theta)}\, \mathrm{d}\theta,$$

从而所求弧长为

$$s = \int_\alpha^\beta \sqrt{\rho^2(\theta) + \rho'^2(\theta)} \mathrm{d}\theta.$$

例 10　计算曲线 $y = \dfrac{2}{3}x^{3/2}$ 上相应于 $a \leqslant x \leqslant b$ 的一段弧的长度.

解　如图 7.19 所示．因 $y' = x^{1/2}$，于是弧长元素为

$$\mathrm{d}s = \sqrt{1 + (x^{1/2})^2} \mathrm{d}x = \sqrt{1 + x} \mathrm{d}x,$$

因此所求弧长为

$$s = \int_a^b \sqrt{1 + x} \mathrm{d}x = \left[\frac{2}{3}(1 + x)^{3/2}\right]_a^b = \frac{2}{3}[(1+b)^{3/2} - (1 + a)^{3/2}].$$

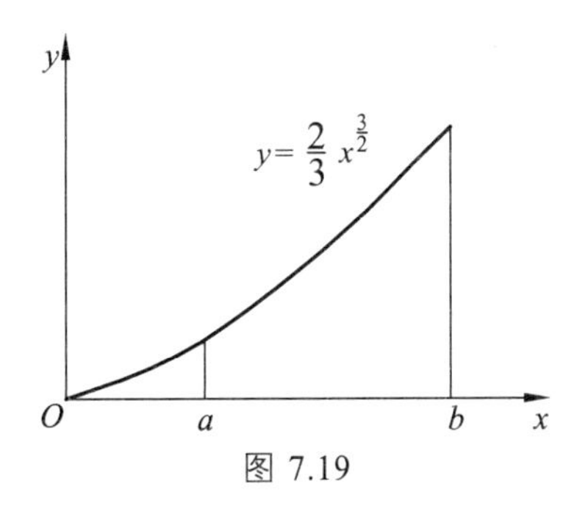

图 7.19

例 11　计算摆线

$$\begin{cases} x = a(\theta - \sin\theta) \\ y = a(1 - \cos\theta) \end{cases}$$

的一拱 $(0 \leqslant \theta \leqslant 2\pi)$ 的长度.

解　如图 7.20 所示．易知，弧长元素为

$$\begin{aligned} \mathrm{d}s &= \sqrt{a^2(1 - \cos\theta)^2 + a^2\sin^2\theta} \mathrm{d}\theta \\ &= a\sqrt{2(1 - \cos\theta)}\, \mathrm{d}\theta = 2a\sin\frac{\theta}{2}\mathrm{d}\theta, \end{aligned}$$

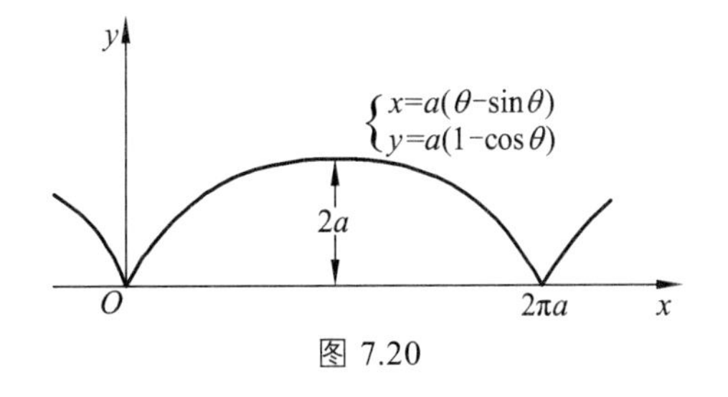

图 7.20

从而所求弧长为

$$s = \int_0^{2\pi} 2a\sin\frac{\theta}{2} \mathrm{d}\theta = 2a\left[-2\cos\frac{\theta}{2}\right]_0^{2\pi} = 8a.$$

例 12 求阿基米德螺线 $\rho = a\theta(a>0)$ 相应于 $0 \leqslant \theta \leqslant 2\pi$ 的一段的弧长.

解 如图 7.21 所示. 易知，弧长元素为

$$\mathrm{d}s = \sqrt{a^2\theta^2 + a^2}\mathrm{d}\theta = a\sqrt{1+\theta^2}\mathrm{d}\theta,$$

于是所求弧长为

$$s = a\int_0^{2\pi}\sqrt{1+\theta^2}\mathrm{d}\theta = \frac{a}{2}[2\pi\sqrt{1+4\pi^2} + \ln(2\pi + \sqrt{1+4\pi^2})].$$

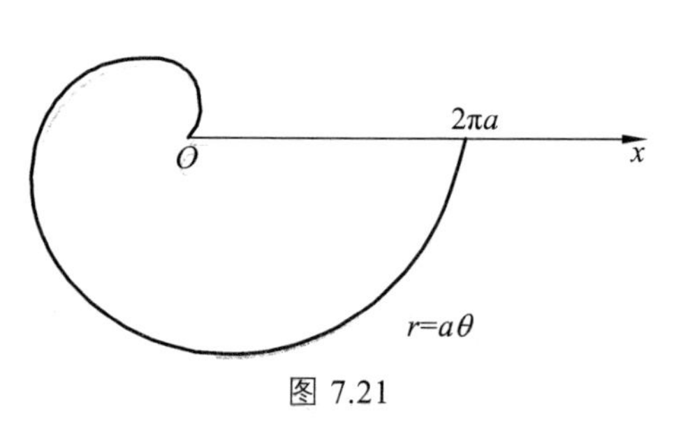

图 7.21

习题 7.2

1. 求下图中各阴影部分的面积.

（1）$y = x$ 与 $y = \sqrt{x}$；

（2）$y = \mathrm{e}^x$ 与 $y = \mathrm{e}$；

（3）$y = 2x$ 与 $y = 3 - x^2$；

（4）$y = 2x + 3$ 与 $y = x^2$.

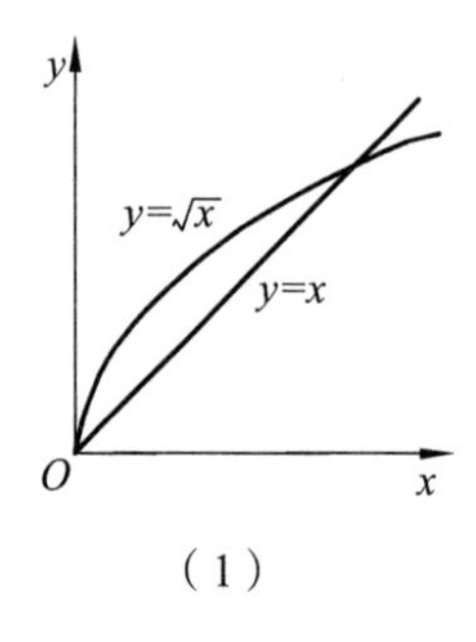

（1）

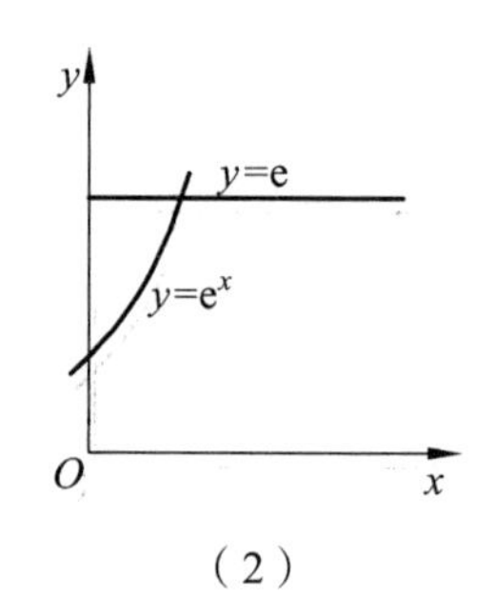

（2）

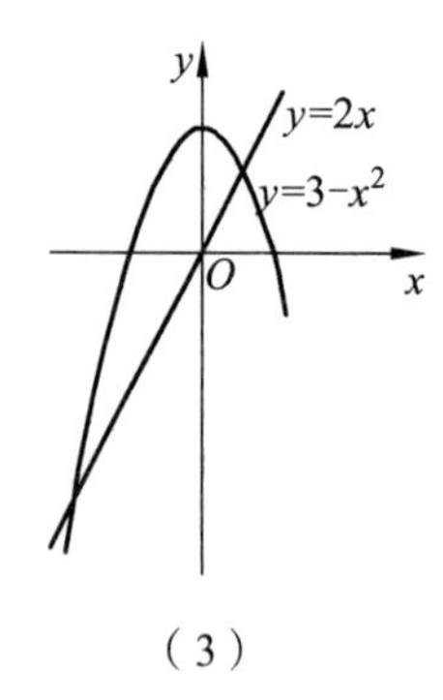

（3）

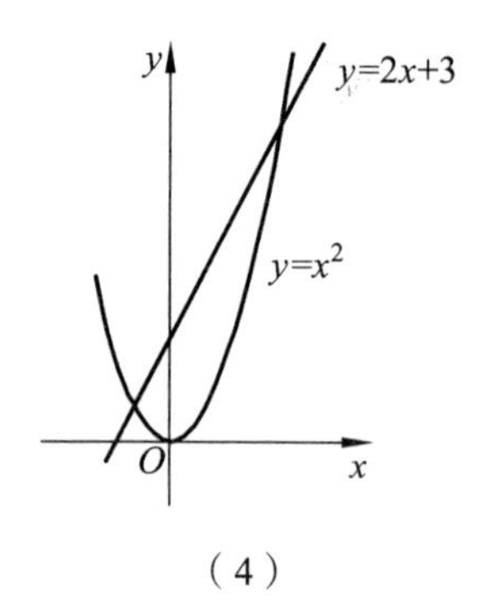

（4）

2. 求由下列各组曲线所围成的图形的面积.

（1）$y = \dfrac{1}{2}x^2$ 与 $x^2 + y^2 = 8$；

（2）$y = \dfrac{1}{x}$ 与直线 $y = x$ 及 $x = 2$；

（3）$y=\mathrm{e}^{x}$，$y=\mathrm{e}^{-x}$ 与直线 $x=1$.

3. 求抛物线 $y=-x^2+4x-3$ 及其在点 $(0,-3)$ 和 $(3,0)$ 处的切线所围成的图形的面积.

4. 求由下列曲线所围成的图形的面积.

（1）$r=2a\cos\theta$；　　　　（2）$x=a\cos^3 t, y=a\sin^3 t$；

（3）$r=2a(2+\cos\theta)$.

5. 求椭圆 $\dfrac{x^2}{a^2}+\dfrac{y^2}{b^2}=1$ 所围成的图形的面积.

6. 如图 7.22，求三叶玫瑰线 $r=a\sin 3\theta$ 围成的全面积 A.

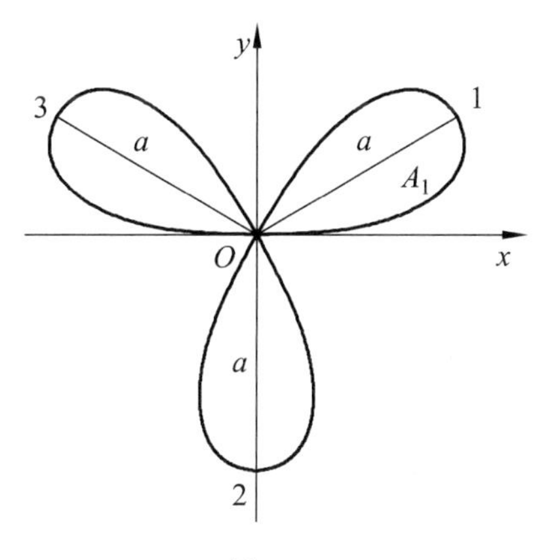

图 7.22

7. 求下列区域绕指定轴旋转一周产生的立体的体积.

（1）$x+2y=2$，$x=0$ 与 $y=0$；绕 x 轴.

（2）$x=\dfrac{3y}{2}$，$x=0$ 与 $y=2$；绕 y 轴.

（3）$x=\tan\left(\dfrac{\pi}{4}y\right)$，$x=0$ 与 $y=1$；绕 y 轴.

（4）$y=\sin x\cos x$ 与 $y=0$；绕 x 轴.

8. 求下列已知曲线所围成的图形按指定的轴旋转而成的旋转体的体积.

（1）$y=\arcsin x$，$x=1$ 与 $y=0$；绕 x 轴.

（2）$x^2+(y-5)^2=16$；绕 x 轴.

9. 由曲线 $y=x^3$，$x=2$ 与 $y=0$ 所围成的图形分别绕 x 轴及 y 轴旋转，计算所得两个旋转体的体积.

10. 求曲线 $y=\dfrac{1}{3}(x^2+2)^{\frac{3}{2}}$ 从 $x=0$ 到 $x=3$ 的弧长.

11. 求下列参数曲线的弧长.

（1）$x=a\cos t$，$y=a\sin t$，其中 $0\leqslant t\leqslant 2\pi$；

（2）$x=\cos t$，$y=t+\sin t$，其中 $0\leqslant t\leqslant \pi$；

（3）$x=t^3$，$y=\dfrac{3}{2}t^2$，其中 $0\leqslant t\leqslant \sqrt{3}$.

12. 求下列由直线和曲线所围区域的面积.

（1）$y=x^2-2$ 和 $y=2$；

（2）$y=-x^2-2x$ 和 $y=x$.

13. 求由抛物线 $y=2-x^2$ 和直线 $y=-x$ 所围区域的面积.

14. 求抛物线 $y^2=2px(p>0)$ 及其在点 $\left(\frac{p}{2},p\right)$ 处的法线所围成的图形的面积.

15. 求在曲线 $y=3-x^2$ 和直线 $y=-1$ 之间的封闭区域的面积.

17. 求对数螺线 $r=\mathrm{e}^{a\theta}(-\pi\leqslant\theta\leqslant\pi)$ 及射线 $\theta=\pi$ 所围成的图形的面积.

18. 求由直线 $x=\frac{1}{2}$ 与抛物线 $y^2=2x$ 所围成的图形绕直线 $y=1$ 旋转而成的旋转体的体积.

19. 求 y 轴与曲线 $x=2/y,\ 1\leqslant x\leqslant 4$ 之间的区域绕 y 轴旋转一周所形成立体的体积.

20. 计算底面是半径为 R 的圆，而垂直于底面上一条固定直径的所有截面都是等边三角形的立体体积.

21. 将绕在圆（半径为 a）上的细线放开拉直，使细线与圆周始终相切，细线端点画出的轨迹叫作**圆的渐伸线**，它的方程为

$$x=a(\cos t+t\sin t),\quad y=a(\sin t-t\cos t).$$

算出该曲线上相应于 $0\leqslant t\leqslant\pi$ 的一段弧的长度.

22. 求对数螺线 $\rho=\mathrm{e}^{a\theta}$ 相应于 $0\leqslant\theta\leqslant\varphi$ 的一段的弧长.

7.3　定积分在物理学中的应用

7.3.1　变力所做的功

由物理学知识，如果一个大小和方向都不变的力 F 作用于某一物体，使该物体沿力的力向作直线运动，那么当物体移动一段距离 S 时，力 F 所做的功为

$$W=FS.$$

现在的问题是，如果力 F 不是常量而是质点所在位置 x 的连续函数，即 $F=f(x)$ 是变力（方向不变），那么 F 对质点所做的功 W 该如何计算？我们应用元素法解决该问题.

如图 7.23 所示，已知变力 $F=f(x)$ 的方向与 x 轴平行，沿 x 轴的方向将质点从点 a 拉到点 b，我们采用以下步骤解决变力 $F=f(x)$ 的做功问题：

（1）取积分变量为 x，积分区间为 $[a,b]$.

（2）在区间 $[a,b]$ 上任取一小区间 $[x,x+\mathrm{d}x]$，对应于这个小区间上变力所做的功 ΔW 近似等于常力 $f(x)$（即在左端点 x 处的力）所做的功. 于是可得力的微元为

$$\mathrm{d}W=f(x)\mathrm{d}x.$$

（3）以 $\mathrm{d}W = f(x)\mathrm{d}x$ 为被积表达式，在 $[a,b]$ 上作定积分，则所求的功为

$$W = \int_a^b f(x)\,\mathrm{d}x\,.$$

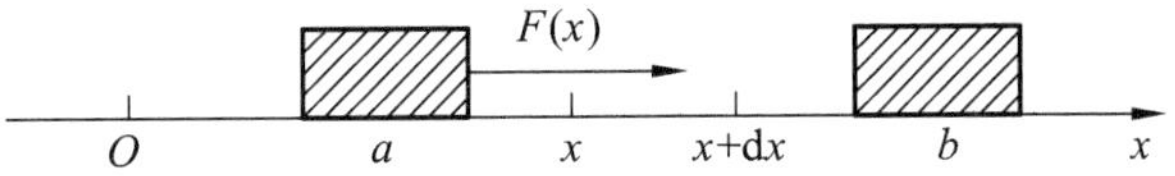

图 7.23

例 1　汽锤击打圆柱形的水泥桩进入土中，设每次撞击汽锤所做的功相等，假定桩在泥土中前进时所受的阻力与泥土的接触面积成正比，即与水泥桩已经进入泥土中的深度成正比．已知汽锤第一次撞击，将水泥桩击入泥土 1 m，问第二次又能将水泥桩再击入多深？

解　由题意知，当水泥桩进入泥土中 x m 时，所遇到的阻力为

$$F(x) = kx\,,$$

则水泥桩在泥土中，由 x 进入到 $x+dx$ 时，汽锤所做功的功元素为

$$\mathrm{d}W = F(x)\mathrm{d}x = kx\mathrm{d}x\,,$$

所以，当水泥桩进入泥土中 1 m 时，所做的功为

$$W_1 = \int_0^1 kx\mathrm{d}x = \frac{k}{2}\,.$$

设汽锤第二次撞击后，水泥桩由 1 m 到达 $(1+h)$ m 时，所做的功为

$$W_2 = \int_1^{1+h} kx\mathrm{d}x = \frac{k}{2}[(1+h)^2 - 1]\,,$$

由题意 $W_1 = W_2$，所以

$$\frac{k}{2} = \frac{k}{2}[(1+h)^2 - 1]\,,$$

解得 $h = \sqrt{2} - 1$，即第二次撞击时，又将水泥桩击入 $h = (\sqrt{2} - 1)$ m．
即第二次撞击后，水泥桩到达泥土中的深度为 $\sqrt{2}$ m．

注意：本例可以设想第 n 次撞击后，水泥桩进入泥土中的深度为 $h_n = \sqrt{n}$，可用数学归纳法证明其成立，由此可得在第 n 次撞击时，能将水泥桩再击入的深度为 $\sqrt{n} - \sqrt{n-1}$.

7.3.2　水压力

由物理学知识，在水深为 h 处的压强为 $p = \rho gh$,（ρ 为水的密度）．将一面积为 A 的平板水平地放置在水深为 h 处，则平板的一侧所受的压力为 $P = pA = \rho ghA$.

如果将平板铅直地放入水中，则处于不同水深的点处压强 p 不相等，平板的一侧所受的压力就不能用水平放置时的方法去求解．下面通过实例说明其计算方法．

例 2　一直径为 6 m 的半圆形闸门铅直地浸入水内，其直径恰位于水表面（水的密度为 10^3 kg/m^3），求闸门一侧受到水的压力.

解　如图 7.24 所示，设水面为 y 轴，原点在圆心位置，x 轴竖直向下. 半圆形闸门的方程为 $x^2+y^2=9$，则 x 到 $x+\mathrm{d}x$ 这层闸门的截面面积为 $\mathrm{d}A=2\sqrt{9-x^2}\,\mathrm{d}x$，所受到的压强为 $p=\rho gx$，则压力元素为

$$\mathrm{d}P=p\mathrm{d}A=\rho gx2\sqrt{9-x^2}\,\mathrm{d}x,$$

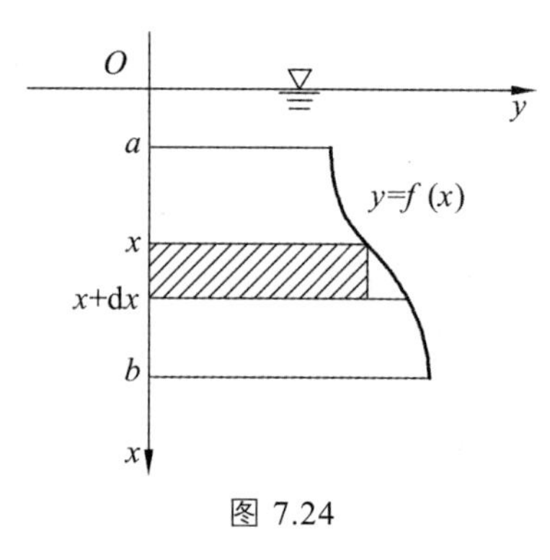

图 7.24

故闸门所受到的压力为

$$P=\int_0^3 2\rho gx\sqrt{9-x^2}\,\mathrm{d}x=-\rho g\int_0^3\sqrt{9-x^2}\,\mathrm{d}(9-x^2)$$
$$=-\frac{2}{3}\rho g(9-x^2)^{\frac{3}{2}}\Big|_0^3=1.8\times10^4 g\ (\mathrm{N}).$$

所以，闸门的一侧受到水的压力为 $1.8\times10^4 g$ N.

7.3.3 引　力

由物理学知识可知，质量分别为 m_1, m_2，相距为 r 的两质点间的引力为 $F=G\dfrac{m_1m_2}{r^2}$，这是质点对质点的力. 那么，质线与质点之间的引力如何计算？

例 3　设有一长度为 l、线密度为 ρ 的均匀细直棒，在它的中垂线上距棒 a 单位有一质量为 m 的质点 M. 试计算该棒对质点 M 的引力.

解　建立直角坐标系如图 7.25 所示，该棒位于 y 轴上，质点 M 位于 x 轴上，棒的中点为原点 O. 由对称性知，引力在垂直方向上的分量为零，所以只需求引力在水平方向的分量. 取 y 为积分变量，它的变化区间为 $\left[-\dfrac{l}{2},\dfrac{l}{2}\right]$. 在 $\left[-\dfrac{l}{2},\dfrac{l}{2}\right]$ 上 y 点取长为 $\mathrm{d}y$ 的一小段，其质量为 $\rho\mathrm{d}y$，与 M 相距 $r=\sqrt{a^2+y^2}$. 于是在水平方向上，引力元素为

$$\mathrm{d}F_x=G\frac{m\rho\mathrm{d}y}{a^2+y^2}\cdot\frac{-a}{\sqrt{a^2+y^2}}=-G\frac{am\rho\mathrm{d}y}{(a^2+y^2)^{3/2}}.$$

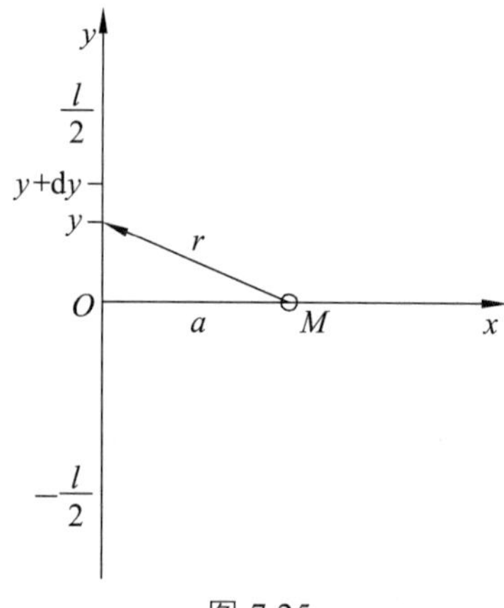

图 7.25

引力在水平方向的分量为

$$F_x=-\int_{-\frac{l}{2}}^{\frac{l}{2}}G\frac{am\rho\mathrm{d}y}{(a^2+y^2)^{3/2}}=-\frac{2Gm\rho l}{a}\cdot\frac{1}{\sqrt{4a^2+l^2}}.$$

习题 7.3

1. 设 40 N 的力使弹簧从自然长度 0.1 m 拉长到 0.15 m，问需要多大的功才能克服弹性恢复力，将伸长的弹簧从 0.15 m 处再拉长 0.03 m？

2. 半径为 r 的球沉入水中，球的上部与水面相切，球的密度为 1，现将球从水中取出，需做多少功？

3. 某质点做直线运动，其运动速度为 $v=t^2+\sin 3t$，求质点在时间间隔 T 内所经过的路程.

4. 一个横放的圆柱形水桶，桶内盛有半桶水. 设水桶的底面半径为 R，水的密度为 ρ，计算桶的一个端面上所受到的压力.

5. 把一个带电荷量 $+q$ 的点电荷放在 r 轴上坐标原点 O 处，它产生一个电场，这个电场对周围的电荷有作用力. 由物理学知识，如果有一个单位正电荷放在这个电场中距离原点 O 为 r 的地方，那么电场对它的作用力的大小为

$$F=k\frac{q}{r^2}\ （k\text{是常数}）.$$

当这个单位正电荷在电场中从 $r=a$ 处沿 r 轴移动到 $r=b(a<b)$ 处时，计算电场力 F 对它所作的功.

6. 半径为 R 的半球形水池里面充满了水，问将池中的水全部吸出，需要做多少功？

7. 有一质量为 1 kg 的壳形容器，其装水后的初始容量为 20 kg，假设水以 0.5 kg/s 的速率从容器中流出，问现以 2 m/s 的速率从地面铅直上举此容器到距地面 10 m 高处需要做多少功？

8. 一个半径为 3 m 的球形水箱内装有一半容量的水，现将箱内的水抽到水箱顶部上方 7 m 高处，问抽水过程中需要做多少功？

9. 薄板形状为椭圆形，其轴为 $2a$ 和 $2b(a>b)$，此薄板的一半铅直地沉入水中，而其短轴与水的表面相齐，计算水对此薄板一侧的压力.

10. 有一半径为 R 的均匀半圆弧，其质量为 M，求它对位于圆心处单位质量的质点的引力.

7.4　定积分在经济学中的应用

7.4.1　由边际函数求总量函数

已知边际函数 $F'(x)$，可由牛顿-莱布尼兹公式求得经济总量函数（原函数）

$$F(x)=\int_0^x F'(t)\mathrm{d}t+F(0),$$

产量由 a 变到 b 时，经济总量函数的增量

$$\Delta F=\int_a^b F'(x)\,\mathrm{d}x.$$

例 1　若生产某种产品的边际成本函数为 $C'(x)=3x^2-14x+100$，已知生产该产品的固定成本为 $C(0)=1000$，试求总成本函数 $C(x)$.

解　易知，总成本函数为

$$\begin{aligned}C(x)&=C(0)+\int_0^x C'(t)\mathrm{d}t=1000+\int_0^x(3t^2-14t+100)\mathrm{d}t\\&=x^3-7x^2+100x+1000.\end{aligned}$$

例 2 已知某产品销售量为 x 时边际收益为 $R'(x)=100-x$.求：

（1）销售量为 10 时的收益.

（2）销售量从 20 增加到 30 时，收益是多少?

解 （1）$R(10)=\int_0^{10}R'(x)\mathrm{d}x=\int_0^{10}(100-x)\mathrm{d}x=950$

即销售量为 10 时，收益为 950.

（2）$R(30)-R(20)=\int_{20}^{30}R'(x)\mathrm{d}x=\int_{20}^{30}(100-x)\mathrm{d}x=750$

即销售量从 20 增加到 30 时的收益为 750.

例 3 设生产某种产品的边际成本 $C'(x)=100+2x$，已知其固定成本为 1000 元，产品单价规定为 500 元. 假设生产出的产品能全部售出，问产量为多少时利润最大？并求出最大利润.

解 易知，总成本函数为

$$C(x)=\int_0^x(100+2t)\mathrm{d}t+C(0)=x^2+100x+1000,$$

总收益函数为

$$R(x)=500x,$$

故总利润函数为

$$L(x)=R(x)-C(x)=-x^2+400x-1000,$$

从而

$$L'(x)=400-2x.$$

令 $L'(x)=0$，得唯一驻点 $x=200$. 故利润必存在最大值. 所以，当产量为 200 单位时，利润最大，最大利润为

$$L(200)=400\times200-200^2-1000=39\,000\text{（元）}.$$

7.4.2 消费者剩余与生产者剩余

在经济学中，一般说来，商品价格低，需求就大；反之，商品价格高，需求就小，因此需求函数 $Q=f(P)$ 是价格 P 的单调减少函数.

同时商品价格低，生产者就不愿生产，因而供给就少；反之，商品价格高，供给就多，因此供给函数 $Q=g(P)$ 是价格 P 的单调增加函数.

由于函数 $Q=f(P)$ 与 $Q=g(P)$ 都是单调函数，所以分别存在反函数 $P=f^{-1}(Q)$ 与 $P=g^{-1}(Q)$，此时函数 $P=f^{-1}(Q)$ 也称为需求函数，而 $P=g^{-1}(Q)$ 也称为供给函数.

需求曲线（函数）$P=f^{-1}(Q)$ 与供给曲线（函数）$P=g^{-1}(Q)$ 的交点 $C(P^*,Q^*)$ 称为**均衡点**. 在此点供需达到均衡. 均衡点的价格 P^* 称为**均衡价格**，即对某商品而言，顾客愿买、生产者愿卖的价格. 如果消费者以比他们原来预期的价格低的价格（如均衡价格）购得某种商品，由此而节省下来的钱的总数称为**消费者剩余**，即

$$\text{消费者剩余}=\text{愿意付出的金额}-\text{实际付出的金额}.$$

假设消费者愿意为某商品所付出的价格为 $P=f^{-1}(Q)$，那么消费者所愿意为 Q^* 个单位商品所付出的金额可用由直线 $Q=0, Q=Q^*, P=0$ 和曲线 $P=f^{-1}(Q)$ 所围成的图形（曲边梯形 OQ^*CP_1）的面积 A 来度量，如图 7.26 所示.

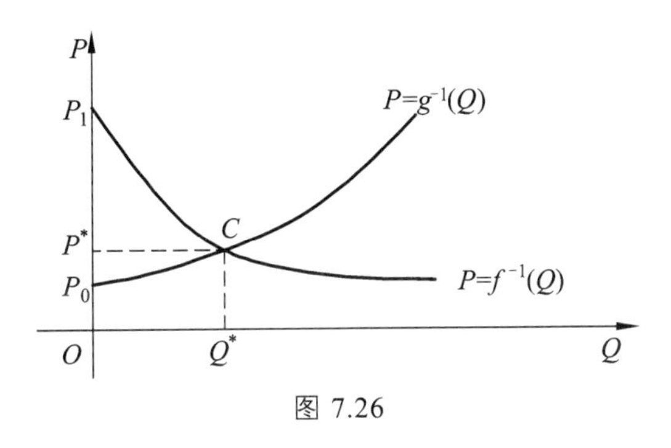

图 7.26

由定积分的几何意义知

$$A=\int_0^{Q^*} f^{-1}(Q)\mathrm{d}Q .$$

如果以均衡价格 P^* 出售商品，那么消费者为 Q^* 个单位商品所实际付出的金额为 P^*Q^*，因此，消费者剩余为

$$\int_0^{Q^*} f^{-1}(Q)\mathrm{d}Q-P^*Q^*,$$

它是曲边三角形 P^*CP_1 的面积.

如果生产者以均衡价格 P^* 出售某商品，而没有以他们原来计划的以较低的售价 $P=g^{-1}(Q)$ 出售该商品，由此所获得的额外收入，称为**生产者剩余**.

类似地，分析可知，P^*Q^* 是生产者实际出售 Q^* 个单位商品的收入总额，$\int_0^{Q^*} g^{-1}(Q)\mathrm{d}Q$ 是生产者按原来计划以较低价格售出 Q^* 个单位商品所获得的收入总额，故生产者剩余为

$$P^*Q^*-\int_0^{Q^*} g^{-1}(Q)\mathrm{d}Q ,$$

它是曲边三角形 P_0CP^* 的面积.

习题 7.4

1. 某产品边际成本函数 $C'(x)=\sqrt{x}+\dfrac{1}{2000}$，已知 10 000 件产品的总成本是 1200（单位：百元），求总成本函数 $C(x)$.

2. 已知生产某产品 q 个单位时的边际收益为 $R'(q)=100-2q$（单位：元），求生产 40 个单位时的总收益，并求再增加 10 个单位时所增加的总收益.

3. 已知某企业生产某种产品 q 个单位时，其边际收益和边际成本分别为 $R'(q)=100-3q$，$C'(q)=10+2q$，$C(0)=2$．当产量为多少时，总利润最大？最大利润是多少？

4. 已知生产某产品的边际成本函数为 $C'(x)=1$（单位：万元/百台），边际收益函数为 $R'(x)=5-x$（单位：万元/百台）．

（1）产量等于多少时，总利润最大？

（2）达到利润最大的产量后又生产了 1 百台，总利润减少了多少？

5. 若某种商品的需求曲线为 $P=50-0.02Q^2$，其中 P 是商品的价格，Q 是市场的需求量，并已知需求量为 20 个单位．试求该商品的消费者剩余．

7.5　微积分在数学建模中的应用

现实生活中，微积分还可以解决许多大学生能够理解的实际问题，这就为高校开展数学建模活动奠定了良好的基础．

数学建模活动能培养学生的数学思维能力、创新能力及分析和解决问题的能力，微积分自然被广泛应用于数学建模之中．下面以贮存模型为例构建模型．

工厂要定期地订购各种原料，商店要成批地购进各种商品，小库在雨季蓄水，用于旱季的灌溉和航运……不论是原料、商品还是水的贮存，都有一个贮存多少的问题．原料、商品存得太多，贮存费用高；存得少了，则无法满足需求．水库蓄水过量可能危及安全，蓄水太少又不够用．我们的目的是**制定最优存贮策略**，即多长时间订一次货，每次订多少货，才能使总费用最低．

7.5.1　不允许缺货的存贮模型

1. 模型假设

（1）每次订货费为 C_1,每天每吨货物贮存费 C_2 为已知．

（2）每天的货物需求量 r 吨为已知．

（3）订货周期为 T 天，每次订货 Q 吨，当贮存量降到零时订货立即到达．

2. 模型建立

订货周期 T，订货量 Q 与每天需求量 r 之间满足

$$Q=rT,$$

订货后贮存量 $q(t)$ 由 Q 均匀地下降，即

$$q(t)=Q-rt.$$

则一个订货周期总费用为

订货费 C_1；

贮存费 $C_2\int_0^T q(t)\,\mathrm{d}t=\frac{1}{2}C_2QT=\frac{1}{2}C_2rT^2$.

即
$$C(T)=C_1+\frac{1}{2}C_2rT^2.$$

一个订货周期平均每天的费用 $\bar{C}(T)$ 应为

$$\bar{C}(T)=\frac{C(T)}{T}=\frac{C_1}{T}+\frac{1}{2}C_2rT.$$

该问题归结为求 T 使 $\bar{C}(T)$ 最小.

3. 模型求解

令 $\frac{\mathrm{d}\bar{C}}{\mathrm{d}T}=0$,不难求得

$$T=\sqrt{\frac{2C_1}{rC_2}},$$

从而

$$Q=\sqrt{\frac{2C_1r}{C_2}}.$$

（该公式称**经济订货批量公式**，简称 **EOQ 公式**）.

4. 模型分析

若记每吨货物的价格为 k，则一周期的总费用 C 中应添加 kQ，由于 $Q=rT$，故 $\bar{C}$ 中添加一常数项 kr，求解结果没有影响，说明货物本身的价格可不考虑.

从求解结果看，C_1 越高，需求量 r 越大，Q 应越大；C_2 越高，Q 应越小.

例 1　某配送中心为所属的几个超市配送某种小电器，假设超市每天对这种小电器的需求量为 100 件，订货费与每个产品每天的贮存费分别为 5000 元和 1 元. 如果超市对这种小家电的需求是不可缺货的，试制定最优的存贮策略（即多长时间订一次货，一次订多少）.

解　将 $C_1=5000$，$C_2=1$，$r=100$ 代入模型一的求解公式，得

$$T=10\text{（天）},\ Q=1000\text{（件）},\ C=1000\text{（元）}$$

即最优的存贮策略为：10 天订一次货，一次订 1000 件.

7.5.2　允许缺货的存贮模型

1. 模型假设

（1）每次订货费为 C_1,每天每吨货物贮存费 C_2 为已知.

（2）每天的货物需求量 r 吨为已知.

（3）订货周期为 T 天，每次订货 Q 吨，允许缺货，每天每吨货物缺货费 C_3.

2. 模型建立

缺货时贮存量 q 视作负值，货物在 $t=T_1$ 时售完，于是

$$Q=rT_1.$$

则一个订货周期总费用为

订货费 C_1；

贮存费 $C_2\int_0^{T_1} q(t)\mathrm{d}t=\frac{1}{2}C_2QT_1=\frac{1}{2}C_2\frac{Q^2}{r}$；

缺货费 $C_3\int_{T_1}^{T}|q(t)|\mathrm{d}t=\frac{C_3}{2}r(T-T_1)^2=\frac{C_3}{2r}(rT-Q)^2$.

即
$$C(T,Q)=C_1+\frac{1}{2}C_2Q^2\frac{1}{r}+\frac{1}{2r}C_3(rT-Q)^2.$$

一个订货周期平均每天的费用 $\bar{C}(T,Q)$ 应为

$$\bar{C}(T,Q)=\frac{C(T,Q)}{T}=\frac{C_1}{T}+\frac{C_2Q^2}{2rT}+\frac{C_3(rT-Q)^2}{2rT}.$$

3. 模型求解

令

$$\begin{cases}\dfrac{\mathrm{d}\bar{C}}{\mathrm{d}T}=0\\[2mm]\dfrac{\mathrm{d}\bar{C}}{\mathrm{d}Q}=0\end{cases},$$

可以求出 T,Q 的最优值，分别记作 T' 与 Q'. 有

$$T'=\sqrt{\frac{2C_1}{rC_2}\cdot\frac{C_2+C_3}{C_3}},\quad Q'=\sqrt{\frac{2C_1r}{C_2}\cdot\frac{C_3}{C_2+C_3}}.$$

4. 模型分析

若记 $u=\sqrt{\frac{C_3}{C_2+C_3}}$，与模型一相比，有

$$T'=uT,\quad Q'=\frac{Q}{u},$$

显然 $T'>T$，$Q'<Q$，即允许缺货时应增大订货周期，减少订货批量；当缺货费 C_3 相对于贮存费 C_2 而言越大时，u 越小，T' 与 Q' 越接近 T 和 Q.

例 2 某配送中心为所属的几个超市配送某种小电器，假设超市每天对这种小电器的需求量为 100 件，订货费与每个产品每天的贮存费分别为 5000 元和 1 元，每件小家电每天的缺货费为 0.1 元，如果超市对这种小家电的需求是可以缺货的，试制定最优的存贮策略（即多长时间订一次货，一次订多少）.

解 将 $C_1=5000$，$C_2=1$，$r=100$，$C_3=0.1$ 代入模型二的求解公式，得

$$T=33\text{（天）},\quad Q=333\text{（件）},\quad C=301.7\text{（元）}.$$

例 3　某厂房容积为 45 m×15 m×6 m．经测定，空气中含有 2%的 CO_2．开动通风设备，以 360 m^3/s 的速度输入含有 0.05%的 CO_2 的新鲜空气，同时又排出同等数量的室内空气．问 30 分钟后室内所含 CO_2 的百分比？

解　设在时间 t 车间内 CO_2 的百分比为 $x(t)\%$，当时间经过 dt 之后，室内 CO_2 的改变量为

$$45\times15\times6\times dx\%=360\times0.05\%\times dt-360\times x\%\times dt,$$

于是

$$4050dx=360(0.05-x)dt \quad 或 \quad dx=\frac{4}{45}(0.05-x)dt.$$

已知初始条件为 $x(0)=0.2$，将方程分离变量并积分，初值解满足

$$\int_{0.2}^{x}\frac{dx}{0.05-x}=\int_{0.2}^{x}\frac{4}{45}dt.$$

求出 x，有

$$x=0.05+0.15e^{-\frac{4}{45}t}.$$

将 $t=30$ 分 $=1800$ 秒代入，得

$$x\approx0.05.$$

即开动通风设备 30 分钟后，室内 CO_2 的含量接近 0.05%，基本上已是新鲜空气了.

习题 7.5

1. 森林失火后，消防部门要确定派出消防队员的数量．队员多，森林损失小，救援费用高；队员少，森林损失大，救援费用低．综合考虑损失费和救援费，确定队员数量.

2. 设开始时人口数为 x_0，时刻 t 的人口数为 $x(t)$，若允许的最大人口数为 x_m，人口增长率由 $r(x)=r-sx$ 表示，则人口增长问题的逻辑斯蒂克模型为多少？

3. 国际捕鲸协会在控制滥捕鲸群上获得成功，此前有些鲸的种类已经濒临灭绝．目前估计某种鲸的总数是 10 000 头，而最多时该种鲸有 1 000 000 头．它的增长符合单种群增长的逻辑斯蒂克微分方程模型，固有增长率为 0.12．若时间计量单位是年，全年的总数以 1 000 头为单位．试建立数学模型以回答下列问题：

（1）设 $x(t)$ 表示 t 时刻该种鲸的数量，给出 $x(t)$ 的表达式；

（2）何时该种鲸的增长率是增加的，何时是下降的？预测鲸群发展的趋势.

7.6　数学实验：定积分的几何应用

7.6.1　求平面图形的面积

数学公式：$A=\int_a^b[y_2(x)-y_1(x)]dx$.

通用程序如下：编辑 pmtxmj. m 文件.

```
function y= pmtxmj(y1,y2,a,b)
y=int((y2-y1),a,b);
end
```

例 1　调用通用程序，求由 $y=\mathrm{e}^x, y=\mathrm{e}^{-x}$ 与直线 $x=1$ 所围成的面积.

解　程序如下：

```
syms x
y1 = exp(-x); y2 = exp(x) ;
a=0;b=1;
A=pmtxmj(y1,y2,a,b)
```

运行结果如下：

```
A= exp(1)+exp(-1)-2
```

7.6.2　求旋转体的体积

数学公式：$V=\int_a^b \pi f^2(x)\mathrm{d}x$.

通用程序如下：编辑 xzttj.m 文件.

```
function y= xzttj (f,a,b)
y= int(pi*f^2,a,b);
end
```

例 2　求椭圆 $y=\dfrac{b}{a}\sqrt{a^2-x^2}$ 绕 x 轴旋转而成的椭球体积.

解　程序如下：

```
syms x,a,b
f=b/a * sprt(a^2-x^2)
v= xzttj(f,-a,a)
```

运行结果如下：

```
v= 4/3*pi*b^2*a
```

7.6.3　求已知截面面积的立体体积

数学公式：$V=\int_A^B A(x)\,\mathrm{d}x$.

通用程序如下：编辑 jmtj.m 文件.

```
function y= jmtj (A,a,b);
end
```

例 3　求已知截面面积为 $A(x)=3x^4+6x-5, x\in[0,5]$ 的立体体积.

解　程序如下：

```
syms x
A=3*x^4+6*x -5
V= jmtj(A,0,5)
```

运行结果如下：

```
V= 1 925
```

7.6.4　求平面曲线的弧长

数学公式：当曲面是直角坐标系下的函数时，$s=\int_a^b\sqrt{1+y'^2}\mathrm{d}x$；

当曲线由参数方程给出时，$s=\int_\alpha^\beta\sqrt{\varphi'^2(t)+\psi'^2(t)}\mathrm{d}t$；

当曲线由极坐标方程给出时，$s=\int_\alpha^\beta\sqrt{r^2(\theta)+r'^2(\theta)}\mathrm{d}\theta$.

通用程序如下：编辑 pmqxhc. m 文件.

```
function y= pmqxhc(x,y,a,b)
y= int(sprt(diff(x,t)^2+diff(y,t)^2),a,b);
end
```

例 4　计算曲线$\begin{cases}x=a(t-\sin t)\\y=a(1-\cos t)\end{cases}$的一拱 $(0\leqslant x\leqslant 2\pi)$ 的长度.

解　程序如下：

```
syms t a
x=a*(t-sin(t));    y=a*(1-cos(t));
s=pmqxhc(x,y,0,2*pi)
```

运行结果如下：

```
s= 8a
```

参考文献

[1] 同济大学数学系. 高等数学（上册）[M]. 6版. 北京：高等教育出版社，2007.

[2] 王志平. 高等数学（上册）[M]. 上海：上海交通大学出版社，2012.

[3] 赵家国，彭年斌. 微积分（上册）[M]. 北京：高等教育出版社，2010.

[4] 韩中庚. 数学建模方法及其应用[M]. 2版. 北京：高等教育出版社，2009.

[5] [美]芬尼，韦尔，焦尔当诺. 托马斯微积分[M]. 10版. 叶其孝，王耀东，唐兢，译. 北京：高等教育出版社，2003.

[6] 同济大学数学系. 高等数学习题集[M]. 3版. 北京：高等教育出版社，2011.

[7] 苗加庆. 高等数学习题集（上册）[M]. 北京：中国人民大学出版社，2013.

[8] 薛长虹，于凯. MATLAB数学实验[M]. 成都：西南交通大学出版社，2014.